本书为国家自然科学基金资助项目
（项目编号31871120，31470996）研究成果

儿童数学能力的培养

基于实证研究的观点

张丽 ｜ 著

U0321057

Education on
Children's Mathematical Abilities
Perspetives Based on
Empirical Research

北京师范大学出版集团
BEIJING NORMAL UNIVERSITY PUBLISHING GROUP
北京师范大学出版社

图书在版编目(CIP)数据

儿童数学能力的培养：基于实证研究的观点/张丽著. —北京：北京师范大学出版社，2022.5(2023.11重印)

ISBN 978-7-303-27721-6

Ⅰ.①儿… Ⅱ.①张… Ⅲ.①数学教学－儿童教育－研究 Ⅳ.①O1

中国版本图书馆 CIP 数据核字(2022)第 001405 号

营　销　中　心　电　话　010-58802135　58802786
北师大出版社教师教育分社微信公众号　京师教师教育

ERTONG SHUXUE NENGLI DE PEIYANG：
JIYU SHIZHENG YANJIU DE GUANDIAN

出版发行：北京师范大学出版社　www.bnupg.com
　　　　　北京市西城区新街口外大街 12-3 号
　　　　　邮政编码：100088
印　　刷：天津旭非印刷有限公司
经　　销：全国新华书店
开　　本：730 mm×980 mm　1/16
印　　张：13.5
字　　数：213 千字
版　　次：2022 年 5 月第 1 版
印　　次：2023 年 11 月第 2 次印刷
定　　价：79.00 元

策划编辑：何　琳　　　　　责任编辑：王玲玲
美术编辑：陈　涛　焦　丽　　装帧设计：陈　涛　焦　丽
责任校对：陈　民　　　　　责任印制：马　洁　赵　龙

序　言

　　相比其他学科，数学在人们心目中的崇高地位由来已久。从 20 世纪 80 年代广为流传的口号"学好数理化，走遍天下都不怕"，到近年来人们对"奥林匹克数学竞赛"的追崇和趋之若鹜，以及当下 STEM［科学（Science）、技术（Technology）、工程（Engineering）、数学（Mathematics）］教育的如火如茶，就可以看出数学在人们心目中的分量之大。不仅在国内，数学在国外同样地位很高。包含数学的 STEM 教育，被美国提升到了影响劳动力市场发展、国家安全、全球竞争力和移民政策的高度上。美国发布的《2025 年的数学科学》报告指出"实践证明，数学学科正日益成为许多研究领域不可或缺的重要组成部分，几乎渗透到日常生活的各个方面"。有关儿童数学的科学研究表明，幼儿时期的数学能力可以预测其之后的数学成就和成人时期的社会经济状况，比如收入水平、住房情况、受教育程度和职业。因此，培养儿童的数学能力意义深远。

　　这本《儿童数学能力的培养：基于实证研究的观点》依托的是我所主持的三项国家自然科学基金项目的研究成果，是对我从读研究生开始在这个领域多年研究工作的总结和梳理。全书由七章组成，其中第一章概述了数学能力的内涵、分类、评估以及数学教育的培养目标；第二章介绍了四种数学能力的发展特点并提出了相关的教育建议；第三章到第五章梳理了空间能力、阅读能力和执行功能三类认知因素对儿童数学能力的影响；第六章阐述了数学焦虑这一情感因素对儿童数学能力的影响；第七章总结了家庭资本这一环境变量对儿童数学能力的影响。

　　本书主要有三方面的特色。首先，是系统性。为了防止盲人摸象，本书多角度、全方面地梳理了影响儿童数学能力的因素。这些因素既包括认知因素，也包括情感因素；既包括个体因素，也包括环境因素。其次，是前沿性。本书力争呈现最新的科学前沿成果，并构建指导未来学术研究的研究框架，有助于研究者寻找适合自己的学术空间。最后，是实践性。每章的内容结构都是从前沿进展延伸到教育建议的，落脚点为科研成果在实践中的应用。教育建议力求建立在严谨的实证研究的基础上，以突出其科学性。本书适合数学教育方面的工作者和研究者使用。对儿童数学教育感兴趣的家庭教育者和父母，相信亦能从中有一番收获。

本书的写作过程充满了痛苦和曲折。与期刊论文不同，图书的系统性要求更高，写作的过程更漫长，不是一鼓作气十天半个月就能完成的。从筹划到完成，前前后后经历了两年时间。其间，总是被其他各种事情打断，做其他事情时又总是念念不忘这本书的写作，纠结中有时会怀疑自己无法完成书稿。好在一旦进入写作状态，阅读着那些令人兴奋的文献，幸福感便油然而生，甚至会感叹"相见恨晚"。当想到能将一些有价值的思想传递出去时，幸福感和意义感更是急剧增加。我还深刻体会到，写作就是心灵的对话，观点在对话中流转，思想在对话中激荡，心灵中激起一圈圈涟漪，变成了滋养精神的养分。

本书的顺利出版离不开许多人的帮助。首先感谢我的恩师林崇德先生。在写作过程中，我翻看和阅读最多的是老师的书籍，阅读时常常被老师智慧的光芒折服。我总是感慨老师做了这么多数学方面的教学实践工作，我一定要向老师学习将数学研究和教学实践更好地结合起来。还要感谢辛自强老师，引领我走入儿童数学的研究领域，使我在这个领域中畅游。常会想起辛老师做研究的热情和思考的深邃。与辛老师一起做研究，总会感受到作为研究者的幸福。此外，还要感谢协助我整理文献和书稿的学生。张雪静、魏雪娇、葛乙平分别参与了第四章、第五章、第六章的文献梳理和写作校对工作，吴梦丽、林嵩、夏晨雨和段羽佳参与了第七章的文献梳理和写作校对工作。感谢同学们为本书付出的时间和努力。最后，特别感谢北京师范大学出版社的何琳编辑，她的认真负责与耐心细致是本书能顺利出版的重要保证。

人生第一本书即将出版，有很多的忐忑，有很多的期待。忐忑的是因为学识和能力所限，书中难免有纰漏和不周之处，还请读者们多多批评指正，帮助我不断进步。期待的是愿这本书的出版能够让更多的人了解儿童的数学发展特点，使更多的人关注儿童数学能力的科学培养和教育。

　　本书的完成对我来说只是开始，未来我将继续投身于儿童数学能力的研究和教育实践工作中，力争对儿童的数学学习过程有更多认识，让儿童看见数学不发怵，让儿童喜欢数学而不是视数学为畏途。道阻且长，愿你我同行。

张　丽

2021 年 2 月

目　录

第一章

数学能力概述

数学是思维的体操。

——加里宁

数学的美丽是很多数学家都曾赞美过的。"就数学本身而言，是壮丽多彩、千姿百态、引人入胜的……认为数学枯燥乏味的人，只是看到了数学的严谨性，而没有体会出数学的内在美。"数学大师华罗庚曾经这样描绘他心中的数学美。德国数学家克莱因也曾对数学美做过生动的描述："音乐能激发或抚慰情怀，绘画使人赏心悦目，诗歌能动人心弦，哲学使人获得智慧，科学可改善物质生活，但数学能给予以上的一切。"

与数学的美并存的，是数学的难以定义。有人说"数学就像空气，到处都有，谁也离不开它，但谁也无法直接看清它的面目和影子"。的确，什么是数学？作为一个学科，我们很少被告知明确的答案。即便是数学家们所给的定义，也不尽相同。有些数学家更强调数学是一门艺术，比如，数学家普洛克拉斯曾说"哪里有数，哪里就有美"。开普勒也说"数学是这个世界之美的原型"。多数数学家则强调数学是一门科学。亚里士多德把数学定义为"研究数量的科学"，恩格斯则认为"数学是研究现实世界中的数量关系和空间形式的科学"。数学家柯朗在《数学是什么》一书中指出："数学，作为人类智慧的一种表达形式，反映生动活泼的意念，深入细致的思考，以及完美和谐的愿望。它的基础是逻辑和直觉，分析和推理，共性和个性。虽然，不同的传统学派各自强调不同的侧面，但是只有双方对立的力量相互依存和相互斗争，才真正形成数学科学的生命力，可用性，以及至上的价值。"当然，科学和艺术并不矛盾，数学作为一门科学，向人们展示了科学的理性美。本章将概述数学能力的内涵、分类、评估以及数学教育的培养目标。

人类生活的方方面面，小至我们的日常生活消费，大到整个宇宙体运转都蕴含着数学。因此，数学能力对每个人的发展而言都是至关重要的。数学能力可以预测个人成就，影响个人的职业发展、薪资水平以及社会经济状况。2014 年，有研究者（Lubinski，Benbow，Kell，2014）在著名心理学期刊（*Psychological Science*）上发表了一项研究结果。该研究追踪了 20 世纪 70 年代在数学推理测验中成绩排名前 1％ 的 13 岁天才青少年的职业发展道路。四十年后，这些青少年中有不少人成长为成功的学者或商业领袖。在 1650 名被试中，25％ 以上的被试具有博士学位，这一比例在普通人群中只有 2％。4.1％ 的被试曾在研究型大学工作，2.3％ 的被试是"名牌"企业或《财富》500 强企业的高管，2.4％ 的被试是大型公司或组织的律师。这些被试共出版了 85 本书，发表了 7572 篇被专家认可的文章，获得 681 项专利，并获得 3.58 亿美元的捐赠款。这些结果表明，儿童青少年时期较强的数学能力预示着其以后在职业发展中的创造性贡献。

数学能力不仅影响个人的职业发展，还影响国家经济发展。来自哈佛大学、斯坦福大学、加州大学旧金山分校和慕尼黑大学的研究者们（Hanushek et al.，2008）分析了 50 个国家的青少年的数学和科学成绩与 1960—2000 年其国家经济发展之间的关系。结果发现青少年的数学和科学成绩显著预测了国家的经济增长情况，而且学生的平均水平和成绩拔尖者的数量这两个指标均能显著预测经济增长情况。这意味着不管是少数能力处于较高水平的"火箭科学家"，还是"全民教育"下的普通民众，其数学和科学水平的提高均有助于国家的经济增长。因此，高水平的数学能力是个人成功和社会经济发展的重要推动力。促进儿童有效学习数学，提高个体的数学能力对个体和社会发展而言均意义重大。

一、数学能力的内涵

到目前为止，研究者们对数学能力的界定不尽相同。苏联心理学家克鲁捷茨基及其研究小组从 20 世纪 50 年代末开始对中小学数学能力展开了一项长达十二年的研究。他认为数学能力是使一个人容易掌握数学活动所需技能和习惯的那些独特的心理特征或品质。与数学技能不同，数学能力是人的个别心理特点，这些特点有利于人迅速而容易地掌握数学活动中的技能。数学技能则是数学活动中人所做的水平比较高的特殊动作。数学能力虽是智力的中心成分，但与智力不同，存在特殊性。他指出，"一个学生的心理活动的某些特性可以只是他的数学活动的特性——只能在用数和字母符号表示的空间和数量关系方面出现，不是他的其他形式活动的特性，不与其他领域内相应的表现有关"。可以看出，克鲁捷茨基是根据结果和功能来定义数学能力的。

不过，克鲁捷茨基同样强调了数学问题解决的过程。他认为，数学能力是一个非常复杂的研究对象，因此他在实验中采取了谈话法、实验法、问卷调查、文献分析以及个案研究等多种研究方法。为了了解其他人对数学能力结构的看法，克鲁捷茨基对部分数学家、数学教师、教育工作者和教学法专家进行了问卷调查，分析了一些著名数学家和物理学家的传记，以及实验学校学生的数学练习本和课堂听课笔记。通过研究，他提出解出一道题目需要三个过程：首先是收集题目的信息，找到题目的初始条件，理解题目；其次是为了解题而加工或转换已获得的信息，并得出所要的结果；最后是保持与解法有关的信息。其中每个阶段都有一种或几种能力与之相对应，涉及概括能力、逻辑推理能力、解决问题时找到快捷策略的能力、思维转换能力、心理过程灵活变换能力，以及回忆所习得的概念和推论的能力等诸多方面。

有研究者认为数学能力是人的一种心理结构，应从认知和语用两个角度来理解其内涵（Karsenty，2014）。当从理论角度理解数学能力时，适于使用认知定义，即数学能力是获取、处理和保持数学信息的能力，或者是学习和掌握新的数学思想与技能的能力。当从应用和评价的角度理解数学能力时，通常使用语用定义，如当确定学习者的潜力或评估学习结果时，数学能力就可定义为执行数学任务和有效解决数学问题的能力。

综上，数学能力可以从过程和结果两个角度来界定。从过程的角度来看，是获取、处理和保持数学信息的能力；从结果的角度来看，是顺利完成数学活动的独特的心理特征。这两个角度辩证统一：结果是过程的体现，过程是结果的前提。正如林崇德（2011）所认为的，"数学能力是在对数和形两种思维材料进行运算、逻辑推理以及空间想象三种思维活动时表现出来的能力"。这些能力特征表现为思维的深刻性、灵活性、独创性、批判性和敏捷性。数学能力是动态的运算、逻辑推理和空间想象活动与静态的能力特征相互交叉构成的统一整体。

二、数学能力的分类

以往不少研究者尝试通过因素分析的方法识别数学能力的子结构。根据卡特尔-霍恩-卡罗尔智力认知理论（the Cattell-Horn-Carroll theory，简称CHC理论），认知能力被分成三个层级，每个层级反映的认知能力的一般性程度不同。模型的第三层能力代表最广泛的或最一般的能力，是一般因素的代表。模型的第二层能力是"广泛能力"（broad abilities），有 16 种能力，包括流体智力、晶体智力、定量知识、阅读和写作能力、短时记忆、视觉加工、听觉加工、长时储存和提取、加工速度等。模型的第一层能力是"狭窄能力"（narrow abilities），有近 80 种能力，从属于第二层的广泛能力。其中，数学能力属于第二层的"广泛能力"，主要涉及定量知识和视觉加工。国内学者通过因素分析得到四种数学能力，即综合运算能力、抽象概括能力、思维转化能力和逻辑推理能力（陈仁泽，陈孟达，1997）。

除了因素分析的数据驱动思路，基于理论驱动的研究者亦提出了关于数学能力子结构的观点。有研究者（Campbell，2004）认为，数学能力包括数量能力和数学问题解决能力。数量能力指基本的数量表征、数量比较、感数、计数和简单代数能力；数学问题解决能力指从上下文丰富的问题情境中获取数学关系的抽象表征，并生成解决方案的能力。还有研究者认为，数学能力表现为程序使用的灵活性，这受陈述性知识和程序性知识共同影响（Schneider，Rittle-Johnson，Star，2011）。陈述性知识是关于某领域的概念及概念间关系的知识；程序性知识是关于问题解决所需行为序列的执行能力的知识。

国外有研究者从进化的角度区分了数量和几何两种基本的数学能力（Gaber，Schlimm，2015）。具体来说，数量能力是用来估计威胁和决策机会大小的；几何能力是用来估计地标和导航环境的。在漫长的进化过程中，与数量和几何相关的大脑系统逐渐专门化，用来处理不同的数量信息。这一观点已得到大脑神经机制方面相关研究的证实。相关结果表明，枕外侧皮质（Newman et al.，2005）、腹侧前运动皮质和顶下小叶（Press et al.，2012）参与了几何加工过程，而顶叶特别是顶内沟主要参与了数量加工过程（Dehaene et al.，2003）。

国内有学者（史亚娟，华国栋，2008）提出，数学能力包含两个层次。第一层次包括运算能力、空间想象能力、信息处理能力，分别对应数与代数、图形与几何、统计与概率三方面的数学内容。第二层次包括逻辑思维能力和问题解决能力，分别对应理性思维和实践操作。模式能力则在这两个层次之间发挥重要的桥梁作用。还有研究者认为，数学能力是指个体先天或者后天获得的对数字及其相关概念进行表征、转换、推理等加工所需要的能力，包括数量表征能力、计算能力、概率推理能力等（周正，辛自强，2012）。

林崇德(2011)的数学能力结构观主张数学能力包括运算能力、逻辑推理能力和空间想象能力。运算能力指进行数字运算、各种数学式及方程的变形、取极限、微积分和逻辑代数运算等的能力;逻辑推理能力指对数学现象、数学规则和数量关系进行比较、分类、概括、类比、归纳与演绎、分析与综合等的能力;空间想象能力指理解平面和立体图形的运动、变换和位置关系,以及数形结合和对代数问题进行几何解释等的能力。此外,数量加工能力,即理解数量、序数和计数的概念与规则的能力,为运算能力的发展奠定了基础。

综上,研究者主要提到了六种数学能力:数量能力、运算能力、几何能力、空间想象能力、问题解决能力和逻辑推理能力。几何能力和空间想象能力均涉及空间和图形信息的处理。同样,问题解决能力和逻辑推理能力均是指通过基本的思维过程在文本中寻找数学关系并提供解决方案的能力。关于数量能力和运算能力,研究者对二者的关系尚有争议。一种观点认为,数量能力包括运算能力(Campbell,2004);另一种观点认为,数量能力是运算能力的一部分,是运算能力发展的基础(Butterworth,2005)。的确,数量能力和运算能力密切相关。不过,研究表明,数量和算术加工的大脑激活区域存在明显差异(Meintjes et al.,2010)。因此,儿童数学的相关研究通常会区分数量能力和运算能力(Geary,Hamson,Hoard,2000),将数量能力和运算能力视作密切相关的两种不同的数学能力。

因此,数学能力可概括为四种能力:数量能力、运算能力、几何能力和逻辑推理能力。其中,数量能力、运算能力和几何能力与布尔巴基学派提出的三种知识结构相对应。数量能力对应序结构;运算能力对应代数结构;几何能力对应拓扑结构。结构对应的功能便是逻辑推理能力。逻辑推理能力是思维活动的表现,贯穿于其他三种能力之中,且逻辑推理能力的形成需以其他三种能力为载体和基础。

三、数学能力的评估

现在比较常用的方法是能力倾向测验(aptitude tests)。能力倾向测验旨在测量一种特殊的能力或才能,通常用于预测某些领域或职业成功的可能性。在许多现有的能力倾向测验中,较广为人知的一个是美国的学业评价测验(Scholastic Assessment Test,SAT)。SAT 由美国大学委员会设计,专门用来预测学生学业成功的情况。它包括三个部分,其中之一是 SAT-M，即数学学业评价测验。有研究发现，SAT-M 能很好地识别数学天才学生(Stanley et al.，1974)。然而不少研究者质疑这个测验。有研究者认为，SAT-M 这样的以选择题为主的标准化测验无法评估学生解决非常规数学问题的能力，而且无法揭示学生数学推理的性质与质量(Lester，Schroeder，1983)。这些测验忽略了重要的问题解决能力。克鲁捷茨基(Krutetskii，1976)同样质疑心理测量项目的可信度，他认为单次的评估受学生焦虑、训练经验、疲劳等因素的影响，而且心理测量强调的是定量方面而不是定性方面的数学能力，即关注的是结果而不是思考过程。

近年来备受关注的测评是自 2000 年开始旨在评估各国 15 岁学生关键能力的国际学生评价项目(Programme for International Student Assessment，PISA)。它是由经济合作与发展组织(Organization for Economic Co-operation and Development，OECD)发起的项目，每三年举办一次。评价主要分为三个领域：阅读素养、数学素养及科学素养。其中的数学素养是个体识别和理解数学在世界中所起作用的能力、做出有根据的数学判断的能力，以及作为一个关心社会、善于思考的公民，为了满足个人生活需要而使用和从事数学活动的能力。具体从知识、技能和态度三方面考察基础数学能力和深层数学能力。基础数学能力要求能够借助心算和笔算等手段，运用基本的数学运算来解决日常生活问题；深层数学能力包括能够且愿意使用数学思维模型(逻辑和空间思维)，能够解释和描述现实中的各种数学应用(方程式、模型、图表)。评价题型包括选择题、开放性问题和封闭式问题。可以看出，PISA 测评对数学能力的考察将过程和结果进行了结合。

然而，2014 年英国某报纸上刊登了一份几十位教授和相关领域专家的联名信，呼吁 PISA 的负责人停止这项测试。其中一个原因提到 PISA 仅强调教育中少数可测量的方面，这容易导致我们忽视那些很难测量或不可测量的教育目标，如身体的发展、道德的发展、公民意识和艺术能力的发展，从而窄化我们对教育本质的理解。而且，PISA 可能会不可避免地带来各国教育者对学生的更长时间的机械训练和教师自主权的降低。

我们国家自 2009 年首次参加 PISA 以来，到 2020 年年底，共参加了 4 次。除了 2012 年外，我们的学生在 2009 年、2015 年和 2018 年三项排名均为第一。然而，当问及"学生 30 岁时希望从事的工作"时，PISA 2015 调查结果显示，中国学生中希望从事科学类工作(包括科学、医疗、工程等)的人数占比相对较小。因此,虽然我们的成绩排名第一,但可能其他方面也需要给予关注。例如,研究发现一些亚洲国家,如韩国、日本和泰国的学生表现出较高的数学焦虑,而一些欧洲国家,如奥地利、德国、列支敦士登、瑞典和瑞士的学生则表现出较低的数学焦虑(Lee,2009)。而且,在有些数学成绩较好的国家(如新加坡和韩国),很多学生表现出数学焦虑,而其他数学成绩较好的国家(如瑞士),较少有学生表现出高数学焦虑(Foley et al.,2017)。这样的现象可能是因为在这些学生数学表现突出的国家,学生过于渴望优异的学业成绩,反而引发了较高的数学焦虑。此外,我们还应关注我国学生的高成绩与投入之间的关系。总之,我们需要冷静地看待 PISA 的结果,充分思考其经济、社会和文化价值。

因为我们国家不同地区的教育水平存在较大差异,目前非常缺乏全国性的标准化数学能力测验。相对而言,一个适合全国中、小学生的数学学业成就测验是"中国儿童青少年心理发育特征调查"项目编制的数学学业测验(董奇,林崇德,2011)。其常模涉及 31 个省、自治区、直辖市和 10 万名中、小学生。内容涉及数学内容和数学能力两大维度。数学内容包括数与代数、图形与几何、统计与概率、综合与实践四方面。能力维度包括知道事实、应用规则、数学推理和非常规问题解决四方面。

综上,目前数学能力的评估主要采取的是测验法,这主要是因为测验法具有节省时间和精力的优势。未来有待开发更多的评估方法,比如能够更好地考察数学思维过程的动态评估。动态评估是一种关注个体未来发展水平的互动式测量模式,它通过教学和干预等把个体的学习过程与学习结果结合起来,考察个体的未来发展水平或学习潜能。与静态测验相比,动态评估可以提供更多有关学习过程的信息(陈德枝,2009),能实现对儿童个体认知水平的诊断以及个体与群体能力发展水平的比较。动态评估依托认知诊断理论(Cognitive Diagnostic Theory),将现代认知心理学与项目反应理论相结合,通过对个体的知识结构、认知过程和加工技能进行测量,进而实现了对个体掌握知识、技能及运用策略的内部机制进行动态的诊断评估的目的。人们可通过建立测验分数的测量学模型来建立起儿童测验分数与其内部认知特征之间的关系,并可以据此分析、确认儿童具体掌握了哪些知识技能,各项能力发展情况如何,以及儿童所具备的能力对其潜在发展的影响(涂冬波等,2012)。

有研究(王欣瑜,2017)基于《义务教育数学课程标准(2011 年版)》和数学教材中有关数学能力评价内容及标准的分析，兼顾儿童数学能力的结构性、发展性与可测性，将数学能力认知诊断的构念模型划分为四个维度。一是情境维度，具体包括数学的和生活的两种主要问题情境；二是内容维度，具体包括数与代数、图形与几何、统计与概率、综合与实践四个方面；三是过程维度，具体包括符号化表达、数学化运算与关系化建模三个主要认知过程；四是能力维度，具体包括数感、动态空间观念、数据整理、确定性运算、探索性运算、化归推理六种核心能力。在此基础上确定了六大核心能力为儿童关键数学学力属性，并综合运用学生口语报告、专家评定和回归分析等方法，对所确定的属性层级关系的完备性与合理性进行质性与量化的综合验证。最终形成了适合一至六年级学生的数学能力认知诊断测验。这样的研究是有益的尝试，未来有待研究者在这方面进行更多的探索。

四、数学教育的培养目标

关于教育的目标，国内外教育界日益达成了一个共识，即 21 世纪应该培养学生的核心素养。核心素养指学生应具备的、能够适应终身发展和社会发展需要的必备品格和关键能力。这些品格和能力是每一名学生获得成功生活、适应个人终身发展和社会发展都需要的、不可或缺的；可教可学，其发展是一个持续终身的过程，最初在家庭和学校中培养，随后在一生中不断完善。

对于数学教育的核心目标，史宁中（2016）教授认为是学会用数学的眼光观察现实世界，会用数学的思维思考现实世界，会用数学的语言表达现实世界。数学核心素养就是学生应具备的、适应个人终身发展和社会发展需要的、与数学有关的关键能力与思维品质。

数学核心素养的培养关键是培养逻辑推理能力。对于 3～12 岁的儿童，关键的数学能力是数量能力、运算能力、几何能力和逻辑推理能力。其中，逻辑推理能力是底层核心能力，贯穿于其他三种能力之中，其关键的思维品质是逻辑思维的深刻性，见图 1-1。思维的深刻性又称为逻辑性，是指思维过程或智力活动的抽象概括程度，反映了思维善于抓住事物的规律和本质，善于开展系统的理性活动的特点，是推理过程中思考广度、深度、难度和严谨性的集中反映（林崇德，2011）。培养思维的深刻性需遵循两条发展路径：其一，是从具体到抽象；其二，是从简单到复杂。

图 1-1 数学核心素养的培养

（一）从具体到抽象的发展路径

基于皮亚杰的心理发展阶段思想，从具体到抽象的发展路径主要是指思维的载体或媒介从具体的感知动作发展到抽象的心理符号，见表1-1。其中，存在兼具抽象性和具体性特点的过渡状态，即对动作关系的抽象。感知动作对应的抽象水平为经验抽象，即物理抽象，是指从客体中抽取信息或者是从个体行为的物质属性中提取信息的抽象过程。比如，儿童通过观察多种树木，获得了对"树"的直观认识，即树有根、树干、树枝和树叶，有些还有果实。这些特征就是归纳性的概括化。提起树时，儿童想起的通常就是自己熟悉的那棵树，如家门口那棵低矮的、树枝弯曲的枣树。假若有一天看到高耸的、笔直的杨树，对树的认识又会进一步丰富，这时树的外延增多了，即儿童拥有了更丰富的有关树的种类的知识，但儿童并没有建构出比"树"概念高一层次的上位概念。以上是从客体中抽取信息的物理抽象，还可以从个体行为中抽取物理属性。比如，"冰是很凉的"这一知识，就是通过"手碰触冰"这一行为不断抽象出来的关于冰的性质的物理抽象。

表 1-1 从具体到抽象的发展路径

思维媒介	抽象水平	抽象对象	概括化水平	思维结果
感知动作	经验抽象	物理客体	归纳性的概括化	扩展原有的旧知识
动作关系	伪经验抽象	主体对客体的行为	依赖于客体的建构性的概括化	建构出依赖于情境的新知识
抽象符号	反省抽象	心理操作中的关系	建构性的概括化	建构出不依赖于情境的新知识

抽象符号对应的抽象水平为反省抽象。这里的符号包括言语的和表象的。表象的抽象可以认为是直观抽象。目前很多心理学研究表明，言

语的加工常伴有直观抽象，如看到"狗"这样的抽象词语时，"狗的图片"的激活区域这时也被激活，这说明加工这些抽象词语时，其表象同时被激活。反省抽象是皮亚杰发生认识论中最为重要和最为核心的概念（李其维，2004），它是心理属性的抽象，将心理操作中的关系抽取出来，并在更高的层面上对这种关系进行重组。它包含着不可分割的两方面：一个是投射；另一个是重组。投射是指将从低层次抽取出来的内容投射到一个更高的层次上，即去背景化，是将形式从内容中抽离出来。重组是指在更高的层次上对投射而来的内容进行心理上的重新组织和建构。这时可以获得新的知识，并且是建构性的概括化知识。它不再依赖原先具体的情境，但却能应用到更多的新情境中，尤其是当新的知识通过语言完全意识化，变为陈述性知识时。

以儿童序列关系的掌握为例。

在情境1中，儿童需要将大小不等的桌子和椅子叠放起来，以便让布娃娃爬上去拿到放在高处的盒子。

在情境2中，儿童需要将五个长度和直径依次递减的圆柱形棒子接起来，以便将水池另一边的篮子勾过来。

儿童在完成了这两个任务之后需要对它们进行描述，并回答这两个任务有什么相同之处。处于反省抽象水平的儿童，分别将两种情境中共同的形式与不同的内容区分开，并在较高层次上进行重组。

第一步，他们能分别进行投射。将情境化的动作顺序"最开始放的是小桌子，然后是书桌，再放上椅子，然后是凳子"去情境化，抽离出其中的形式"承载布娃娃的物体的表面积越来越小"。将情境化的动作顺序"先连接最粗的圆柱，然后是中等粗的圆柱，最后是最细的圆柱"去情境化，抽离出其中的形式"圆柱形棒子越来越小"。第二步，将两种关系在更高的层次上进行重组。情境1是质量顺序，情境2是面积顺序，将不同类型的顺序重组整合到各种顺序的共同形式中，建构出重要性顺序"最基本的放在第一个……从最重要的到最不重要的"。这一知识超越原先的情境，建构了比质量和面积层次更高的范畴，因而是建构性的概括化知识，能应用到更广泛的具体情境中。

最后，还有处于过渡阶段的动作关系的抽象，其本质是一种特殊类型的反省抽象。因为它所抽取的性质虽然来自客体，但却不像颜色、质量之类的性质那样，在主体施加动作于客体之前就为客体所具有。例如，在数数活动中，每数1个苹果，总数就增加1，然而总数3不是某一个苹果的属性，而是经由数的动作产生的。因为客体此时被主体动作赋予的性质仅在动作的实施过程中才存在，形式尚未与内容完全分离。因此，冠以"伪经验抽象"之名，其实质还是反省抽象。反省抽象在很大程度上还依赖于伪经验抽象，可以说伪经验抽象是反省抽象的一个必要的支持和辅助（孙志凤，林敏，2006）。回到前述情境 1 和情境 2 的例子中，儿童能通过自己的行为顺利完成排序任务，才能更好地在心理层面进行映射和重组，达到反省抽象水平。

那么在数学教育中如何开展相应的教学活动呢？

数学教学面对的是学生，而学生数学学习的主要困难就来自数学的抽象性。不少学生反映数学太抽象，与实际生活联系不大。因此，数学教学的重要目标是平衡具体和抽象，实现从具体情境中来，经过抽象过程，最终回到具体情境中去。这里可以借鉴 RBC＋C 模型（Dreyfus，Hershkowitz，Schwarz，2015）。该模型是皮亚杰的反省抽象思想在教学实践中的具体应用。它主张通过三个可观察的认知行为来描述和分析新结构的出现：识别（Recognizing）、搭建（Building）和建构（Constructing）。识别是指学生看到一个特定的先前结构与当前情况或问题的相关性。搭建包括使用和组合识别出来的结构以实现当前目标，如策略的实施、问题的解释和解决。建构是数学抽象的核心认知活动。建构是通过垂直数学化的方法，将以前的结构汇总并进行整合，产生一个新的结构。新结构的产生并不意味着学生已经永远地获得了新的知识；学生甚至可能没有完全意识到自己的新结构，他们的结构往往是脆弱的、依赖于语境的。因此，在建构阶段，学生还没有达到完全的自由和灵活。自由和灵活与巩固（Consolidation）有关。巩固是一个永无止境的过程，通过这个过程，学生意识到自己的结构，结构的使用变得更加直接和明显，他们使用结构的信心增加，在使用结构方面表现得越来越灵活。

下面我们以数的分解组合任务（辛自强等，2006）为例来说明这个过程。该任务的学习阶段见表 1-2。首先，前测阶段的任务主要用于了解学生当前的思维水平。其次，学习阶段呈现了多个现实情境中的数学问题，以观察学生的识别、搭建和建构三个过程的发生情况。最后，迁移（远迁移和近迁移）阶段则是巩固过程。

表 1-2　数的分解组合任务示例

阶段	题目类型	题目举例	教学目标
前测	数字表征	给学生呈现□＋△＝4，要求学生找到两个合适的数字分别填在正方形和三角形里，使其和等于右边的目标数。	了解学生当前的思维水平。
学习	五道应用题	小猴子非常喜欢吃香蕉，有一次妈妈出门时留给小猴子 5 根香蕉，让它早上和晚上吃，请问小猴子早上和晚上分别可以吃几根？	识别：数量守恒和数序知识。
			搭建：将数量守恒和数序知识进行整合，解决当前问题。
			建构：建构出顺序化策略和与分解组合方式有关的知识。
迁移	近迁移题	一个跷跷板右端的大盒子里放了 9 块积木，跷跷板的左端有两个上、下叠放在一起的小盒子，请问上、下两个小盒子里分别放几块积木，才能使得跷跷板两端平衡？	巩固：在其他情境中应用前述建构的知识，培养学生灵活使用顺序化策略，巩固所建构的与分解组合方式有关的知识。
	远迁移题	买一支钢笔要花 20 元钱，现在有 3 张 5 元的纸币和 12 个 1 元的硬币，如何付钱给售货员？	

　　促进学生反省抽象的教学过程，强调的是问题成功解决后知识的建构(张丽，辛自强，2006)。皮亚杰指出基于动作协调的反省抽象可能是无意识的，因而通过连续的反省抽象，要达到对反省的反省，以达到意识化(李其维，2004)。后来新皮亚杰学派代表人物之一卡米洛夫-史密斯(2001)发展了这一思想，提出了"表征重述理论"。该理论认为，对已经获得的表征进行重复表征，是人类获取知识的重要途径。表征重述促进人类知识的获得是以行为掌握为前提的。所谓行为掌握，指儿童能够在程序层面上成功地解决问题，儿童已具有了解决问题需要的程序性知识，只有作为行为掌握的基础的表征达到稳定后，重述才得以进行。通过自发的重述作用，内在表征不断进行重组、建构，程序性知识转化为陈述性知识。因此，日常教学应促进儿童在问题成功解决后进行反思，这样

不仅能巩固已有知识，而且能促进知识的重组和新知识的产生。

　　强调从具体到抽象的发展路径，实质上是强调概括能力的重要性，正如林崇德(2011)所认为的，概括能力是数学能力的核心，在一定意义上说，它就是数学能力。促进儿童思维从具体到抽象的发展，强调的是儿童内在力量的运用和智慧的生成。正如皮亚杰(2018)所言，我们以为把过去实验的成果传授给学生，或者在他们面前演示实验，就可以算是合格的实验训练了，而这简直就像通过让人在岸上看别人游泳来学习游泳技能一样。

(二)从简单到复杂的发展路径

　　关于如何界定复杂性，以往不同的研究者持有不同的观点。新皮亚杰学派的罗比·凯斯(1999)的认知发展理论可以提供很好的理解框架。根据凯斯的观点，认知发展要经历感知运动阶段、关系运算阶段、维度运算阶段和矢量或抽象维度运算阶段。其实质是维度复杂性不断增加。例如，在与数钱相关的任务中，处于单维度水平的 6 岁儿童只能够在同一个维度内协调计数和笼统辨别钱，如比较 5 元和 7 元，并能够进行简单的加减运算。处于双维度水平的 8 岁儿童能够同时评估或比较两种维度，即能在两个维度上进行混合比较，如元和角、元和分的结合。处于整合双维度水平的 10 岁儿童能够以一种整体化的方式协调处理。

　　香港大学教育系的比格斯(Biggs, 1992)同样提出了复杂性的界定方式。比格斯认为，知识可以分为很多种类：缄默的知识、直觉的知识、陈述性知识、理论性知识、元理论性知识。这几种知识从前到后有等级顺序和发展先后顺序。例如，陈述性知识根植于缄默的知识和直觉的知识，向理论性知识发展。在研究学科能力的发展时，比格斯发现不同任务的学习中都有一种一致的等级序列，并将其称为学习循环(lear-ning cycle)。基于此，他提出了可观察的学习结果的结构分类(Structure of the Observed Learning Outcome，SOLO)分类。该分类体系提供了对学习结果进行等级质性评价的方法。比格斯把学习结果由低到高划分为五个层次：前结构、单一结构、多重结构、关系结构和扩展的抽象结构。

　　前结构(prestructural)指学生被先前学习中一些不相关的方面干扰或误导，基本无法理解和解决问题，只能提供一些逻辑混乱、没有论据支撑的答案。单一结构(unistructural)指学生注意到了与任务相关的方面，并且只选择一方面就尝试解决问题。例如，学生找到一条解决问题的思路后就立刻罢手，单凭一点论据就跳到答案上去。他们虽然找到了论据和答案的联系，但是不能深入说明这种联系的意义。多重结构（multist-ructural）指学生注意到了越来越多相关或正确的特征，找到了一些并列的联系，但是不能说明这些联系之间的关系或意义。关系结构（relational）指学生将各个部分统一成了有一致结构和意义的整体，这时发生的通常是质变，意味着学生充分理解了这个学习或研究的主题。扩展的抽象结构（extended abstract）指学生把所吸收的结构整合到更抽象的、代表高一级运算方式的结构中。学生可以超越与给定任务相关的信息，把知识概括并推广到其他领域，或置于更抽象的系统中。这也是重要的质变。

还有诸多心理学家提出了复杂性理论。整合以往相关的复杂性理论，辛自强（2007）提出了关系-表征复杂性理论来理解和界定任务的复杂性与认知的复杂性。该理论区分了问题难度和问题解决难度两个概念，前者用任务的关系复杂性来刻画，包括等级复杂性和水平复杂性；而后者用表征复杂性来刻画，包括表征广度和表征深度。任务等级复杂性的内涵见表 1-3。

表 1-3　任务等级复杂性的内涵

零级关系	R0(A)，任务中只有一个要素，任务的解决通常是要素的识别、再认等，这种任务不要求对关系进行加工。
一级关系	R1(A，B)，两个或多个要素的关系；关系的存在通过要素之间的运算来体现，如 $5+7$ 和 5×7 都是一级关系，但运算性质不同。
二级关系	R2[R1(A，B)，C]，两个要素的关系与同级关系或低一级的要素发生了关系，即关系的关系，如 $(5+7)\times8$，$(5+7)\times(8+4)$。
三级关系	R3{R2[R1(A，B)，C]，D}，其中 C，D 可以是要素或关系，如 $\log(5+7)\times8$ 或 $[(5+7)\times8]^3$。

水平复杂性是每级关系表征中要同时理解的其所包含的下级（低于该级的）关系或要素的数量。图 1-2 和图 1-3 是任务关系复杂性的示例。图 1-3 中的一级关系 A 的要素数量为 3，其水平复杂性高于要素数量为 2 的一级关系 B。图 1-3 中的二级关系包含两个一级关系和一个要素，而图 1-2 中的二级关系只包含一个一级关系和一个要素，因此图 1-3 中的二级关系的水平复杂性要高于图 1-2。

表征广度是能同时表征的同一层次上集合关系的数量；表征深度是能理解的关系的最高层次。如果对问题而言，表征的广度越大、表征的

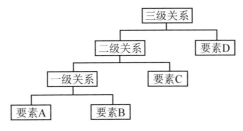

图1-2 任务关系复杂性的示例(1)

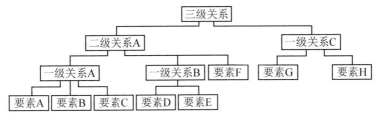

图1-3 任务关系复杂性的示例(2)

深度越深，那么这种表征就越复杂。表征广度主要受工作记忆容量、记忆刷新能力、抑制干扰能力等认知能力限制和约束；表征深度主要受长时记忆中的领域知识影响。前者是能力发展的"硬件"，强调表征水平方向上的宽度；而后者是"软件"，因此表征广度在某种"门槛"意义上对表征深度有限制作用。

　　这里要提的是，如果一个问题的解决过程中只有一种正确的表征方式，那么表征的复杂性和问题本身的关系复杂性可以直接对应起来；否则可能不存在这种直接对应，而应根据具体的表征方式确定表征复杂性。已有研究为关系-表征复杂性理论提供了支持，表明该理论在教学实践中在界定任务的复杂性和评估学生表征水平方面有一定的应用价值(辛自强，2003，2004；张夏雨，2010；张夏雨，喻平，2009)。例如，辛自强(2003)以172名小学高年级学生为被试，利用长方形面积问题对关系-表征复杂性模型的内部和外部效度进行了检验。在研究中，学生被告知自己的学校与另一所学校要进行一次小学生数学竞赛，需要由学生自己出题考查另一所学校学生的学习情况。所有编制的题目根据集合数量、关系复杂性和所需公式知识分为四种模板(表1-4)。结果表明，该模板能够有效解释问题难度和问题解决难度，区分优、中、后进三类学生所能达到的表征复杂性。

表 1-4　四种模板问题对应的表征复杂性与公式知识

模板	集合	初级关系	二级关系	三级关系	面积公式	周长公式
两条邻边	3	√	×	×	√	×
一边及邻边间关系	4	√	√	×	√	×
周长与一边	5	√	√	×	√	√
周长及邻边间关系	5	√	√	×	√	√

综上，关系-表征复杂性模型提供了理解儿童思维从简单到复杂发展的框架。培养思维深刻性的根本目标是促进儿童思维表征广度和表征深度的发展，尤其是表征深度的发展。促进儿童思维表征深度的发展主要是促进儿童思维的表征水平向更高等级发展。关于如何促进儿童思维表征深度的发展，维果茨基的最近发展区理论提供了非常清晰的理论框架。根据该理论，教学的主要目标是设置适当的学习任务促进学生从"现有水平"向"潜在水平"发展。

如何设置合适的学习任务促进学生的发展呢？首先，学习任务中可以设置"概念冲突"，即强调在导入新课的过程中，建立新、旧知识之间的联系，为学生设置认知冲突。比如，设计学生利用原有知识难以理解的问题，这样既可以激发学生探求新知识的兴趣，也可引导学生建立新、旧知识之间的联系，使得知识系统化（辛自强，池丽萍，张丽，2006）。这样才能产生认知压力，促进学生新知识的建构。此外，建构主义教学强调学生之间的交流和讨论。学生通过观察自己与其他同学之间在概念理解上的差异，会体验到冲突，从而有机会建构新知识。

其次，若没有概念冲突，可以设置合适的任务难度水平。"现有水平"通过测验很容易就可以掌握，然而"潜在水平"在哪里？不了解"潜在水平"，就无法确定脚手架的位置，也无法确定提供什么样的脚手架。之前研究（Wilson et al.，2019）发现的 85% 定律可以提供一个量化方法。研究者采用人工智能技术模拟人类的学习过程，考察了不同任务难度下计算机的正确率。在进行了反复的实验后研究者发现，当计算机的正确率是 85% 或者错误率是 15% 的时候，学习效率最高。更重要的是，研究者将这个结果迁移到动物实验和人类学习中，得到了相同的结论。这个结论启发我们需要了解不同类型学生的 85% 的正确率水平，并针对不同类型的学生布置不同难度的任务。当任务难度对应 85% 的正确率时，学生的学习效率是最优的。

表征广度的发展是表征深度的发展的前提，因此表征广度的培养同样重要，其主要途径是提升儿童的记忆能力。关于如何提升儿童的记忆能力，研究发现通过计算机程序或线上游戏进行认知训练可以提升儿童的记忆成绩（申婉丽等，2019）。线上游戏通常趣味性较高，可以让不同训练者之间进行比拼和竞赛，不受时空限制，还可以根据训练者的能力自行调整训练的难度，是非常易于普及的大众化的认知训练方式。教育教学中可以将这样的线上训练作为线上课堂的重要补充，提升儿童的记忆能力。然而，线上训练效果的保持时间目前还没有定论。记忆就像肌肉一样，必须不断的刻意练习，才能保持效果。

提高儿童的记忆能力，非常重要的一点是促进儿童知识和概念的组块化，即促进知识之间建立有意义的联系，这样的学习记忆效果保持时间长，更易于同化和建构新知识。例如，图文并茂的思维导图便是很好的教学工具，在学生学习的不同阶段都可以使用。在学习新知识阶段，可用以呈现新知识与旧知识的区别和联系；在复习阶段，可用以梳理和清晰化所学知识与概念的关系；解决问题时，可用以呈现问题特征和目标，以建立更准确的问题表征，促使学生更轻松地找到解决路径。此外，教师在课堂中可积极运用心理学中的记忆规律。例如，根据学习的系列位置效应，首尾记忆效果好，因此中间学习的内容需要多复习；根据过度学习效应，学生对所学习和记忆的内容初步掌握后，还需要用原来所花时间的一半去巩固强化，使学习程度达到150％，这样将会使记忆得到强化。

第二章

儿童数学能力的发展与教育

认知发展理论的力量来自这种对称性，即大脑进行思考的相互性：'在行动中思考'和'在思考中行动'。

——让·皮亚杰

儿童在做 2 加 3 的加法时，刚开始必须依赖手指，左手伸出 2 根手指，右手伸出 3 根手指，然后从 1 数到 5，数完 5 根手指，得出答案 5。后来儿童会直接从 3 开始数，数 2 个，得到答案 5。随着年龄的增长，儿童不再需要依赖手指，可以直接从记忆中提取出答案 2 加 3 等于 5。儿童从开始依赖手指到最终不依赖手指，这样的过程反映的正是儿童加减法的发展过程和发展阶段。教育必须建立在发展的基础上，才能发挥促进和加速儿童发展的作用。

根据皮亚杰的观点，儿童思维的发展本质是认知结构经历四个阶段的过程。首先经历以感知觉和动作为结构的感知运动阶段，其次是以具体表象为结构的前运算阶段和以具有抽象性的表象为结构的具体运算阶段，最后发展到以抽象符号为结构的形式运算阶段。这为我们理解儿童数学能力的发展提供了理论框架，为在教育中如何给不同年龄、不同思维发展阶段的儿童提供有差异性的适宜活动提供了思路。教育的目的不是仅仅传授知识，而是以儿童原先的思维结构为基础，引导儿童在行动和游戏中逐渐发展出更高级的思维结构。最终儿童得以超越现实的限制，不需要具体行动就能思考，如通过假设演绎就可以得到结论。这时，儿童就可以通过思考来行动。基于第一章数学能力的四种类型，本章将从数量能力、运算能力、几何能力以及逻辑推理能力四个方面介绍儿童数学能力的发展特点并提出相关的教育建议。此外，还将介绍发展性计算障碍的成因及教育。

一、儿童数量能力的发展与教育

儿童数量能力可分为非符号数量能力和符号数量能力。数量是对时间和空间物质世界的物理特征的心理抽象。当不同空间位置中存在边界清晰的两个物体时，或者在同一空间位置的两个不同时间点出现了两个事物时，人类大脑中会出现"2"的表征，即具有数量表征。数量可用非符号(如"两个圆圈"或者"两根香蕉")和符号(如阿拉伯数字"2"或英文"two")两种形式来表征。非符号是视觉、听觉或跨通道呈现的一定数量的具体实物或图形；符号通常是指数学中用以表达不同数量的各种文化符号、代码，或者是用语言文字表达的字或词。

(一)非符号数量能力

以往的大量研究发现，即便是动物和婴儿都具有非符号数量能力。例如，很小的婴儿就能认识到 2 颗糖和 1 颗糖是不同的，1 块小蛋糕和 1 块大蛋糕是不同的，进而选择数量多或体积大的美食。对于这种能力，法国心理学家德阿纳(Dehaene,1992)最早提出了一个假设，即人类具有一个先天的近似数量系统，这个系统使得个体在不需要依赖计算和数量符号的情况下，能够对一组数量进行近似表征。这种近似表征具有不精确的特点，而且不精确性随着数量的增加而增加。近似数量系统的准确性通常使用数的敏感性(number acuity)或数感(number sense)来反映，使用非符号数量比较任务来测量。非符号数量比较任务一般会给被试呈现两个点阵列，每个点阵列中有一定数目的圆点，在不允许被试数数的前提下，让被试判断哪个点阵列中圆点的数目较多。可通过正确率、反应时或韦伯分数来衡量近似数量系统表征的精确性、近似数量系统的敏感性或数感能力。不过，不管是成年人还是儿童，其正确率的可靠性都是最高的，能稳定地反映近似数量系统的准确性。

关于近似数量系统的发展，目前研究发现新生儿可辨别比率为 1:3 的非符号数量点阵，6 个月大的婴儿对视听觉非符号数量点阵的辨别比率提高到 1:2，9 个月时可达到 2:3。童年时期非符号比较能力得到进一步提高，五年级儿童在 3:4 的非符号比率上辨别率可达到 80%，在 5:6 和 7:8 的非符号比率上正确率达到 69%左右(牛玉柏等，2018)。成年期的辨别比率可达 7:8 或 10:11。

目前众多研究发现，经过训练儿童的近似数量系统加工能力能够提高，训练也能进一步提高儿童的符号数学成绩。我们课题组(贾砚璞、张丽，徐展，2019)选取 90 名小学二年级学生(平均年龄 7.89 岁)为被试，对其展开了一个月每周两次的自适应数感训练，每次训练 15~20 分钟。

训练任务如图 2-1 所示，学生需要判断屏幕左、右两边哪边的点数多一些。任务根据比率大小不同分为 8 个难度阶梯，当某一难度阶梯的正确率超过 75％时，便可接受下一难度的训练。因此，学生每个人的训练进程都是依据其现有水平而定的。进行数感训练时，被试在对刺激做出反应之后，电脑会根据答案的正确与否做出反馈(回答正确会显示"恭喜你，挑战成功！"，回答错误会显示"很遗憾，继续努力！")。训练结果表明：基于个体水平的自适应数感训练不仅可以提高儿童近似数量系统表征的准确性，对儿童数学成绩的提升也有促进作用。不过，最初数学能力不同的儿童经过自适应数感训练后数学成绩的提升程度存在显著差异，自适应数感训练对数学成绩中等和较低儿童的干预效果最好。

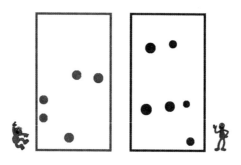

图 2-1 数感任务

这对我们有两方面的教育启示。首先，幼儿期和小学阶段可以有意识地训练儿童的数感能力，这将有助于儿童符号数量能力的发展。其次，教师的干预要考虑儿童的个体差异。数感训练对于数学成绩中等和较低的儿童帮助更大，这部分儿童对数感训练更敏感。

(二)符号数量能力

界定符号数量能力有不同的角度。从动态的角度分析，主要包括数量的识别、命名和比较。从静态的角度分析，主要是儿童基数和序数概念的理解与掌握。例如，儿童看到 3 个皮球，能数出并说出这是 3 个皮球；儿童看到数字 3，能说出这是 3，知道这个数比 5 小且比 2 大；当大人说 5 个皮球时，儿童能正确拿出 5 个皮球。这些涉及的均是符号数量能力。基数指的是集合中事物的数量是"多少"，是总量，如能说出盒子里有几颗糖。序数指集合中某事物所处的位置序列，如它是"第几个"，前面数字是几，相邻数字是几。生活中儿童能指出排队时自己排在第几位，某人在其前面第几位。研究表明基数概念的发展先于序数概念，理解基数是理解序数的前提（幼儿数概念研究协作小组，1979）。

与非符号数量能力不同，儿童的符号数量能力是在开始学习数字符号之后才发展起来的，是建立在非符号数量能力基础上的，且儿童通过不断的后天学习可以在非符号数量和符号数量之间逐渐建立起联系，最终脱离非符号数量，实现思维的逐渐抽象。那符号数量能力如何发展起来？基数概念和序数概念如何获得？答案是儿童主要通过数数活动抽象出数概念，并在不断的应用中发展起符号数量能力。

如果儿童在数数中能掌握五个原则，则表明儿童获得了数概念（Gelman，Galliste，1978）。第一个是一一对应原则（one-to-one princi-ple），即在数数过程中，数字与物体一一对应。一个数字只能对应一个物体，一个物体只能对应一个数字。漏数或重复计数均为错误。第二个是序列固定原则（stable-order principle），即数数过程中必须按固定的数字序列进行数数。例如，阿拉伯整数序列是从 1 开始逐渐增加的，1，2，3，4，5，…，第一个数字若是 1 以外的其他数字或者依顺序数到 3 时突然跳到 5 便是错误的。第三个是基数原则（cardinality principle），即按照一一对应原则和序列固定原则进行数数，得到的最后一个数字为集合的数量，即总数。第四个是抽象原则（abstraction principle），即数数的物品不局限于同类的物品。某颜色、某形状的实物，某种动物，某种声音，不同类型的物品同样能够一起数数，如声音和动作可以一起数数。第五个是顺序无关原则（order-irrelevance principle），即数数过程中如何数与总数无关。例如，一串珠子从左至右数和从右至左数时，某个珠子其顺序分别是第三个和第五个，虽然顺序不同，但这不影响珠子的总数。换句话说，数词并不特定于某个事物。前三个原则是关于"如何数"的原则。后两个原则是儿童获得数概念的关键指标，掌握了这两个原则就说明儿童理解了数概念的"抽象"特征。关于以上原则的发展顺序，国内有研究（赵惠红，2015）发现，五个原则的发展并不同时，发展顺序依次为序列固定原则、抽象原则、一一对应原则、基数原则和顺序无关原则。

儿童数数发展有三个阶段（赵惠红，2015）。2 岁前儿童尚没有学习数数和数字，处于前数字阶段，然而基于先天的近似数量系统，儿童能够直观地感知到数量的多少并判断谁多谁少。儿童并不知道数字的数量含义，不理解任务"这里有多少个……"，所以他们随意回答，有时候用数量词进行回答。2～4 岁时儿童进入机械数数阶段，他们开始学习数数序列，逐步掌握序列固定原则、抽象原则和一一对应原则，掌握 4 以内数量的基数含义。当回答 4 以内的"谁多谁少"类型的问题时，能够通过感数（subtizing）来判断，即能通过视觉迅速、准确地识别小数量集合中元素的数目。但是对于更大的数量，只是机械地回答数数后得到的最后一个数字，并没有把数数和基数概念结合起来。5 岁以后儿童基本掌握基数原则和顺序无关原则。儿童知道可以通过数数来得到准确的数量，建立了数字与数量的较为稳定的联系。当要求儿童判断两排物体数量的多少或者一个集合的数量是否在其形式变化后发生改变时，儿童会采用数数的方式来验证答案。

数数是儿童数概念习得的主要途径。研究发现 0～7 岁儿童数概念的掌握要经历感知水平、口头数数、给物说数和按数取物四个阶段（林崇德，1980）。具体到年龄阶段，2～3 岁儿童可掌握到"2"；3～4 岁儿童可掌握到"5"；4～5 岁儿童可掌握到"11"；5～6 岁儿童可掌握到"23"；6～7 岁可掌握到"29"（其中过半数儿童可以掌握 50 以内的数）。概括来讲，2～3 岁、5～6 岁是儿童形成和发展数概念的两个关键年龄阶段：前一个是数概念的萌芽时期，即从空白到产生计数能力；后一个是儿童数概念发展的飞跃时期。

以上儿童数概念发展的相关研究启发我们，在教育中应重视儿童数概念的理解和掌握。通过简单有趣的数数活动，让儿童在活动中反复体验、积极思考、发现规律，促进儿童抽象数概念的获得。举例来讲，儿童在开始学习数数的时候，一般情况下数到 9 就会停。比如，儿童数完 19 不知道后面是哪个数字时，成人可以提醒儿童是 20。之后儿童往往能从 21 数到 29，但是数完 29 之后又会卡住，成人继续提醒儿童是 30。这样提醒和示范三四次以后，就可以通过让儿童自己猜测 59 后面是多少来观察儿童是否可以发现和概括出规律。这样一来，就在数数活动中培养了儿童的归纳推理能力，让儿童在行动中思考，在思考中获得数概念。这里，不建议让儿童只是机械地记住从 1 到 100 是多少，这本质上是唱数，反映的并不是儿童真正的数量能力，而是机械的记忆能力。数数的过程中还可以变换不同物品，如 10 个气球和 10 颗花生，虽然外在感知到的大小差异非常大，然而数量却相同，以此让儿童体会数量的抽象性。再比如，通过一一对应，比较两样东西的多少。这样将有助于儿童掌握一一对应原则。

(三)非符号和符号的映射

数数活动最重要的价值在于将非符号数量和符号数量联系起来，在二者间建立了映射关系。数数活动能使具体的事物和抽象数量建立映射关系，而数字线估计任务则进一步使数字和抽象数量在空间中建立起了映射关系，从而进一步促进了数量的抽象化，促进了符号数量能力的发展。数字线估计任务就是给被试呈现一条数字线，数字线的两端各有一个数字，反映这条数字线所代表的数字范围。具体可以分为两种类型：一种是数字位置任务，儿童需要在数字线上标记出某个数字所在的位置；另一种是位置数字任务，儿童需要写出数字线某个位置所代表的目标数字。例如，图 2-2 中的数字位置任务，儿童需要在 0～100 的数字线上标记出 17 的位置。真实位置和儿童标记位置的差异反映了儿童数字估计的准确性。

图 2-2　数字线估计任务中的数字位置任务和位置数字任务

数字线估计任务可帮助儿童建立关于数字顺序、数量大小、数字之间相互关系以及数量空间表征的相关概念，从而为儿童符号数量能力的发展奠定基础。有研究表明，数字线估计任务的绝对错误率与儿童数学成绩之间存在显著的负相关关系，儿童数字线估计任务的绝对错误率越低，其数学成绩越高（李晓芹，2008；王澜，2013；Booth，Siegler，2006）。数字线估计还与儿童的空间能力密切相关，儿童在数字线估计任务上的成绩能够预测其数学成绩，原因可能是该任务涉及视觉运动的整合和视空间技能(Simms et al.，2016)，这些技能对儿童完成数学任务非常重要。

这对当下数学教育的一个启示是，教学中可以开展数字线估计活动或游戏以提高儿童的数学能力。西格勒和拉马尼（Siegler，Ramani，2009)设计了数字棋盘游戏，即给儿童呈现直线排列的、大小相同的、标有数字的方格棋盘，儿童通过投骰子按点数确定需要走的格数，一边走棋一边说出所走过的数字。通过游戏，儿童能更好地理解数的序列和大小。国内研究者也发现，数字棋盘游戏可以提高儿童的数量表征能力（白璐，2014；吕雪姣，2012）。数字线估计游戏可以在中班以上的儿童群体中开展，不过针对不同年龄的儿童，数字线两端的数字可以调整。例如，针对中班儿童可以使用0～10数字线，针对大班儿童可以使用0～20数字线，针对小学一年级学生可以使用0～100数字线。数字线估计游戏的形式可以灵活变换，该游戏还可以用于后面将要提及的儿童加减法运算能力的培养。目前这方面已有研究者开发出在线训练游戏。在研究者设计的"兔子种萝卜游戏"中，儿童首先判断目标数字在数字线上的位置，然后在指定位置种下萝卜。该游戏被证明可以促进儿童数学能力的发展（周新林，2016）。

二、儿童运算能力的发展与教育

关于儿童运算，早期研究者主要关注儿童运算的年龄特征。有研究发现（林崇德，1980），最初的运算是在2岁以后出现的，但2～2.5岁的儿童仅仅在"2"以内进行加减，并且绝大部分儿童要依靠实物完成。3～4岁儿童大多数能依靠实物完成"5"以内的加减，只有少数能直接进行"5"以内的运算。4～5岁的儿童多数能依靠实物完成"20"以内的加减。5～6岁的儿童大部分能够不用实物直接进行"20"以内的口头或书面运算，有少数儿童开始掌握"50"以内的加减运算，极少数儿童能用"百"以上数字来演算加减习题，且能演算简单的乘法习题。与数概念的发展类似，2～3岁和5～6岁是学前儿童运算能力发展中的两个关键年龄阶段和转折点。

以上主要是根据儿童加减运算中数字的大小来看发展趋势的。若根据加减运算的抽象程度，加减运算大致的发展顺序为：4岁左右能够在点数物体后说出总数；4～5岁能进行实物加减；5岁半以后掌握数的组成；6岁以后能够口头按群加减；6岁半以后运算能力有显著发展（幼儿数概念研究协作小组，1979）。此外，周军（2008）对武汉市小学生数学能力现状的调查结果显示，三、四年级学生的数学运算能力显著好于其他年级。近年来，儿童运算能力的研究主要集中在运算的神经机制方面。根据运算结果的准确程度，计算可分为精算和估算两种。

（一）精算

精算指学生依靠数字与运算符号，依据运算规则，得到精确的计算结果;估算指学生利用估算策略,通过观察、比较、判断、推理等认知过程,获得概略化结果(董奇,张红川,2002)。精算和估算两种策略与人们日常生活密切相关。日常生活中的价格估计、时间估计、测量估计、计算模拟和估计都涉及估算能力。估算过程具有直觉性,也具有开放性和创造性(鲍建生,1997)。精算比较程序化,通常需耗费较长时间,但却可以保证结果的正确性;而估算可迅速形成大致答案,但是在精确性上相对较差,往往还需要对答案进行再检查、再验证。

对精算的研究主要集中在加、减、乘、除四种基本运算的心理过程及神经机制上。研究表明,加法算式和乘法算式的表征是不同的,加法算式主要依赖视觉-阿拉伯数字表征,而乘法算式主要依赖听觉-言语表征(周新林,董奇,2003)。在大脑功能层面,加、减法更多地激活负责视觉空间加工的脑区,乘、除法更多地激活负责言语加工的脑区(Zhou et al.,2007)。周新林研究团队还比较了二年级学生和成人在解决一位数字加法和乘法算术问题时的事件相关电位,结果发现成人比学生更依赖于语言处理系统来解决运算问题,学生更依赖于数量操作来解决这些问题(Zhou et al.,2011)。

对儿童的加法策略,研究者也进行了深入研究。结果发现(沃建中,李峰,陈尚宝,2002),儿童主要使用提取策略、从 1 开始数策略、从小数开始数策略、从大数开始数策略、凑十策略以及心理算盘策略。提取策略是中国 5~7 岁儿童主要使用的策略,其使用频率随着儿童年龄的增大而不断提高。国外儿童使用提取策略的频率是在其入小学后才显著提高的,该策略是在与从大数开始数策略、从 1 开始数策略和提取策略的竞争中逐渐优化出来的。到三年级时,提取策略和从大数开始数策略才逐渐在策略使用中占主导。而中国儿童从 5 岁起提取策略就逐渐呈现出主导趋势,其他策略的竞争趋势不明显。研究者还开展了运算能力的文化差异研究。结果表明,中国儿童的基本算术技能和数学记忆广度均超过同龄的美国儿童(刘凡,1994)。在解题时,中国儿童多使用效率较高的言语计算策略,美国儿童则多采用手指计数策略。在言语计数策略和检索策略的加工速度上,中国儿童也超过美国儿童。

关于精算的发展研究对数学教育有两方面的启示。

首先,关注并引导儿童策略的发展。策略的使用反映了儿童思维的发展水平,因此在培养加减法运算能力的同时可以培养逻辑思维。加减法运算本质上是整体与部分逻辑关系的体现,皮亚杰的"守恒"思想所体现的也是该本质。因此要因势利导，促进儿童掌握守恒思想。举例来讲，告诉儿童盘子里有 4 个苹果，再放入 3 个苹果，请问总共是多少个苹果呢？四五岁的儿童通常是先伸出一只手的 4 根手指，然后再伸出另外一只手的 3 根手指，最后将所有伸出来的手指从 1 数到 7。多次练习后，儿童可能会直接在 4 的基础上数 3 个，直接数 5，6，7，这时儿童的思维水平就比原先进步了。成人再问他，那 3 个苹果加上 4 个苹果是多少个苹果？如果儿童经过多次练习发现这个问题的答案与 4 个苹果加上 3 个苹果是一样的，那么儿童就开始理解数量的守恒了，即加数互换时总和不变。因此，在加减法运算的反复练习中，教育者要引导儿童不断发现新的解决问题的策略，而不只是简单记忆。

再比如，在加法学习中还可以引导儿童掌握"一一对应"的思想，让儿童深刻理解"相等"的内涵（史宁中，2016）。举例来讲，对 3+1=？这一问题，在低年级儿童数学教育中，可以采用如下的教学思路（图 2-3）。首先，给儿童呈现两组方块，然后问儿童："哪组的方块多？"接下来，教师可以引导儿童通过"一一对应"比较谁多谁少。每数一个数字时，让儿童比较两组中是否都能找到对应的方块。当数到 4 时，第二组能找到方块，而第一组找不到，因此第二组的方块多。接下来，教师可以在第一组中加一个方块，继续问"现在哪组多？"。儿童回答"一样多"。这样儿童便会对 3+1=4 有更直观的理解。

图 2-3　3+1 计算过程的演示

其次，在儿童学习加减法运算的早期可以鼓励儿童使用手指。是否应该鼓励儿童使用手指是数学教育中尚有争议的问题。学术界逐渐认识到，手指对数学能力的发展有积极作用，也有消极作用。手指感知、手指运动，以及基于手指的数量表征可以促进数字认知（胡艳蓉，张丽，陈敏，2014；Fischer，Kqufmann，Domahs，2012）。然而，语言和手指计数序列之间结构不匹配。比如，手指表征 6～10 的数字是有特异性的，很依赖特定文化背景，手指计数也非常有限，这使得手指的使用可能会抑制数量表征系统的学习（Bender，Beller，2011）。因此，数学教育要做的主要是发挥手指的积极作用。手指是儿童，尤其是学前儿童理解数量和进行运算的重要工具，是将非符号数量表征与符号数量表征联系起来的工具和桥梁，是儿童在行动中思考的重要载体。手指运动不仅能促进儿童手部肌肉的发展，还能促进儿童大脑及思维的发展，有助于儿童通过手指将自己对世界的认知及自我情感以一种充满生活性、主体性和想象力的方式表达出来（蒋惠娟，2018）。因而儿童教育教学中多样化的手指游戏是有极大益处的。

目前不少数学教育者否定手指在数学能力发展中有积极作用，主要是因为有研究发现，数学能力发展落后的儿童比一般儿童更多地使用手指数数策略（Moeller et al.，2011）。但是，这一现象不足以说明手指的使用会抑制数学能力的发展。数学能力发展落后的儿童过分依赖手指数数策略，并非因为手指的使用抑制了其数学能力的发展，而是因为此类儿童还没有获得更高级的运算策略或者还不能灵活运用高级策略，他们高级策略的获得和灵活使用较同龄儿童要晚，因此只能借助手指数数策略这一低级策略。有研究发现，一般儿童从一年级到二年级会从很依赖手指数数策略转换到依赖口头数数策略和提取策略（Geary，2004）。而有数学障碍的儿童没有实现这种转换，从一年级到二年级都是主要依赖手指数数策略。因此，二年级后期如果儿童仍主要依靠手指数数策略进行加减法，就需要注意儿童是否在计算方面存在困难或障碍。

（二）估算

估算比精算发展得早。有研究发现，婴儿具有初级的估算能力，5个月大的婴儿能够对简单的、总和小于4的加法结果进行判断（Wynn，1998）。甚至是动物都具备一定的估算能力。有研究给恒河猴呈现两盘苹果，每盘苹果分为两堆，第一盘中两堆苹果的数量是4和3，第二盘中分别是5和1。结果发现，恒河猴会选择第一盘，说明恒河猴能够对两盘苹果的总量进行估计和判断（Hauser，MacNeilage，Ware，1996）。此外，估算比精算受文化和教育的影响相对较小。研究发现，即使没有受过教育或受教育水平非常低的成年人，在不识字的情况下仍然具备一定的估算能力（Göbel，Snowling，2010）。还有研究（Reys，Yang，1998）考察了美国儿童和中国台湾儿童的精算能力与估算能力。结果发现，中国儿童的精算能力明显优于美国儿童，然而其估算能力并没有显著差异。此外，估算依赖空间能力，精算更依赖语言能力，不过复杂运算比简单运算更依赖空间能力（梁宁，2018）。

　　尽管估算发展得很早，但合理估算能力的发展较为缓慢。有研究探讨了3～6岁儿童数量估算能力的发展情况（赵振国，2008）。结果显示，3～6岁儿童具备数量估算能力，但合理估算能力水平较低，尤其是3～4岁儿童的估算多处于"大胆猜测"阶段，4～5岁儿童才能有依据地合理估算。还有研究通过对1084名一至六年级学生进行团体测验和个体测验，考察了小学生估算能力的发展情况（司继伟，张庆林，胡冬梅，2008）。结果发现，三年级是整数和小数估算能力发展的一个关键时期，而五年级则是分数估算能力发展的转折时期。随着心算能力的提高，儿童估算的准确性并没有明显提高，但所用策略却在不断发生变化。儿童估算策略被分为一般策略、整数策略、小数策略和分数策略四类，具体包括粗略心算、结果凑整、取整、截取、调整并修饰结果、忽略小数部分、改变位数、将小数调整为易解决的小数、使用共同分母、看作单位数"1"、化为易处理的小数、加减分子分母、将分数化为易处理的分数，共13种策略。这些策略的使用频率相差较大。凑整、截取、忽略小数部分、使用共同分母、看作单位数"1"和将分数化为易处理的分数等策略是总体上使用比较频繁的策略。例如，整数加工中常用的是凑整和截取。凑整即将整数题中的某些数字向最近的整十、整百、整千调整，主要是降低非零数字的个数，便于简化运算，如296×298可凑整成300×300；截取是对整数题中的数字进行取舍，只保留几位数字并补零，然后进行心算，不改变问题的结构，如296×298可截取为290×300。

　　以上研究结果启发我们，儿童估算能力的培养应引起人们重视，教育者要引导儿童发现和有意识地使用各种估算策略，尤其是三年级以上的儿童。估算是富有创造性和智慧的活动，而且在实际生活中有很多的应用场景。因此，教师可以结合生活实践，让学生"想"估算、"会"估算和"善"估算（冯爱明，2019）。

　　首先，创设生活情境，激发学生使用估算的兴趣，让学生"想"估算。例如，根据购物清单估计去商场购物需要带多少钱，估计自己每个月的零食花费是多少钱，根据距离旅游目的地的千米数估计需要的时长，估计教室的面积有多大。这些情境都可以充分利用起来，让学生在情境中比较精算和估算的特点，体会估算的好处。例如，元旦某商场举行促销活动，买东西满100元能参加一次抽奖活动。李阿姨买了四件物品，一桶牛奶25.5元，一袋餐巾纸10.9元，一瓶洗发水38.7元，一瓶洗衣液19.3元。请问李阿姨能参加抽奖吗？学生可以采取精算的方法：25.5＋

$10.9+38.7+19.3=94.4$，$94.4<100$，因此不能参加抽奖。学生还可以采用估算的方法：$26+11+39+19=95$，$95<100$，因此不能参加抽奖。这里还可以鼓励学生采用多种不同的方法进行估算。教师还可继续提问"精算和估算哪种方法更简便？不同的估算方法哪个更准确？"，这样可以让学生在解决问题的过程中增强估算意识。

其次，让学生在练习和应用中掌握估算的方法，使学生"会"估算和"善"估算。研究发现(孙怡，2015)，经过短期估算策略指导训练，五年级学生的估算策略选择个数和最佳策略击中率显著优于没有经过估算策略指导训练的学生。如前所述，对于整数、分数和小数有一些常用的估算方法，比如凑整法、截取法、忽略小数部分、转化为单位数"1"等各种方法，教师可将估算渗透到日常的教学中。此外，还应鼓励学生发现各种估算策略。例如，让学生观察加数的首位或末位并快速估计结果，之后利用精算进行检验。对于算式$147+158$，如果答案末位不是5，则说明计算有误。再比如，让学生在精算之前或之后进行估算，检验精算结果是否符合客观现实、是否在取值范围内，从而判断计算是否有错误。假如学生回答$3.8\times7.2=273.6$，根据估算$4\times7=28$，正确答案应在28附近，273.6与估计结果偏差太大，因而可判断计算错误。

最后，在教学中培养估算能力还需要让学生熟悉各种参照物，以便合理地进行估数、估测或估算。人们在对某个事件做定量估计时，往往将某些特定数值作为参照点或将某些事物作为参照物。这些参照点或参照物像"锚"一样制约着估计值，使估计值落于某一区域中，如果"锚"定的方向有误，估计值便很容易出现偏差(郑金芳，2019)。随着长度单位米、厘米、分米，质量单位克、千克的出现，学生的作业中有时会出现让人哭笑不得的答案。例如，有学生写床的长度为2厘米。因此，数学学习还需要增加学生的生活体验，引导学生利用身边熟悉的事物，如将手一拃的长度、1个楼层的高度作为参照物，手的一拃大约是10厘米，1个楼层大约高3米。这样，有合理的参照物，学生估算的准确性才能提高。

(三)统计与概率

统计与概率在新课程改革中占据了非常重要的位置。2001年我国颁布的《全日制义务教育数学课程标准(实验稿)》把"统计与概率"的知识纳入义务教育的各个学段，但目前学术界对概率的研究远不如其他领域。

作为一门学科，统计学经历了从"计数"到"统计"再到"统计学"的发展历程（柳延延，1996）。统计学按方法可划分为描述统计和推论统计。前者研究如何获得反映客观规律的数据，并通过图表对所收集的数据进行展示、加工和处理，进而概括、分析得出反映客观现象的有规律性的数据特征；后者研究如何根据样本数据去推断总体数据特征，是在对样本数据进行描述的基础上，对统计总体的未知数量特征做出以概率形式表述的推断（李俊，2018）。概括来讲，描述统计主要是描述现有现象，反映事实；而推论统计是推论未知的总体，检验假设。

目前，不管是描述统计还是推论统计，关于其心理发展规律的研究相对较少，尤其是在国内，相关研究非常贫乏，这与统计学、概率论与数学之间的关系密不可分。鉴于统计学的广泛应用性，它也没有固定的研究对象，统计学被认为并不隶属于数学（李俊，2018）。因此长期以来它被分为"数理统计学"和"社会经济统计学"，前者是数学的分支，后者则是侧重宏观统计描述的文科。概率论虽隶属于数学，然而与数学中的其他分支不同，概率论主要关注的是不确定问题，而数学中的其他分支均是关注规律和秩序的学问，追寻的是确定性和决定性。因而可以看到，概率论的研究者主要是经济学或决策相关领域的心理学研究者，教育家们则很少关注它，这导致相关的教学材料非常缺乏。

关于统计概念的心理发展，目前研究主要关注的是青少年，关注儿童的研究很少。相较而言，有不少研究关注了小学生的概率理解。张增杰、刘中华和邱曼君（1983）针对5～11岁儿童的研究发现，儿童概率概念的发展会经历估计事件发生的可能性、分析可能性随机分布的情况、估计随机分布事件的概率大小、用具体数量表示概率等阶段。在5～11岁阶段，表象发挥重要作用。简单概率的概念一般在儿童9岁时才开始萌芽，10～11岁时儿童才能基本掌握，稍复杂的概念11岁时才开始萌芽。

李俊（2003）对567位来自六年级、八年级、高三年级的学生进行了研究。在对学生的书面解答进行深入分析后发现，我国学生答案中反映出的错误概念可以分为14类。研究发现，无论是学过概率的还是没学过概率的，预言结果法、机会不能量化或预测、简单复合法和等可能性是我国学生存在的主要错误概念。预言结果法指预言每次试验的结果时，将概率看作一种预测，因而在每次试验以后就判断说某一概率预测对了，从而将概率估计建立在因果联系上而不是建立在分布信息上。机会不能量化或预测指人们认为随机现象是没有规律可言的，是不确定的，因此机会是不能量化或进行预测的。简单复合法就是认为一个两步试验等于两个一步试验，这是在度量和比较多步试验概率时暴露出的一种错误概念，它将多步试验分割成多个独立的一步试验，并将多步试验的可能性仅看作它各组成部分可能性的简单复合。等可能性指学生认为随机事件其本质就应该是等可能的。该研究还发现，学生对概率的认识没有随年龄的增长而自然加深，教学才是起主要作用的。短期教学有助于普通学校八年级学生克服某些错误概念，并加深他们对概率内涵的理解。

高海燕（2011）以 803 名小学生为研究对象开展研究，发现目前小学生存在四组主要错误概念：主观判断、机会不能量化或预测、等可能性偏见、代表性偏差。研究表明，主观判断这一错误概念的使用比例会随着学生年龄及知识的增长逐渐减少，但是其他几组错误概念在学生接受概率教学后仍然顽固地存在。主观判断指学生在回答时总是基于自己的个性特点或主观经验进行推理回答，比如以自我为中心的回答、完全无关的回答或不合逻辑的回答。例如，题目："一个盒子里面有一片红色的和一片绿色的口香糖，摇一摇后，你闭上眼睛并从里面摸出一片口香糖。你摸出的口香糖最可能是什么颜色的？"一位学生选择了绿色，他认为绿色的口香糖很香很清爽，而红色的口香糖只有一点香一点清凉。所以是绿色口香糖的可能性大。机会不能量化或预测的错误以下题为例。"有一枚普通的硬币，现在把硬币抛向空中，落地后哪一面朝上的可能性大或是一样大？"学生回答："无法比较，因为硬币落下来有时是正面，有时是反面，如果是正面就是正面可能性大，如果是反面就是反面可能性大，这只能看你的运气好不好。"代表性偏差是诺贝尔经济学奖获得者卡尼曼的团队提出来的（Tversky，Kahneman，1982），指人们往往会根据一个不确定事件或样本与其所属总体相似的程度来评估其出现的概率。例如，认为与所属总体的性质越相似、代表性越好的事件或样本，其发生的可能性就越大。仍以投硬币为例，投两枚相同的硬币，持代表性偏差错误概念的学生认为，"正、反面朝上的概率不可能是一样的，不会都是正面朝上或反面朝上，应该是一个正面朝上、一个反面朝上的可能性大"。不仅先前没有受过概率训练的学生存在代表性偏差，心理学家们也不知不觉地会受它影响。

儿童的这些错误概念与儿童的发展阶段有很大关系。皮亚杰最早将其划分为三个阶段（Piaget，Inhelder，1975）：第一阶段（7～8 岁之前），尚未发展概率概念，不能区分因果事件和随机事件；第二阶段(7、8 岁至12 岁)，开始知道如何量化简单随机事件的概率；第三阶段(12 岁前后)，能进行比较精确的概率计算。有研究者(Jones et al.，1997)提出并验证了一个描述儿童概率思维的框架，该框架认为儿童概率概念包括四个方面：样本空间、事件的概率、概率比较、条件概率。每一个概率概念又分四个水平：主观水平、过渡水平、不规范的定量水平和数值水平。李俊(2003)认为，根据学生的反应可以将其划分为前结构水平、单一结构水平、多元结构水平、关联水平和抽象水平。巩子坤和何声清(2017)认为，6～14 岁儿童概率概念认知发展经历了缓慢发展时期 1(6～7 岁)、快速发展时期 1(8～9 岁)、缓慢发展时期 2(10 岁)、快速发展时期 2(11～12 岁)及停滞发展时期(13～14 岁)五个阶段。不同学龄段儿童的概率概念认知发展顺序大体是从直观感知(认知随机性)到定性认识(模糊认知、数量化)，再到定量计算(随机分布、分数表示)。

儿童概率概念发展的相关研究带来了两方面的教育启示。

首先，增强儿童的数据统计意识和能力，提升儿童的科学素养，即增强儿童用数据来反映事实的意识和能力。这具体又可分为两方面的意识：其一，是用数据来说话的意识；其二，是大量数据有助于解释一般规律的意识。用数据来说话的意识，即要讲事实根据。"统计"一词最早的含义是关于国家和社会重要状况与记述的学问。在算术出现以前，人类就通过在树木上刻痕迹来计算家畜及其他财产。后来，世界各地的领导者都会让"会计"人员来收集国家所拥有的人口和资源的详细数据(李俊，2018)。因此统计的首要功能是反映客观事实，培养儿童的数据意识，首要的就是让儿童意识到，需根据客观的记录，而不是主观的印象来说明事实。其次，数据能反映事实的前提是有大量的数据，若只根据个别的、少量的数据来反映事实，就无法反映事实的全貌，无法完整客观地反映事实。只有收集大量的观察材料，才能更好地排除那些纯粹偶然的东西，从而发现稳定的、一般的规律。

其次，增强儿童对概率事件的随机性和规律性的认识。随机性和规律性是随机现象对立统一的两面(李俊，2018)。随机性的本质是无法预见任何一次的结果。西方有一句话"骰子是没有记忆的"，形象地说明了以往彩票开奖结果对预测下一次开奖结果没有参考价值。规律性则是指让儿童认识到在大量的重复试验中可以看到规律，重复的次数越多越可靠。概率具有抽象性，因此必须在应用和游戏活动中让儿童体验与认识规律，遵循从直观感知到定性认识，再到定量计算的心理发展规律。比如，在幼儿阶段，可以组织幼儿每周开展 1 次投掷骰子游戏，将每次投掷的结果记录在图表中，比较哪种结果的可能性大。还可以在同学间进行横向比较。在学期末的时候，也可以纵向比较整个学期内每位幼儿的所有图表，让幼儿在多次的活动体验中感受概率事件的随机性和规律性。在小学阶段，可以组织学生同时投掷两个骰子，然后将两个骰子的点数相加得出总和。将每次总和的结果记录在图表中，分析和比较哪种结果的可能性大，并让同学们尝试用数量表示可能性。同样，可以在同学间进行横向比较。若每周组织 1 次活动，到学期末的时候还可以纵向比较整个学期内每位同学自己的所有表格。这样，让同学们在多次的活动体验中感受并量化概率。

三、儿童几何能力的发展与教育

几何的英文"Geometry"一词，是从希腊语演变而来的，其原意是土地测量，后被我国明朝的徐光启翻译成"几何学"。本质上，数学是关于"量"与"形"的科学。这里的"形"指的就是几何。因此，几何能力是数学能力非常重要的一部分。《义务教育数学课程标准(2011 年版)》明确提出，"几何直观主要是指利用图形描述和分析问题。借助几何直观可以把复杂的数学问题变得简明、形象，有助于探索解决问题的思路，预测结果"。几何能力与空间能力密切相关，然而二者却有很大不同。几何能力以空间能力为基础，高于空间能力。具体而言，空间能力是个体对空间存在和运动的感知与操作能力，而几何能力强调对空间存在和运动的测量与抽象能力。因此空间能力与视觉、动觉、触觉密切相关。生活中在墙上固定画框、倒车、外出时辨别空间方位，需要的主要是空间能力。而几何能力是以图形为载体的抽象逻辑的公理化体系，图形在这里可以帮助学生理解抽象的逻辑系统，进而发展、完善逻辑思维能力。因此空间能力和几何能力并不完全同步(林崇德，2011)。

(一)图形辨别和图形表象

图形辨别主要关注图形的颜色、形状和大小方面。早期关于图形辨别的研究较多。有研究者(张增慧，林仲贤，1983)对 120 名 3～6 岁儿童进行了 12 种颜色和 12 种图形的辨认实验。实验刺激用速示器分三种速度(0.01 秒、0.05 秒、0.1 秒)呈现。结果表明，3～6 岁儿童对颜色和图形的辨认能力均随年龄的增长而逐步提高。儿童对颜色的辨别，在三种呈现速度下黄、红、绿三色的辨认正确率最高；对图形的辨认，在三种呈现速度下出现优势图形与劣势图形之分。优势图形的正确辨认百分比较高，而劣势图形的则较低，这种优势图形和劣势图形的产生可能与图形的空间结构难以用言语"句子化"有关。

还有研究（张积家，陈月琴，谢晓兰，2005）对 3～6 岁儿童对 11 种基本颜色的命名和分类进行了探讨。结果表明，汉语儿童对 11 种基本颜色的正确命名率随年龄的增长而提高，顺序是白、黑、红、黄、绿、蓝、粉红、紫、橙、灰和棕。汉语儿童的基本颜色分类能力随年龄的增长而提高。3～4 岁儿童对基本颜色没有明确的分类标准，按照主观印象和意愿来划分。5 岁儿童有了一定标准，出现按"彩色/非彩色"和"冷色/暖色"分类的倾向，并能更好地把颜色和日常生活联系起来。6 岁儿童其颜色分类标准更明确，更多地采用客观标准分类，能用语言表明事物间的联系，其分类与成人对基本颜色词的分类接近，标准趋近成熟。

正常儿童在 1～6 个月具有形状知觉，之后经历较长时间的发展，3～6 岁逐渐能分辨圆、正方形、三角形和长方形四种基本形状。刘希平和唐卫海（1996）的研究发现，儿童最先掌握圆和三角形，之后是正方形和长方形。有研究（杨宗义，刘中华，黄希庭，1983）用不同颜色和大小的四种几何图形让 3～9 岁儿童分类。结果发现，3 岁儿童还不能在一次分类中坚持同一个标准，5 岁以前以颜色分类为主，6 岁以后以形状分类为主，5～6 岁是飞跃发展的时期。随着年龄的增长，按颜色分类的人次逐渐减少，按形状分类的人次逐渐增加。8 岁左右几何分类能力才发生显著的变化。

关于图形表象，皮亚杰也进行过相关研究。研究中儿童预想一条弯曲成弧状的金属丝被拉直后的形状，结果显示，5～6 岁儿童能够成功想象，然而却不能正确预想其长度。张奇等人（2006）考察了 3～12 岁儿童几何图形预期表象的发生和发展。其研究将儿童的几何图形预期表象分为两种水平，即再认水平的预期表象和生成水平的预期表象。研究采用了直线线段的"平移"、轴"对称"的完形、"重叠"三种平面几何图形的预期表象作业和立体几何图形的表面"展开"、立体"旋转"、"截面"图形三种立体几何图形的预期表象作业。结果表明，儿童几何图形的生成预期表象一般发生在 7～8 岁；简单作业的生成预期表象，如"对称"，从 6 岁开始；而复杂的，如"截面"，从 9 岁开始发生。再认预期表象的发生早于生成预期表象的发生。平面的比立体的预期表象容易发生。

　　以上研究结果带来三点与数学相关的教育启示。首先，要让儿童在比较中学习，从只根据外在特征进行分类发展到根据内在特征进行分类。数学抽象的本质是一种使我们意识到相似性的活动，而分类就是在这些相似性的基础上结构化我们的经验。若新的经验与已形成的类别具有相似性，则巩固了原有的知识体系；若新的经验与已形成的类别不具有相似性，则会改变和扩展原有知识体系。因此，在教学活动中要让儿童多比较和多分类。例如，让儿童对同样的材料依据不同的标准进行分类，并灵活地在不同标准间进行转换。

　　其次，要根据儿童年龄特点展开相应的教学，比如先发展表象再认能力，再发展表象生成能力；先发展表象对称，再发展表象旋转。鉴于图形的直观性和形象性，教育中可采用图形游戏促进儿童图形加工能力的发展，如拼图、七巧板以及各种折纸游戏。以往有研究使用时间和步数作为量化七巧板游戏结果的指标，结果表明，儿童的七巧板游戏成绩与其数学成绩有显著的正相关关系（谭乔元，2016）。有研究将折纸活动分为图形的分解、图形的合成和图形的移动三类，每一种类型的活动又分为全等分解、比例分解和不同形状的等积分解三个操作水平。结果表明，在数学折纸活动中，操作能力强的儿童数学学习成绩较好（黄燕苹，李秉彝，林指夷，2012）。

　　最后，要加强图形的语言化。如前所述，劣势图形识别率低，因此促进儿童图形相关语言的发展，同样有助于提高儿童的图形加工能力。的确，研究表明空间术语对小学高年级学生的空间场景记忆存在影响（张会丽，2009）。

（二）图形推理

　　瑞文推理测验是测量图形推理能力的标准化测验，有适用于不同群体的瑞文彩图推理测验、瑞文标准推理测验和瑞文高级推理测验三个版本。这是由英国心理学家瑞文（J. C. Raven）开发并于1938年出版的渐进矩阵测验，评估了个体推断几何图形内或矩阵中所包含的图形元素之间关系的能力。具体来讲，每个题目均由缺少一个元素的多个图形组成，缺少的元素需从测验提供的六个或八个答案选项中选出。60道题目由复杂性不断增加的 A，B，C，D，E 五个系列的题目组成。这些题目涉及图形辨别、图形想象、归纳和演绎推理等心理过程。相关能力与个体的知识多少或受教育水平的关系并不紧密，因而适用的测验对象不受文化、种族与语言限制，并且可用于一些有生理缺陷的被试。

有研究关注儿童在图形推理过程中的认知过程和个体差异。林崇德、沃建中和陈浩莺（2003）探讨了儿童解决图形推理问题时的策略。结果发现，儿童主要使用六种策略，即分析策略、不完全分析策略、知觉分析策略、知觉匹配策略、格式塔策略和自主想象策略。其中，分析策略和知觉分析策略占主导地位，且分析策略的使用频率随年龄的增长而呈上升趋势。分析策略是指个体正确地发现这道题中所有的规则并使用这些规则来解决问题。知觉分析策略是指个体不能明确地抽象出规则，但能够发现矩阵因子横向与纵向上的，或对角线上的变化，并根据这种变化做出选择。不同年龄的儿童在解决不同类型的题目时，在策略使用方面表现出了不同的特点：儿童在解决数量规则题时，知觉分析策略在整个小学阶段占主导地位，而在解决加减规则题时，分析策略占主导地位，且使用频率随年龄的增长而呈上升趋势。从小学二年级开始，儿童的图形推理能力出现飞跃式发展，儿童能够同时观察到两种规则，五六年级的儿童能够不受题目形式的影响，从本质上把握逻辑规则。张宏和沃建中（2005）采用微观发生法考察了儿童在解决图形推理问题时策略获得的发展过程和发展机制。结果显示，在图形推理策略获得的过程中，首先是对认知过程进行有意识规划和监控的元认知机制起作用，随着对任务的熟悉和解决问题自动化程度的提高，无意识的联结机制逐渐"竞争"超过元认知机制，在解决图形推理问题中占据了优势地位。因此，图形推理策略的获得是元认知机制和联结机制竞争作用的结果。

还有研究关注某一类型的图形推理，如传递性推理。以动物和水果模型为实验材料，有研究探查了4～6岁儿童空间上、下和前、后方位传递性推理能力的发展（毕鸿燕，方格，2001）。比如，兔在狗的上面，狗在猫的上面，然后让儿童把小动物模型排成一列。结果表明，4岁儿童开始萌发空间上、下和前、后方位的传递性推理能力；从4岁到6岁，空间上、下方位的传递性推理能力的发展优于空间前、后方位；4～6岁儿童还不能完全摆脱知觉干扰因素的影响，形成稳定的传递性推理能力。研究还探讨了儿童两维空间方位传递性推理能力的发展水平及认知策略（毕鸿燕，方格，翁旭初，2004）。所谓两维空间方位刺激材料有横轴和纵轴两个维度，既涉及空间左、右方位，又涉及空间前、后方位。而一维空间方位刺激材料只有一个维度，如只涉及空间左、右方位。研究结果表明，7岁儿童开始萌发两维空间方位传递性推理能力；9岁儿童和11岁儿童的传递性推理能力处于发展和提高的过程中；随着年龄的增长，使用模型建构策略解决问题的儿童越来越多。绝大部分11岁儿童都能使用这一策略进行推理。

培养图形推理能力，本质上是以图形为载体培养儿童的逻辑推理能力。以上研究带来两点教育启示。

首先，要重视儿童推理策略的发展水平，尤其是策略的发展序列，这样将有助于开展基于认知诊断的动态评估。例如，有研究者对儿童的图形推理能力进行了动态评估（陈德枝，2009）。其研究中的评估模式为：前测—干预1—后测1—干预2—后测2。整个过程共有三次测量，连续两次测量之间均间隔一周；每次后测前均进行一次标准化的教学干预，共两次干预；每次干预都是根据儿童图形推理认知发展的特点而设计的。这样不仅测量了儿童的现有水平，还测量了潜在水平，有利于开展相应的教育干预。研究表明，经过干预儿童在后测2中表现出的学习能力比后测1中的有所提高。

其次，在幼儿阶段即可开始图形推理能力的培养。幼儿教育环境中往往有非常丰富的建构材料，教育者可利用这些材料有意识地培养幼儿的模式认知能力和建构能力，促进幼儿归纳和演绎思维能力的发展。例如，成人先给幼儿呈现正方体和圆柱交替排列的有规律的积木序列，□○□○□○，然后让幼儿发现规律并依据规律在后面继续摆放积木。有研究表明，小班幼儿具备一定的模式认知能力。模式认知即识别和描述事物的属性以及事物之间的相同点和不同点，把握其中的规律并据此进行推理和预测，是抽象和推理的结果。具体包括模式的识别、复制、扩展、创造、比较、转换、描述和交流等（史亚娟，2003）。史宁中教授提到的数学基本思想有三个核心要素：抽象、推理、模型。模式认知即模型的早期阶段。因此，应利用图形材料培养幼儿的模式认知能力。的确，有研究发现，在日常生活情境中，教师有意识地引导幼儿有序地、反思性地辨识、预测和构建模式，能提高幼儿的模式认知能力（高燕，2009）。在引导过程中，可以依照一定的发展顺序，如先是复制模式、再是补充模式、最后是创造模式等。

（三）图形测量

如前所述，几何最初的含义即测量。测量使数量与空间建立了联系，与儿童数量能力的发展密切相关。测量能力是根据同一标准对待测定的同类量进行比较的能力，也是儿童在直观的空间认知的基础上进一步认识事物的大小、长度、质量、粗细等特性的能力。最早皮亚杰与其继承者们认为，儿童要到七八岁时，达到长度守恒之后才能对物体进行有效的测量，并掌握测量单位的概念。

目前的研究显示，3～6岁的儿童就具备了初步的测量能力，儿童能够进行物体的比较，表现为直接比较和非标准测量两方面。直接比较就是对两个物体的长度、大小和质量等进行直接的比较。非标准测量就是利用自然物或身边物品形成的非标准测量单位，如小棍、纸条等间接比较两个或多个物体的长度、大小、质量、粗细等。非标准测量与标准测量不同，标准测量是使用测量单位，如千克、米、秒等进行测量，通常是儿童进入小学后通过学习才能掌握的。

张华等人（2006）的研究表明，3～4岁儿童直接比较能力和非标准测量能力均得到了显著发展，但直接比较能力的水平提高得更快。4岁时儿童能够成功地运用非标准测量单位及推理的传递性比较两个物体的长度。汪光珩（2010）的研究表明，3～4岁儿童在直接比较时主要使用目测和并列比较的策略；4～5岁儿童倾向于选择非标准工具进行测量；5～6岁儿童在比较面积时使用重叠比较策略的人次会逐渐增多，儿童更愿意选择标准工具进行测量，在进行非标准测量时会混合使用不同单位。此外，3～6岁儿童一维空间非标准测量能力的发展水平高于二维空间非标准测量能力。小班和中班是学前儿童直接比较能力快速发展的时期，5岁以后学前儿童非标准测量能力和解决实际测量问题的能力显著提高。

关于小学生的测量能力，研究关注较多的是测量估计，尤其是长度估计。有研究发现，当学生经过一段时间的身体尺度估测（以身体的某些部位为尺子来进行估测）训练后，学生的估测能力会得到显著提高（Jones, Taylor, Broadwell, 2009）。针对小学六年级学生的研究结果显示，学生进行面积大小间接比较、对面积量作形式计算时的表现明显受到其家长教育程度的影响。有研究者对我国台湾地区的中、小学生展开的研究发现，虽然中学生在长度概念的掌握和长度测量能力方面的发展比小学生好，他们的能力也会随年龄的增长而有所提高，但在长度估计方面，却有发展迟滞的现象，且所使用的估测策略比较单一。有研究（朱蕾，2018）表明，数量估计、计算估计、测量估计三种估计之间关系密切。在小学高年级阶段，学生已经初步掌握了一些简单的估计方法，但还没有形成系统的解题策略；他们还不能综合运用估计策略灵活解决问题，而倾向于使用熟知的方法反复计算，甚至会得到不合理的估计结果。整体上看，小学生对估计的认识不够全面，他们认为估计就是凭感觉直接猜测结果，忽视了心理加工过程中策略技巧的运用。

关于儿童测量能力的培养，以上研究带来了两方面的教育启示。

首先，在幼儿阶段，幼儿测量能力的培养应遵循从直接比较到间接比较，从非标准测量到标准测量的发展路径。这个过程中要贯穿"比较"这一逻辑思维方法的培养。比较是认识、说明对象之间相同点或不同点的逻辑方法。科学史上不少科学家运用比较有了重大科学发现。然而，比较这一逻辑思维方法的使用有几个原则（陈瑜，1994）：比较对象之间有可比性；要对事物的实质方面进行比较；要有确定的标准。在培养幼儿测量能力的过程中，相应地可从这三方面入手加以引导。例如，要有确定的标准意味着要有比较单位，因此要进行数学单位的教学。有研究表明，数学单位概念的干预活动对5～6岁儿童深入理解数学单位概念以及提高非标准测量能力均有帮助（汪光珩，2010）。

其次，在小学阶段，儿童测量能力的培养需要加强对儿童估计策略的指导，增加儿童的元认知知识，即关于什么情况下用哪种策略更有效的知识。目前研究发现，儿童常用的估计策略有单位迭代、参照点、将估计对象进行心理转换三种（张影侠，2007）。其中，单位迭代是指估计时使用某标准单位，如 1 m、1 cm^2，将估计对象与标准单位反复对照，计算出单位的数目，从而得出估计结果；参照点是指将估计对象与其他已知的熟悉的物体（参照点）进行对比，这个参照点可以作为单位使用，从而得出估计结果；将估计对象进行心理转换也是常见的估计策略，包括分解、重组等，经常会配合单位迭代和参照点策略使用。教育者要引导儿童使用这些策略，并引导儿童在使用过程中不断反思、调整，甚至发展适于儿童自己的有效策略。

四、儿童逻辑推理能力的发展与教育

数学能力的发展主要是逻辑推理能力或形式逻辑能力的发展。根据皮亚杰的认知发展理论（Piaget，Inhelder，1958），儿童逻辑思维的发展在感觉运动阶段和前运算阶段是有限的。这意味着，虽然2～3岁的儿童已经学会使用语言将数量与物体联系起来，并且对数量和计数概念有了一些理解，但他们仍然不能理解逻辑概念，如可逆性或传递性。这些概念直到儿童 7 或 8 岁时，其思维处于具体运算阶段后才能掌握。理解从点 A 到点 B 的距离与从点 B 到点 A 的距离相同，理解如果 $x<y$ 和 $y<z$，那么 $x<z$。在具体运算阶段（7、8 岁至 11、12 岁），由于获得了两个额外的逻辑操作，儿童的数学能力得到了显著的提高。其一是序列化，即根据量的大小对客观事物进行排序；其二是分类，即根据一个共同特征对客观事物进行分组（Ojose，2008）。然而，掌握和构建数学思想所必需的抽象思维在形式运算阶段（11、12 岁至 14、15 岁）才能逐渐发展起来。根据皮亚杰的理论，在这个阶段，青少年能够使用符号进行推理，做出归纳推理和演绎推理，形成假设，概化和评估逻辑论断。皮亚杰提出的序列化和分类两个逻辑操作在某种程度上是从时间和空间两个角度提出的。逻辑推理主要包括归纳推理和演绎推理两类形式。

(一) 归纳推理

归纳推理是从现象到本质的推理。例如，研究发现 2019 新型冠状病毒通过结合 ACE2 入侵人体，据此是否可以推论冠状病毒都是通过结合 ACE2 入侵人体呢？或者这只是 2019 新型冠状病毒独有的特性呢？这是我们在认识世界的过程中经常遇到的问题，就是如何根据有限的特定事件和事实对一个合理范围内的一般事实或事件进行归纳推理。具体来讲，归纳推理会经历两个前后相连又相对独立的思维阶段：概括阶段和推理阶段（陈安涛，2008）。在归纳推理过程中，个体首先需要对几个具体的前提加以概括，通过概括来找到这些前提之间的共同点；然后将这些概括出来的共同点推广到更广的范围中，这个推广过程就是从特殊到一般的推理过程。

目前有的研究发现，归纳推理是基于知觉相似性的认知过程。比如，如下两个命题：（a）知更鸟有籽骨，麻雀也有籽骨；（b）知更鸟有籽骨，鸵鸟也有籽骨。因为比起鸵鸟来，知更鸟和麻雀更相似，所以很多被试认为 a 论断比 b 论断的力度更强。一些研究关注什么样的知觉特征更倾向于成为归纳推理的依据。比如，有研究探讨了物体颜色相似度与质地相似度对 140 名 4~6 岁儿童和 40 名成年人的归纳推理的影响（李富洪等，2005）。在实验任务中，被试首先会看到装有糖的一个靶盒子，然后看到三种不同的测试盒子，并猜测哪个测试盒子里有糖。结果表明，儿童表现出了一定的归纳推理能力。当测试盒子与靶盒子质地一样时，儿童与成年人一样在归纳推理中倾向于选择与靶盒子颜色更相似的盒子；当测试盒子与靶盒子颜色一样时，儿童和成年人一样倾向于选择与靶盒子质地更相似的盒子。不过，当测试盒子与靶盒子颜色和质地都不相同时，4岁儿童更依赖于质地相似度进行归纳推理；而5～6岁儿童并没有表现出明显的偏向，颜色相似度和质地相似度对其归纳推理的影响差异不显著。

　　另外一部分研究则发现儿童的归纳推理受概念驱动，是基于类别和概念的认知过程。例如，有研究者（Gelman，Markman，1986）先告诉4岁儿童两幅图片上事物的属性信息，两个属性刚好相反，继而呈现第三幅图片。该图片与前面两幅图片中的其中一幅十分相似，但其名称却与另一幅的相似。比如，两张图片是火烈鸟和蝙蝠，火烈鸟下面写着"这只鸟的心脏只有一个右主动脉弓"；蝙蝠下面写着"这只蝙蝠的心脏只有一个左主动脉弓"。第三幅图片上是一只黑鸟（它看起来更像蝙蝠而不是火烈鸟），黑鸟下面写着"这只鸟的心脏有什么？"。儿童的任务是推断两个相反的属性中，哪一个适用于这一新呈现的事物。结果显示，面对范畴成员（火烈鸟和黑鸟的名称表明二者都是鸟）和外部知觉（黑鸟和蝙蝠的外形更像），多数儿童倾向于选择把共同的名称作为特征推断的决定因素。

　　归纳推理是一种或然性的推理过程（Heit，Rotello，2010），因而人们倾向于尽可能多地寻找有力证据来支持其结论，提高归纳推理的力度和信心。归纳推理的多样性效应就是一个典型现象。它指的是，如果归纳论断A的前提由差异相对较大的项目构成，归纳论断B的前提由差异相对较小的项目构成，那么个体会估计论断A的力度大于论断B。比如，如下两个论断：（A）马和豹子体内有X物质/因此考拉体内有X物质。（B）马和驴体内有Y物质/因此考拉体内有Y物质。人们倾向于认为论断A更为可靠，因为论断A的前提比论断B的前提更为多样，差异更大。目前不少研究发现，只要任务适合儿童，5岁儿童能注意到多样性信息，表现出多样性效应，而且在知识丰富领域儿童更容易完成归纳推理的多样性任务（陈庆飞等，2009）。

　　综上，以往研究主要探讨了儿童归纳推理在概括阶段的特点。在知识贫乏领域进行归纳推理时，儿童更依赖自下而上的知觉；而在知识丰富领域进行归纳推理时，儿童更依赖自上而下的概念。培养儿童的归纳推理能力，最重要的就是要让儿童学习比较和概括，学习如何从具体到抽象。不过以上研究告诉我们，儿童归纳推理能力的培养离不开概念的理解和知识经验的积累。以往有研究表明（林丹，2006），对于成人专家来说，背景知识在归纳推理中的作用稳定地大于相似性在归纳推理中的作用。

(二)演绎推理

演绎推理是从一般到特殊的推理，通常运用的是三段论法。具体由三个判断组成，其中两个判断是前提，一个判断是结论。第一个前提是一般性命题，叫作大前提；第二个前提是特殊事例叫作小前提。根据这两个前提做出的判断叫作结论。例如，"所有孩子从父母那里得到一辆自行车，都会感到很高兴"这是一个大前提。"小明从父母那里得到一辆自行车"是一个小前提。得出的结论是"小明感到很高兴"。

根据皮亚杰的理论，在十一二岁至十四五岁这一阶段儿童的形式运算逻辑才能逐渐发展起来，这时才能进行抽象的演绎推理。因此，儿童演绎推理的主要研究对象为小学高年级学生，且研究较多的是条件推理或假言推理。有研究(方富熹，唐洪，刘彭芝，2000)探查了12岁普通儿童与数学成绩优异儿童的充分条件假言推理能力发展的个体差异。假言推理是以假言判断为前提的一种演绎推理。假言判断是指判断事物之间是否存在某种条件性联系，如"只要……就……""如果……就……""只有……才……""没有……就没有……"等。在"如果孩子从父母那里得到一辆自行车，孩子就会感到很高兴"这一论断中，"如果从父母那里得到一辆自行车"是"感到很高兴"的充分条件。其研究中设计了三类不同题目：与生活经验联系密切的、与生活经验相悖的、与生活经验"脱离"的。结果表明：12岁普通儿童的假言推理能力已有初步发展，其反应正确性达到72％，但推理过程仍经常受具体内容的束缚；数学成绩优异儿童的假言推理能力的发展水平较高，且不受题目类型的影响，"形式"能够从"内容"的束缚中解放出来。李丹等人(1985)的研究也发现，虽然三年级学生的假言推理能力有了初步发展，然而要达到掌握水平(正确率在75％以上)要到七年级。

假设演绎推理是皮亚杰提出的形式运算阶段儿童思维的重要特征。表现为对自然现象首先提出一系列假设，然后系统地检验每个假设的合理性，最后得到结论。以钟摆实验为例，当要求不同年龄阶段的儿童回答影响钟摆摆动快慢或摆动频率的因素时，前运算阶段的儿童认为自己使劲推动，就可使钟摆摆动得快些，表现出自我中心思维的特点。具体运算阶段的儿童会设想绳的长度和钟摆的质量与摆动频率有关，并且能够按"其他条件相等"来有计划地排除无关因素的影响。若绳的长度不变，钟摆质量的变化不能引起钟摆摆动频率的变化，则说明质量与钟摆摆动频率无关，排除了钟摆质量的影响。若钟摆质量保持不变，绳的长度变化能引起钟摆摆动频率的变化，则证明绳的长度对钟摆摆动频率有影响，而得出绳的长度与钟摆摆动频率呈反比关系的结论。

通过假设演绎推理，儿童能形成对事物间因果关系的判断。皮亚杰认为，绝大部分学前儿童对因果关系的"机制"基本上是不理解的，他们无法理解一个结果实际上是由某种原因引起的。他们常把自己的愿望、情感误认为是客观事件变化的原因。然而，之后的研究指出皮亚杰要求学前儿童对诸如月亮为什么有圆缺，云彩、天空、雷雨是从哪里来的等问题做出口头回答的任务太难，对学前儿童的科学知识要求较高，低估了学前儿童的因果推理能力，学前儿童实际上是能够理解因果关系的。目前的研究发现，3 岁的儿童就能理解因果关系的时间次序性，即原因总是在后果的前面(方富熹，1986)。郑持军的研究(2001)表明，3.5 或 4 岁左右是儿童因果推理能力发展的快速期，儿童的因果推理能力在这一阶段得到了飞速的发展，到 4.5 岁左右，大部分儿童已具备因果推理能力。推理方向会影响儿童的因果推理成绩，儿童完成顺向的因→果推理任务的成绩要好于完成逆向的果→因推理任务的成绩。随着年龄的增长，差异逐渐缩小，到了 4.5 岁，两类任务上的正确率都已经超过 75%，这说明 4.5 岁儿童基本具有了思维的可逆性，能够进行逆向的果→因推理。有研究发现，甚至 3 岁儿童就对因果关系具有了一定的理解能力(孙晓利，2015)。儿童因果推理能力的发展受很多因素影响，如相关的知识、原因与结果同时出现的次数、原因与结果共同变化的模式、任务的复杂性等。有研究给儿童分别呈现积木单独启动机器和积木成对启动机器的情景(McCormack et al.，2009)，要求儿童判断哪个积木启动了机器。结果发现，4 岁儿童在积木成对启动机器的情景中很难做出正确的因果判断，而五六岁儿童则做得非常好。

综上可见，儿童演绎推理能力在幼儿期就开始逐渐发展了。这告诉教育者从幼儿期开始就可以培养儿童的演绎推理能力了。很多西方国家的教育者，在幼儿阶段和小学阶段，尤其是小学阶段，几乎每学期都会让学生至少做一次课题研究。学生按照假设演绎的逻辑推理思维开展实验，得出有科学事实依据的结果，最后做成科学实验展示板(Science Board Presentation)，并告诉大家整个研究过程和结论(图 2-4)。这样的逻辑推理思维训练是很多人直至研究生阶段才接受到的，倘若在基础教育阶段就能开展，则能提高我国学生的演绎推理能力和科学研究素养。

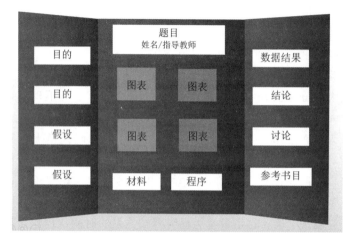

图 2-4　科学实验展示版

　　演绎推理能力和科学研究素养对于科学的发展极其重要。举个例子，天文史上，英国天文学家哈雷对彗星就进行了归纳推理和演绎推理。哈雷在计算彗星的轨道时，惊奇地发现 1682 年出现的彗星与 1531 年和 1607 年出现的彗星的轨道很相似，而且相隔都约为 76 年。他意识到这很可能是同一颗彗星第 3 次出现。在哈雷之前，西方国家还没有人认识到某些彗星会周期性地回归。哈雷在深入研究彗星运动的基础上，大胆宣称 1682 年的那颗彗星是一颗周期彗星，并预言它将在 1758 年再一次回归。结果预言得到了证实，彗星于 1759 年 3 月回归，虽然比哈雷的预报晚了几个月。这时哈雷已去世 10 多年，为了纪念他，这颗彗星被命名为哈雷彗星，它是被预言回归的第一颗周期彗星。这段历史也启示我们，要重视对儿童演绎推理能力的培养，尤其是在基础教育阶段就应培养儿童的科学逻辑思维。

(三)类比推理

　　除了归纳推理和演绎推理，还有一种推理是类比推理。类比推理是基于两类事物的结构相似性，由一类事物已有的特征推出另一类事物也具有此特征的过程，经常采用 A：B：：C：？（D）的形式，如大：小：：长：？（短）。其本质是一种从特殊到特殊的推理，因而其结论具有或然性，既可能是真的，也可能是假的。然而，类比推理对我们理解事物和创造性地解决问题具有重要价值。例如，有研究者将智能手机在人类现代生活中的作用类比为"安抚奶嘴"在婴儿生活中的作用，非常形象、有穿透力。相传，正是受到野草划伤手指现象的启发，鲁班发明了锯子，这说明类比推理发挥了关键作用。

关于类比推理的本质，斯滕伯格（Sternberg，1977）认为，类比推理过程有以下认知成分参与：编码（encoding）、关系的推理（inference）、映射（mapping）、应用（application）、调整（justification）和反应（response）。其中，最重要的是关系的推理和映射，即发现 A 和 B 的关系，将该关系投射到 C 和 D 上。信息加工理论认为，类比推理的实质是联想假设（冯廷勇，李红，2002）。有研究发现，年龄较小的儿童在类比推理中主要依赖联想，至少在某种程度上用联想来完成类比推理，而年龄较大的儿童几乎绝对依赖推理过程，因此研究者（Sternberg，Nigro，1980）从结构方面说明了类比的发展，即先发展联想推理，而后才发展类比推理。

目前研究发现，4～5 岁儿童开始能够进行类比推理，而且类比推理的发展不受材料影响，具有一定的稳定性（费广洪，王淑娟，2014）。冯廷勇等人（2006）发现，4 岁是儿童解决类比推理问题能力发展的转折点。还有研究者探讨了三至五年级学生类比策略的发展情况（陈英和，赵笑梅，2007）。研究划分了三种策略：初级类比策略，涉及对题目整体上、表面上的相似进行笼统类比；中级类比策略，涉及对题目在数字、数量关系、运算关系上的相似进行类比；高级类比策略，涉及对题目在解题思路和解题方法上的相似进行类比。结果发现，随着年级的升高，学生对初级类比策略、中级类比策略和高级类比策略的运用次数逐渐增加，而对非类比策略的运用次数逐渐减少；学生类比策略发展的"飞跃"发生在四到五年级，学生策略运用的发展呈现出多样性、竞争性、适应性的特点。

以上研究带来的重要教育启示是，4～5 岁和四至五年级是儿童类比推理发展的关键时期，教育者要促进儿童的类比推理从表层相似性向本质相似性发展。这一点以往研究和教育实践都多有关注。非常值得一提的是，培养类比推理能力时需加强对关系推理能力的培养。如前文所述，类比推理的本质是关系的推理和映射，因此提升儿童的关系推理能力，是促进类比推理能力发展的关键环节。有研究者认为，关系推理能力可从四方面展开（Alexander et al.，2016）：类比（analogy）、异常（anomaly）、矛盾（antinomy）和对偶（antithesis）。这四种类型的关系反映了不同程度的相似性，从类比到对偶相似性越来越低。其中，类比能力和瑞文智力测验的推理能力类似。

异常是对模式或规则的偏离，即怪异模式（an odd-one-out）。如图 2-5 所示，四个图形中有一个与其他三个在视觉上不相似。A、B 和 C 都遵循水平线比垂直线少一条这一规律，只有 D 不符合这一规律，属于异常模式。

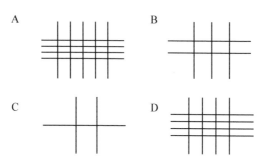

图 2-5　异常（Alexander et al.，2016）

矛盾指模式或规则间没有任何重合或相同之处。图 2-6 中，已知图形的规则是不管什么形状，图形颜色均为灰色。A、B 和 C 三个选项中均包含一个灰色图形（分别为六边形、圆和菱形），而且与已知图形中的某一个图形相同。只有选项 D 不同，选项 D 中的所有图形只有一个规则，即斜纹方格，它们与已知图形没有任何相同的图形，因此 D 为矛盾模式。

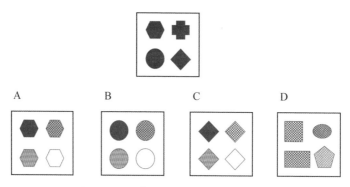

图 2-6　矛盾（Alexander et al.，2016）

对偶是模式或规则完全相反，规则或过程的变化是对立的。如图 2-7 所示，已知条件描述的过程是正方形的数量增倍，并且正方形的颜色从白色变为黑色。选项 C 则呈现了已知条件的对立面，正方形的数量减半，颜色从黑色变为白色，这是对立关系的体现，因此 C 为对偶模式。

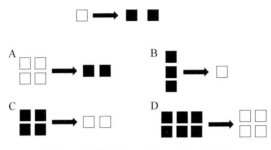

图 2-7　对偶（Alexander et al.，2016）

（四）逻辑推理与问题解决

《义务教育数学课程标准（2011 年版）》明确将"问题解决"列为义务教育阶段数学课程目标的一个大方面。关于问题解决的本质，辛自强（2004）提出，应在信息加工与建构主义思想整合的基础上，坚持主、客体相互作用观，把问题解决既看作信息加工过程，又视为知识建构过程。换句话说，良好的问题解决既需要较强的逻辑推理能力，亦需要丰富的知识。前者是非特异性的一般信息加工能力，而后者是特定领域的专门知识。

以文字应用题为例，该类问题通常有规则应用题和不规则应用题两类（陈英和，仲宁宁，赵延芹，2003）。规则应用题是指那些在传统的数学课堂中经常出现的应用题，题目形式规范且一定有解，学生只要对题目涉及的关系进行正确表征，并利用相关的数字进行运算即可得到正确答案。不规则应用题是那些与现实生活更为接近的应用题，这些应用题有些是无解的，题目中的条件可能是缺失的或不必要的，学生要利用自己的日常生活经验和知识，并结合数学思维推理解决问题。以下述应用题为例：

一座长方形游泳池的长是 60 m，周长是 180 m。它的面积是多少？

这道应用题对逻辑推理能力的考查体现为需要根据长方形的周长公式和面积公式进行演绎推理。长方形的周长公式为 $C=2(a+b)$，这里 a 代表长，b 代表宽，C 代表周长。面积公式为 $S=ab$，S 代表面积。任何长方形均遵循的规律，这里的长方形游泳池也同样遵循。这便是从一般到特殊的演绎推理过程。然而，长方形的周长公式和面积公式是什么？涉及的则是知识。

以上是规则应用题的例子，不规则应用题则更需要积累丰富的知识经验。以下述应用题为例：

　　树上有 5 只小鸟，猎人开枪打掉了 1 只，树上还剩几只？

　　这道应用题我们称为现实性问题(辛自强，张丽，2005)。从表面上看，此题是标准的减法问题，涉及的逻辑思想是守恒，即总体等于部分之和。然而，符合现实的回答是"树上的小鸟听到枪响后都吓跑了，所以树上 1 只鸟也没剩"，这涉及的便是日常生活经验。因此儿童数学能力的培养离不开知识经验的积累。

五、发展性计算障碍的成因及教育

　　在生活中我们会发现，儿童的数学学习存在很大差异。同样的教师、同样的教学内容，对不同的学生，有不同的教学效果。比如，儿童在掌握几何证明题的过程中，学习新推理方法时在所需练习的次数上有差异，在证明步骤上有差异，根据题目中条件的性质选择不同运算的能力有差异，运算掌握程度有差异。不仅是学习速度和学习程度有差异，学习风格也有差异。有些儿童习惯用语言-逻辑的词语去思考，有些儿童习惯用视觉-形象的词语去思考，还有些儿童习惯在亲身的操作和运动中思考。前述内容介绍了儿童数学能力发展的普遍规律。然而，数学能力是存在个体差异的。

　　提到数学能力的个体差异，首先要提的就是能力水平的差异。在同龄儿童中，若数学表现比多数的普通儿童优异，则是数学超常或数学天才儿童；若数学表现比多数的普通儿童逊色，则是数学困难儿童。其中，数学困难儿童更受研究者关注。这类儿童智力正常，但计算上容易出现错误，空间感弱，在数学运算法则上容易出现混乱，数学问题解决能力差，这使得他们的数学学习要付出比同龄人更多的努力，但效果和成绩却远不及他人。这样的现象还会产生累积效应，周围人容易给数学困难儿童贴上"落后""愚笨"等负性标签。这种挫败感会使他们变得孤独离群并产生情绪烦恼和沮丧，并可能进一步引发其出现行为问题，影响其人生发展(张丽锦，张臻峰，2014)。因而，数学困难儿童的研究具有重要的实践价值。值得一提的是，以往研究中"数学困难"与"发展性计算障碍"经常混合使用。数学困难儿童通常是在整体的标准化数学测验方面与正常儿童存在差异，而发展性计算障碍则主要聚焦计算方面(Butter-worth，2010)。不过，鉴于小学阶段儿童数学学习困难的一个突出表现是计算困难，不少研究者将发展性计算障碍与数学困难等同起来使用。

发展性计算障碍是明确被世界卫生组织界定的精神与行为障碍的一种类型，因而本书主要介绍发展性计算障碍的成因及教育干预。

(一)发展性计算障碍的成因

发展性计算障碍(Developmental Dyscalculia)是一类特异性学习障碍，以下简称计算障碍。计算障碍儿童拥有正常水平的智力、稳定的情绪，并具备适当的学习动机和良好的教育条件，但是他们在学习算术时仍然表现出困难，不能以正常的方式习得基本的算术方法(Mammarella et al.，2015；白学军，臧传丽，2006)。

与在英国、美国、以色列、德国、瑞士等国家调查得到的 3%～6% 的发生率基本一致(Shalev，2004；Di Filippo，Zoccolotti，2018)，我国有 5%～6% 的学生患有计算障碍。计算障碍是排除智力落后和教育无能等因素的影响后，儿童在数学加工和计算能力等方面的发展明显落后于同龄人的现象(张树东，董奇，2007)，即一般认为计算障碍儿童的数量加工并不受智力影响。然而，有研究发现，尽管计算障碍儿童的智力水平处于正常范围，但仍较正常儿童的智力水平差(Karin，2013)。因此，对于计算障碍儿童来说，智力对其造成的影响仍没有统一的认识。对计算障碍成因的探讨有助于后续有针对性地开展干预和训练，因此很多学者对计算障碍的成因进行了考察。概括来讲有"领域一般性"和"领域特异性"两种观点。

1. 数量基本加工能力缺陷假说

数量基本加工能力指能够抽象地表征集合的数量，并在此基础上进行代数操作，尤其是加、减、乘、除四种运算的能力(Butterworth，2010)。有研究者称其为数感，即快速地理解、估计和处理数量的能力。这是人类先天具有的前言语能力，构成了能够用以数数和进行代数运算的符号系统的习得与发展的基础(Dehaene，1997)。目前有四种具有代表性的数量基本加工能力缺陷假说：小数量系统假说、近似数量系统假说、数量编码理论以及语义提取缺陷假说。

小数量系统即感数(subitizing)，指小数的精确表征系统。感数范围通常是 1～3 个物体，估计 1 个、2 个或 3 个物体的数量时人们的反应时很短而且随数量变化发生的变化很小。小数量系统假说的第一个假设是计算障碍儿童的感数范围存在限制；第二个假设是语言的损伤将影响数量词汇，数量词汇反过来影响数量精确概念的发展。该观点获得了一些研究的支持。研究表明，精确数学依赖于语言，而近似数学依赖于视空间能力(Dehaene et al.，1999)。此外，数数也与言语密切相关。脑成像研究表明，非符号数量表征的相关脑区和语言加工的相关脑区在数数时是协同激活的(Piazza et al.，2003)。

近似数量系统假说认为，计算障碍是由近似数量系统缺陷引起的。近似数量系统，即大数的近似表征系统，亦称为数的敏感性或数感。这个系统是不精确的，而且不精确性随着数量的增加而提升。研究者(Halberda，Taing，Lidz，2008)往往采用非符号数量比较任务测量该系统的精确性。然后评估儿童在数感任务上的成绩与在符号代数任务上的成绩的相关。

数量编码理论由佐尔齐和巴特沃斯(Zorzi，Butterworth，1999)提出，认为人类先天具有数量模块(number module)，该模块使用内在的数量编码精确地表征集合的数量。数量编码理论有时也被称为数量模块假说。该理论认为，计算障碍是由数量基本加工能力缺陷引起的(Butterworth，Kovas，2013)。其最直接的证据源于一个叫查理斯的30岁男性被试(Butterworth et al.，1999)。他智力正常，然而却不能解决复杂的代数运算问题。在比较阿拉伯数字的时候，他的反应时是一般被试的4倍，而且他总是依赖手指来比较两个数量，因而表现出了和一般被试相反的距离效应。对一般被试来讲，当被比较的两个数字距离较小时，如2和3的距离为1，其反应时要比两个数字距离较大时的反应时长，如2和6的距离为4。然而，查理斯比较2和6的时间要长于比较2和3的时间。因此，巴特沃斯认为，查理斯不能理解数的意义，其数量表征存在缺陷。该理论的一个预测是，计算障碍儿童在一一列举集合中的事物时存在缺陷。该理论还预测，损伤的数量表征影响加法，对加数和总和的数量表征若有损伤，就会直接影响加法，而符号的影响则较弱。此外，该理论认为，个体在代数中会使用手指，因为手指类似于元素集合，元素和手指可以一一对应，这带来了该理论的最后一个重要预测：较差的手指表征(如手指失认症)和较差的代数表现密切相关。该假说得到了几个研究的支持(Landerl，Bevan，Butterworth，2004；Mazzocco，Feigenson，Halberda，2011)。例如，兰德尔等人发现，计算障碍儿童在数字阅读和命名、数字比较、数字写作、数字序列以及数点任务上表现较差，这说明计算障碍儿童无法准确加工数量，不能理解数量的意义，表现出数量表征缺陷(Landerl et al.，2004)。

　　语义提取缺陷假说认为，计算障碍源自个体不能处理携带数量信息的数字符号，而不是数量信息本身（Rousselle，Noël，2007）。具体来讲，数量信息是以符号为载体的，而以往很多研究其任务中采用的是诸如阿拉伯数字这样的符号，因此计算障碍儿童的表现比控制组儿童差其根源可能是符号载体的问题而不是数量本身的问题。研究者采用符号和非符号大小比较任务发现，计算障碍儿童与正常儿童在非符号大小比较任务上的表现无显著差异，而在阿拉伯数字大小比较任务上却差异显著，这支持了语义提取缺陷假说（Rousselle，Noël，2007）。该假说也获得了其他研究的支持（De Smedt，Gilmore，2011）。然而，亦有研究不支持该假说（Anderson，Östergren，2012）。

　　以上四种假说中，近似数量系统假说得到了广泛支持。例如，有研究（Piazza et al.，2010）发现，计算障碍儿童的数感损伤严重，10 岁的计算障碍儿童的数感相当于正常儿童 5 岁的水平。我们课题组（张丽，蒋慧，赵立，2018）在对我国 8 岁计算障碍儿童的数量转换能力进行研究时，同样发现计算障碍儿童的数感能力要显著低于正常儿童。

　　不过，一些研究并没有发现计算障碍儿童和正常儿童在数感能力上有差异。例如，鲁塞尔和诺尔（Rousselle，Noël，2007）的研究发现，计算障碍儿童在阿拉伯数字比较任务上存在困难，而在反映数感能力的非符号数量比较任务上表现正常。还有研究（De Smedt，Gilmore，2011）考察了一年级学生的数量加工和估算能力，结果发现，计算障碍儿童在涉及符号信息提取的任务上其表现与正常儿童存在显著差异，表现出了加工困难，但是在非符号数量加工任务上与正常儿童并没有显著差异。

　　仔细分析上述研究发现，这些不一致的研究结果可能有两个原因。首先，计算障碍儿童的筛选程序不统一。有的研究中（De Smedt，Gilmore，2011），对于被试的筛选只选择了一个标准，即数学成绩排名的后25％，对儿童的智力水平和阅读成绩都没有进行控制。其次，任务难度不同。不少研究中（Rousselle，Noël，2007；Szücs et al.，2013），任务难度范围比较低，通常包括 1：2，2：3 和 3：5，这对计算障碍儿童和正常儿童来说可能难度都偏低，因而无法探测到两类儿童的差异。因此，我们课题组采用了较为严格的标准，即计算障碍儿童的数学成绩排名在后25％，其智力水平和阅读成绩正常，而且在统计分析中将智力水平作为协变量进行了控制。结果发现，计算障碍儿童和正常儿童在非符号数量比较任务上存在显著差异（张李斌，张丽，冯廷勇，2019）。计算障碍儿童在难度较高(5：6，6：7和7：8)和较低(1：2和2：3)比率上的成绩均比正常儿童差。

我们课题组还通过两个实验对数量编码理论和语义提取缺陷假说进行了检验(张丽，蒋慧，赵立，2018)。数量编码理论主要受到了语义提取缺陷假说的挑战。数量有符号(2、二、two等)和非符号(点集、实物等)两种形式。支持数量编码理论的研究任务多与符号的语义信息有关，如从读、写阿拉伯数字中提取数量信息。我们的实验要求被试在三种形式(点/点，数/数，点/数)下进行数量比较。结果发现，计算障碍儿童数/数比较和点/数比较能力都有缺陷，但是点/点比较与正常儿童没有差异。在进一步的实验中，将点集替换为汉语数字词。结果发现，计算障碍儿童和正常儿童在数/数比较和汉字/汉字比较两方面均有差异，而在汉字/数字转换上不存在差异。这些结果说明，计算障碍儿童在汉字加工、数字加工、非符号的点与数量的转换上有缺陷，但是非符号的点比较、汉字和数字的转换不受影响，这些发现支持了语义提取缺陷假说。

2. 一般认知能力缺陷假设

目前研究发现与计算障碍相关的一般认知能力包括工作记忆、执行功能、注意力和推理能力。有研究表明，计算障碍儿童是空间工作记忆而不是言语工作记忆受损(Szücs et al.，2013)。另外的研究表明，计算障碍儿童的言语工作记忆受损(D'Amico，Guarnera，2005)。还有研究表明，计算障碍儿童的言语工作记忆和视-空间工作记忆均存在缺陷(Andersson，Lyxell，2007)。

研究还发现，计算障碍儿童的执行功能存在损伤(Arsic et al.，2012；McDonald，Berg，2018；Wilkey，Pollack，Price，2020)。研究表明，儿童的数学障碍与更新和计划困难(Kolkman et al.，2013)、抑制(Szücs et al.，2013)或转换(Der Sluis，De Jong，Der Leij，2004)能力低有关。

注意网络也被发现与计算障碍儿童的困难有关(Ashkenazi，Rubinsten，Henik，2009)。研究人员发现，视觉持续注意力与儿童的数学成绩相关(Anobile，Stievano，Burr，2013)。还有研究发现，在控制了语言智商之后，儿童对数字的注意力可以预测其数学成绩(Wilkey，Price，2019)。还有研究发现，计算障碍儿童和数学成绩优秀儿童的传递性推理能力存在显著差异(Morsanyi et al.，2013)。

持一般认知能力缺陷观点的研究相对比较零散，系统的假设和理论比较少。有研究者基于正常儿童的研究提出了数学加工的"执行记忆功能中心"模型(图 2-8),突出了领域一般因素在数学发展中的核心作用,反驳了数感对小学儿童数学成就具有重要作用的观点(Szücs et al.,2014)。

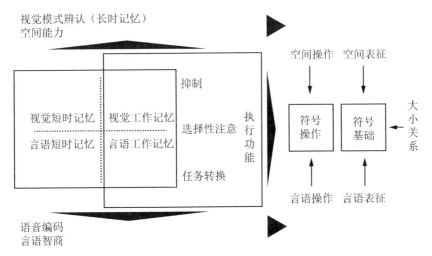

图 2-8 Szücs 等人提出的数学加工的"执行记忆功能中心"模型

不过,并不是所有研究都表明计算障碍儿童存在一般认知能力缺陷。有研究发现计算障碍儿童在命名字母、几何图形和工作记忆测验上与控制组儿童无显著差异(Landerl,Bevan,Butterworth,2004)。计算障碍儿童的抑制控制没有损伤(Andersson,Lyxell,2007)。一项纵向研究表明,执行功能并不能很好地作为鉴别小学生数学学习困难的指标,而心理数字轴和数字任务才是数学成绩的预测因素(Geary et al.,2009)。

鉴于以往研究尚存在以上争议,我们课题组对儿童计算障碍的成因进行了全面、系统的探讨。我们以重庆市 8 所小学二、三年级的学生为被试。首先用中国儿童青少年数学和语文学业成就测验对 1657 名儿童进行了筛查。数学学业成就测验旨在测试儿童的数学综合能力,包括数与代数、图形与几何,以及统计与概率(董奇,林崇德,2011)。语文成就测验采用词汇、句子和段落评估儿童的语言积累和阅读能力。一年后,我们追踪了 1317 名参加了第一次数学学业成就测验儿童,给他们进行了第二次测试。通过两年的追踪,筛选出那些在第一次和第二次数学学业成就测验中成绩排名都在后 25%,同时在语文学业成就测验中成绩排名在前 75%的儿童。此外,他们的瑞文智力测验分数在 90 分以上,以保证其智力正常。最终我们筛选出 13 名计算障碍儿童和 13 名正常儿童。这些儿童完成了 15 个任务,包括 9 个探查一般认知能力的任务和 6 个探查数量基本加工能力的任务。结果表明，计算障碍儿童的一般认知能力和数量基本加工能力均存在不足。

(二)发展性计算障碍儿童的教育

教育实践中可能存在不同类型的计算障碍儿童。有些计算障碍儿童主要是存在一般认知加工困难；有些计算障碍儿童主要是存在数量基本加工困难；还有些计算障碍儿童存在一般认知加工困难和数量基本加工困难，且二者情况都较为严重。这就是说，计算障碍存在不同的亚类型。

冯·阿斯特尔及其同事基于数量基本加工能力将计算障碍儿童分为三类，即言语型的、阿拉伯数字型的和弥散型的(von Aster, 2000)。言语型的计算障碍儿童在数量表征、程序计算和算数事实提取等需要借助言语能力完成的任务中存在较大困难。阿拉伯数字型的计算障碍儿童在涉及数字的相关任务上存在困难。弥散型的计算障碍儿童几乎在所有的数字加工任务上都存在困难，大部分儿童还伴有阅读和拼写障碍、注意力缺乏多动症，以及行为和情绪情感等方面的问题。

还有研究基于一般认知能力划分出不同的亚类型。吉尔里(Geary, 2004)基于工作记忆的理论模型提出了三种亚型：语义记忆亚型（事实检索和长期记忆存在损伤），计算程序亚型（概念性知识的理解和应用、策略的顺利执行存在困难），视空间亚型（与空间相关的数字信息表征存在困难）。

还有一些研究则结合一般认知能力和数量基本加工能力对计算障碍进行了分类。例如，巴尔莱特与其同事(Bartelet et al., 2014)的研究通过聚类分析发现，计算障碍儿童可分为心理数字线缺陷、近似数量系统缺陷、空间困难、语义通达缺陷、言语工作记忆损伤和一般认知损伤六大类。之后的一项研究(Chan, Wong, 2020)通过聚类分析发现，小学一至二年级数学困难学生有五类：数感缺陷亚型、数量编码缺陷亚型、符号缺陷亚型、工作记忆亚型和轻度困难组。这些亚型表现出中度的稳定性。其中，一些亚型随着时间的推移比较稳定，而有些则会发展成另一种缺陷，还有一些只在发展的后期出现。

有关计算障碍的多种亚类型的研究告诉我们，在教育实践中应对儿童进行持续、全面的评估，以制定针对不同类型儿童的干预方法。关于计算障碍儿童的干预，目前研究基本可以概括为三种思路：数量基本加工能力的干预、一般认知能力的干预，以及综合类的干预。

　　在数量基本加工能力训练中，数感和心理数字线的训练研究最多。库钦与其同事（Kucian et al.，2011）研究了8～10岁计算障碍儿童在完成数字线计算机训练后其数量表征能力是否有所提升，从而在数学任务的解决上有更好的表现。其中，有16名计算障碍儿童、16名正常儿童参加了研究，每组平均年龄均为9.6岁。每个儿童参加每周五次、每次15分钟的数字线计算机训练。该计算机训练主要用来加强儿童对数字的空间理解，并促进儿童快速接近内部心理数字线，包括增强数量和空间表征之间的联系，理解量的顺序性、正确估计点的数量、提高运算技能。由于线性数字表征是复杂空间表征的基础，研究者假设经过训练儿童在数字线任务以及其他数学任务上的表现都会有所改善。研究者还假设训练会导致大脑的激活模式发生改变，包括额叶和顶叶。一方面，顶叶是诸如注意力、工作记忆和其他认知活动的神经基础。另一方面，额叶能够组织、协调估计能力和数字理解这样的特定活动。因而，这项训练应该会对这两个过程产生影响，表现为随着认知过程的自动化，大脑激活强度普遍降低。研究人员测量了儿童训练前后的表现。结果表明，经过训练计算障碍儿童和正常儿童都有进步，在数量表征方面的表现有所改善，算术题的正确率有所增加。训练效果似乎在之后至少持续了5周。而且大脑成像结果表明，经过5周的训练，研究中的数学任务的解决对数量处理、执行功能、工作记忆的要求降低，所需的注意力资源减少。在计算障碍儿童中，这些区域的激活强度有较大的下降，而且数量表征得以巩固后，计算障碍儿童大脑活动不足的部分有修复。

　　国内有研究者（Cheng et al.，2020）探讨了数感训练对计算障碍儿童符号算术能力（加、减、乘、除）的改善作用。研究者首先从4所中学中选出80名计算障碍儿童，随机分成干预组与对照组，干预组接受了数感训练，对照组则接受了英语填词训练。研究者设计了一款苹果收集游戏来进行数感训练，玩家需要操纵鼠标来移动屏幕上的一个筐，以捕捉尽可能多的苹果（不管它们的大小）。为了得到最高分，玩家需要快速确定哪一捆苹果数量更多，并避开炸弹。苹果一捆一捆地落下，每捆的数量为1～12个。对于对照组，则要求他们听省略一个单词的英语句子，并找到正确的单词进行填补。结果表明，进行了苹果收集游戏，即数感训练的干预组儿童的符号算术能力有显著改善。这意味着当经常引导儿童进行数量估计时，他们的符号算术能力就会越来越好。因此，成人在日常生活中，可以有意识地引导孩子进行数量估计，如估计一勺豆子的数量，快速估计两堆纽扣的数量并比较多少，常用多少、倍数、比例等进行描述，这样在潜移默化中对孩子进行训练，将有助于提高孩子的符号算术能力。

一般能力训练主要集中在工作记忆训练方面。有研究者（Layes et al.，2018）探究了计算障碍儿童的工作记忆能力是否可以通过工作记忆训练来提高，进而提高其数学能力。工作记忆是信息加工过程中对信息进行暂时存储和加工的、容量有限的记忆系统。例如，完成口算任务 $2 \times 4 \times 5 \times 6$，你必须首先记住 2×4 等于 8 这个结果；其次，还必须记住 8×5 等于 40，才能顺利进行下一步的计算，这里 8 和 40 就存储在工作记忆中。研究者首先通过包括瑞文智力测验在内的筛选工具选择出计算障碍儿童。随后将计算障碍儿童随机分成实验组与对照组。在实验组中，儿童接受为期 8 周、每周 3 次、每次 45 分钟的工作记忆训练。工作记忆训练由四个部分组成：数感、数字广度、数字比较、数字听觉记忆。在数感方面，有一张带有一列点簇和一列数字的卡片，儿童要快速地将点数与数字配对。数字广度分为正向任务与反向任务，在正向任务中，儿童在得到一串数字后要立即进行重复；在反向任务中，儿童要将得到的数列按相反的顺序重复。在数字比较方面，有一张带有一列点簇和一列数字的卡片，儿童需要比较每一行中的点数和数字的大小。在数字听觉记忆方面，儿童需要及时报告桌子上的打击序列。在整个训练过程中，任务难度根据每个人的表现不断调整，以确保参与者在其能力的范围内进行训练，从而达到提升工作记忆能力的效果。同时，在每次训练结束时会给出结果反馈，以提高参与者的积极性。结果表明，计算障碍儿童的工作记忆能力是可以通过工作记忆训练来提高的，同时工作记忆能力的提升对数学能力的改善有显著的促进作用。因此，在日常生活中，成人可以有意识地对孩子进行工作记忆训练，以锻炼孩子的工作记忆能力。例如，每隔一秒说出一个数字（或字母），然后问孩子"刚才说的第 $\times$ 个数字（或字母）是什么"。

综合类的干预典型的是通过音乐训练来提高儿童的数学成绩。例如，有研究者探讨了数学音乐训练对数学成绩较低的小学生的作用（Rodriguez et al.，2019）。他们选取了 42 名 8～10 岁的小学生为被试，通过前期的测验将小学生分成数学能力较低组和数学能力中等组两组。然后，音乐教师进行了 8 周数学音乐训练，每次课程时长为 40 分钟，包括开始的 5 分钟热身和最后的 5 分钟放松时间。该训练将基本音乐知识和数量认知的四个系统进行了整合。具体包括基数系统、序数系统、言语数量系统和视觉数量系统。每节课都旨在激发某一认知系统，提高特定的数学能力。该训练涉及节奏刺激、旋律刺激、音调刺激三类刺激，每节课中每类刺激持续 10 分钟。在前 4 次课程中，小学生的身体和嗓音是发声的工具，后 4 次主要使用乐器发声。实验结果显示，在进行了数学音乐训练后，两组小学生都出现了数学焦虑减弱的情况，并且在倒数、听读写数字、计算能力以及数学问题解决方面都有进步。因此，数学音乐训练对于数学成绩较低的小学生的数学能力的提升有积极作用。

研究发现，非工具性音乐训练也对提高数学能力有益处。有研究者（Ribeiro，Santos，2017）考察了数学成绩较低的儿童在接受非工具性音乐训练后是否还会被分到一个组中。研究包含 26 名（其中 5 名女孩）数学成绩正常的儿童以及 20 名（其中 6 名女孩）数学成绩较低的儿童。这些儿童的家庭社会经济状况。两组儿童以每周一次的频率接受 14 次非工具性音乐训练，每次持续 60 分钟。训练包含旋律活动和节奏活动。实验结果发现，训练后儿童的数字认知有了全面的提升，有 8 名最初在数学成绩较低组的儿童在再次分组中被分到数学成绩正常组，而数学成绩较低组中只有 7 名儿童仍然符合计算障碍儿童的诊断标准。这些结果表明，非工具性音乐训练似乎能在短时间内改变被诊断为计算障碍儿童的大脑功能，因此教育工作者可以考虑对数学成绩较低的儿童进行音乐能力训练，以提高他们的数学成绩。

音乐训练的效果能够持续一段时间也得到了研究的证实。研究者（Ribeiro，Santos，2020）通过双盲实验以及准实验设计探讨了音乐训练对数量认知和抽象视觉推理的影响，以检验音乐训练对计算障碍儿童影响的有效性以及持续性。研究对象是两组小学儿童，每组 22 人，实验组为计算障碍儿童，对照组为正常儿童。在音乐训练的过程中，这两组儿童被混合起来，以伪随机的方式（每组中都有对照组儿童和一个按性别及上课时间配对的实验组儿童）分成五组。每组 9 人左右以使得儿童能够积极参与到训练中。这些儿童以每周一次的频率进行音乐训练，共进行 14 次，平均每次 60 分钟。每次活动有七个部分，三个小组从旋律活动开始，其余两个小组从节奏活动开始。研究者在音乐训练开始前、第七周和第十四周以及结束后第十周进行了四次数学认知测量。结果显示，完成训练的计算障碍儿童在数字产生、数字理解等多方面均有显著进步，相比之下，正常组的数量认知没有显著变化。这意味着计算障碍儿童对音乐训练的敏感度更强。而且在音乐训练结束之后第十周的随访中发现，计算障碍儿童在数量认知方面的收益仍然存在，这说明音乐训练的效果至少能够保持十周。因此对于患有计算障碍的儿童来说，音乐训练看起来是一种有效且持久的方法。

此外，还有研究者（Franceschini et al.，2016）探讨了通过动作游戏训练来提高计算障碍儿童数学技能的可能性。他们对比了两组匹配的计算障碍儿童在玩动作或非动作视频游戏前后的数学认知能力、视觉空间注意技能以及视觉探索能力。训练时间为每天80分钟，共12小时。结果发现，经过动作游戏训练，计算障碍儿童在数感和算术任务上的表现有显著提高。这说明对于计算障碍儿童来说，动作游戏训练也是一种可以考虑的干预思路。

综上可以看出，综合类的音乐训练或动作游戏训练被发现能改善计算障碍儿童在数学任务中的表现。原因可能是，这些训练能改善抑制、记忆、注意、认知转换等一般认知能力。这些一般认知能力集中体现了大脑执行功能的效率。关于执行功能在数学学习中的重要性，本书第五章有专门的论述，这里不再赘述。

第三章

空间能力与数学能力

时间、空间和数量因相同的行为标尺而产生联系。

——Vincent Walsh

空间能力对每个人的生活而言都非常重要。首先，很多职业的工作内容与空间有关，如工程师设计图书馆、建筑工人修建桥梁、化学家分析分子结构、地理学家绘制地图探测物质、飞行员驾驶飞机。其次，日常生活中空间能力亦不可或缺，如搭建积木、估计从家到公司或者学校的距离、出游时正确辨别方向、准确找到停车位、顺利停车和倒车，这些都需要空间能力。我们生活在空间中，完全可以想象空间能力在数学学习中的重要性。一项长达 50 年的追踪研究表明（Wai，Lubinski，Benbow，2009），中学时期空间能力更强的学生更倾向于在大学选择主修 STEM 学科，在日后的生活中也会倾向于选择 STEM 领域的事业。STEM 是科学（Science）、技术（Technology）、工程（Engineer）和数学（Mathematics）的简称。根据美国独立民调和智库机构——皮尤研究中心 2018 年公布的数据，自 1990 年开始，美国 STEM 领域的职业岗位已经增长了近 79%，从 970 万个增长到 1730 万个。STEM 领域的工作主要包括数据分析师、软件开发工程师、数学家等。这些领域的工作者通常拥有更高的教育水平，并享有较高的职业待遇。美国的前总统奥巴马在执政期间制定了"在未来十年培养 100 万 STEM 学科毕业生"的目标。然而在学习 STEM 学位课程的学生中，只有 40% 的学生完成了学业。学生离开的原因有很多，但与空间思维相关的挑战被认为是一个重要因素（Uttal et al.，2013）。因此，从儿童时期开始培养空间能力对个体和社会发展均有极其重要的意义。本章主要关注空间能力的内涵和分类，以及空间能力对数学能力的影响。

近些年来，STEM 教育风靡全球，并在国内悄然兴起，目前流行的儿童编程便是在这样的背景下如火如荼地发展起来的。之所以 STEM 教育风靡全球，是因为 STEM 教育可以打破学科领域界限，提高学生的科学素养、激发学生的创造力、促进国家的经济增长、提升国家的综合国力。STEM 领域的发展不仅使人们的生活更加便捷，还能提升国家的经济水平。空间能力被认为与 STEM 领域的成就密切相关（Wai et al.，2009）。无论是科学、技术、工程领域，还是数学领域，一些问题的解决往往涉及对空间信息的加工和处理。空间能力是学习 STEM 的基础。

一、空间能力的内涵和分类

爱因斯坦是世界杰出的物理学家之一，是被公众认可的天才科学家。他去世后研究者对其大脑展开了研究。结果发现爱因斯坦大脑的右侧前额皮质比其他人的更薄、神经元密度更大，这可能让信息交换速度更快（Anderson，Harvey，1996）。1999 年，柳叶刀上发表了题为"爱因斯坦的杰出大脑"的论文，研究将爱因斯坦的大脑和另外 35 位男性的大脑相对比，结果发现爱因斯坦的大脑负责数学能力和空间推理的顶叶比其他人的大出差不多 15%（Witelson，Kigar，Harvey，1999）。这样的差异可能源于多个方面。爱因斯坦是位小提琴演奏者，是个据说有点自闭、幼年时有言语困难和阅读困难的人。提到自己的思维，爱因斯坦自己也坦言"文字似乎不起任何作用，而是视觉和肌肉动作的图像产生了作用"。可见，空间视觉运动加工在爱因斯坦的思维中发挥了极其重要的作用。

数学能力作为 STEM 教育的重要内容，其与空间能力的关系一直备受研究者的关注。空间能力总是与视觉联系在一起。高尔顿（Galton，1879）最初提出空间能力的概念时，将其定义为对任何物体随意唤起一个清晰、稳定、完整的心理意象的能力。林恩和彼得森（Linn，Petersen，1986）将空间能力定义为表征、转换、生成、回忆符号和非语言信息的技能。卡罗尔（Carroll，1993）认为，空间能力是通过视觉理解物体的形式、形状和位置，从而形成关于这些形式、形状和位置的心理表征，并对这些表征进行操作的能力。还有研究者认为，空间能力是指生成、保留、提取和转换视觉图像的能力（Wai et al.，2009）。这些研究者主要从信息加工的视角来界定空间能力。

关于空间能力的具体结构，不同研究者提出了不同的看法。空间能力虽从属于一般智力，却不同于一般智力。一项神经影像学研究（Ebisch et al.，2012）表明，包括推理、视觉化和空间关系在内的几个智力因素激活了一个共同的额顶叶网络。然而，推理、视觉化和空间关系可激活不同的特定区域。因此，虽然空间能力与瑞文智力测验反映的一般智力有关，但一般智力基本上是一维的，这与空间能力不同（Waschl et al.，2017）。

尽管有研究者认为，空间能力是类似智力的单维结构（Mix et al.，2018），但多数研究者认为空间能力是多维的。卡罗尔（Carroll，1993）通过因素分析发现，空间能力主要由空间视觉化、空间关系、闭合速度、闭合灵活性和感知速度组成。林恩和皮特森（Linn，Petersen，1986）将空间能力划分为空间知觉、心理旋转和空间想象三类。齐建林等人（2003）通过因素分析将空间能力划分为空间视觉化能力和空间定向能力，其中空间视觉化能力主要包括心理旋转，空间定向能力包括对图形排列关系的理解以及根据自身和其他物体定向的能力。李洪玉和林崇德（2005）将空间能力分为图形分解与组合能力、数学关系形象化表达能力、心理旋转能力、空间意识能力、空间定向能力、图形特征记忆能力、图形特征抽象与概括能力。

综上，基于因素分析法界定空间能力维度时，结果往往令人眼花缭乱，再加上缺乏理论思考，因素分析法备受争议。2013 年尤塔研究团队基于神经学、行为学和语言学重新对空间能力进行了划分，提出了空间能力的四分类模型（Uttal et al.，2013）（表 3-1）。该模型提出了空间的两大维度：内在-外在和静态-动态。内在-外在关注事物的关键特性到底是事物本身具有的还是相对于其他参照物才具有的。内部信息（intrinsic information）是关于物体本身的信息，即物体具有哪些特定的部分，物体具有的特性，且各部分之间是如何连接在一起的。例如，三角形是有三个角的封闭图形。涉及物体内部信息的还有物体组成成分的排列规则、属性、大小和长度、2D 与 3D 之间的转化。利用 2D 信息重建 3D 图形，或者将 3D 图形的横截面转化为 2D 图形都属于内部信息。外部信息（extrinsic information）是指一个物体相对于另外一个物体的位置信息或者相对于整个参照系的位置信息。例如，描述餐桌上的叉子是摆在盘子的左边还是右边时，所使用的就是外部信息。理解外部信息时最重要的是理解描述时所使用的参照系，考虑参照系是基于观察者本身的，还是基于环境中的其他物体的。该分类方法在前人研究中得到了支持（Kozhevnikov et al.，2006）。涉及物体外部信息的主要有物体的折叠、旋转或比例缩放。

表 3-1　空间能力的四分类模型

当前分类	描述	测量任务
内在静态	从背景信息中分离出物体、道路，甚至是空间结构等。	镶嵌图形测验 闭合性测验 迷宫
内在动态	将物体组成复杂结构，对物体进行视觉化或心理转换，通常是从 2D 到 3D 的转换。	积木建构 折纸实验 心理旋转
外在静态	理解抽象的空间规则，如水平和垂直不变性。	水平面测验 水时钟测验 棒框测验
外在动态	能够将环境视为一个整体，并从多角度观察。	皮亚杰三山实验 空间定位测验

　　静态-动态因素着重区分时间维度上静态的或动态的转变。查特吉(Chatterjee，2008)基于语言学和神经科学的数据提出，无论是内部的信息，还是外部的信息都能静态呈现，同时能动态转化。迄今为止，很多研究仅讨论静止状态下的信息，但物体本身可以在静态与动态之间转换。在一些情况下，物体可以移动、被移动，甚至是改变自身的属性(如将一张纸折叠起来)。在另一些情况下，物体的运动会导致它相对于另一个物体或者整个参照系的位置发生变化。与加工、理解静态物体不同，追踪、预测和想象空间信息的动态变化似乎需要一些独特的技能，这种差异在大脑背侧和腹侧的加工路径上有体现(Kozhevnikov，Hegarty，Mayer，2002)。有研究发现(Kozhevnikov，Hegarty，2001)，美术家更倾向于是客体观察者，即擅长处理内在-静态信息，而科学家更倾向于是空间视觉化者，更擅长处理内在-动态信息。

　　两大维度交叉后得到四种空间能力类型：内在静态空间能力、内在动态空间能力、外在静态空间能力以及外在动态空间能力。

　　内在静态空间能力是指编码物体的空间特征，包括物体的大小、组成部分和外形等，以及从背景信息中分离出物体、道路，甚至是空间结构等的能力。还可以理解为在不对物体进行变换操作的情况下处理物体自身信息的能力，如在不进行图形和图像补全等操作的情况下对物体进行处理的能力。内在静态空间能力影响儿童在迷宫任务中的表现。反过来，如果儿童在迷宫任务中表现良好，则说明他们具有良好的内在静态空间能力。这种能力实质上就是空间视觉化或空间视觉表征（Linn，Petersen，1986）。这种视觉表征在数学教育中很重要，因为它们以直观的方式增强了儿童对数学中抽象概念或关系的理解。

内在动态空间能力是指个体在心理或物理世界中对客观物体或事物的形状进行变形处理的能力，如将物体进行组装，对物体进行视觉化或心理转换，通常是从 2D 到 3D 的转换或者是从 3D 到 2D 的转换。涉及内在动态空间能力的任务包括心理旋转、折纸、积木建构等任务。心理旋转是指物体实际上没有变化，个体在心理上对物体进行旋转；折纸和积木建构则是在客观的行动操作中对物体进行变换处理。使用这些任务均可以测量个体的内在动态空间能力水平。有研究表明，心理旋转和积木建构能力能预测儿童的数学能力（Verdine et al.，2014）。内在动态空间能力涉及对物体的心理操作，而数学任务同样涉及很多心理操作，因而不难理解内在动态空间能力与数学能力的密切关系。而且，内在动态空间能力的影响不局限于数学，它对其他学科也有影响。霍奇基斯及其同事（Hodgkiss et al.，2018）的研究发现，内在动态空间能力和外在静态空间能力能显著预测儿童的科学探究水平，且内在动态空间能力的预测能力高于外在静态空间能力。

外在静态空间能力处理物体信息时同样不经过转换，这和内在静态空间能力具有相似之处。不同的是，外在静态空间能力处理的是物体或形状之间的关系信息，而内在静态空间能力处理的是物体自身的信息。这种能力其实是编码物体相对于其他物体或者其他参照物的相对位置信息，即编码抽象的空间规则的能力，如理解地图和实际环境的对应关系。有学者把这种能力定义为空间感知能力（Linn，Petersen，1986），就是在不发生任何变化的情况下，个体对周围环境的感受和知觉。这种能力可以通过皮亚杰的水平面测验、水时钟测验以及棒框测验来进行测量。

外在动态空间能力是指通过心理或物理的转换来处理物体或形状之间的关系的能力，如空间导航，当物体或者观察者本身发生变动时，对整个环境的空间关系进行转换编码。比如说，在航海的过程中，个体站在移动的船只上对周围的空间位置关系变化进行加工，或者在行驶的汽车上看着窗外道路两边的树木一直向后移动，对树木位置和自身位置之间的关系进行加工的能力就属于外在动态空间能力。外在动态空间能力是能够将环境视为一个整体，并从多角度观察的能力。这种能力在生活中体现为阅读动态地图的能力、利用空间导航寻找正确路径的能力，以及能够在脑海中想象一个物体从不同方向和角度观察到的样子的能力。外在动态空间能力可以通过皮亚杰的三山实验和空间定位测验进行测量。

皮亚杰的水平面测验（图 3-1）是给被试呈现装有一定数量液体的容器（左）。然后将容器倾斜到一定位置。被试必须在每个容器中画出可能的水位线。水时钟测验（Parameswaran，de Lisi，1996）中有一个水漏斗（图 3-2），在水平面上以不同的角度倾斜。学生需要画出水是如何从顶部隔室滴到底部隔室（垂直度）的，并要在底部隔室中画出填充三分之一后的水位（水平度）。棒框测验施测时，测验的暗视场背景上有一倾斜的亮方框，内有独立于框面转动的亮棒，被试要把倾斜的亮棒调整到与地面垂直。

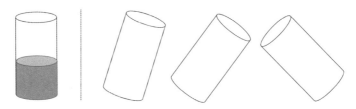

图 3-1　皮亚杰的水平面测验

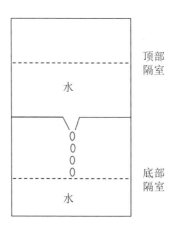

图 3-2　水漏斗

近年来越来越多的研究采用该空间能力分类方法（Cromley et al.，2017；Hodgkiss et al.，2018；Gilligan et al.，2019）。我们团队亦对该分类模型的合理性在不同年龄群体中进行了检验，所有被试均完成了八个空间任务，每个类别包含两个任务。结果表明，四分类模型在幼儿群体

(皮雪，2020)和大学生群体(张李斌，2020)中是成立的。在小学生群体中，两因素模型拟合良好，但四分类模型拟合不好(蒋慧，2019)。在中学生群体中，四分类模型和两因素模型拟合均不好(谢芳，2020)。米克斯及其同事(Mix et al.，2018)同样选取了八个空间任务，在幼儿园、三年级和六年级学生三个群体中检验了该模型的有效性。结果发现，除了内在-外在两因素模型可以在三个群体中得到拟合之外，单因素模型、动态-静态两因素模型和四分类模型只能在某一个或某两个群体中得到验证。这样的结果可能与被试的年龄、任务的选择有很大关系。不可否认的是，基于理论驱动的四分类模型便于人们对空间能力进行快速的认识和分类，具有极大的实践应用价值。

二、空间能力对数学能力的影响

空间能力和数学能力密切相关，这一点有来自行为的、基因的和神经生理方面的证据。如前所述，不少行为研究表明空间能力是预测数学成绩的重要指标(McGee，1979)，并且这种相关性随着任务难度的加大而增强(Kaufmann，1990)，即随着数学任务的学习难度加大，空间能力对数学成绩的预测作用更强。总体来说，空间能力强的人数学成就更高(Mix，Cheng，2012)。

我们对以往文献进行简单梳理后发现(张李斌，2020)：精算成绩与尤塔团队提出的四类空间任务上的成绩均有密切关系，如图画完形、心理旋转、地图识别、空间观点采择等任务；估算成绩与内在空间任务有密切关系，如镶嵌图形测验和心理旋转；数字线估计成绩与四类空间任务上的成绩均有密切关系，如镶嵌图形测验、心理旋转、积木建构任务、地图识别、空间缩放、空间观点采择；数字大小比较成绩主要与内在动态空间任务上的成绩有关，如心理旋转、积木建构任务；非符号数量大小比较成绩与四类空间任务上的成绩均有密切关系，如镶嵌图形测验、心理旋转、空间缩放以及空间观点采择。

除了尤塔团队提出的四种空间能力，视觉空间记忆同样是非常重要的空间能力，它是指掌握和操作视觉空间信息的能力(Baddeley，2003；Buckley et al.，2018)。到目前为止，大量的研究表明，视觉空间记忆与数学能力呈正相关。有研究表明，视觉空间记忆越好，几何能力就越好(LeFevre et al.，2013)，这可能是因为几何任务主要涉及对视觉空间信息的操作。还有研究表明，在视觉空间记忆上表现较好的人，其数学问题解决能力较强(Meyer et al.，2010)。这可能是因为在解决数学问题时，视觉空间记忆提供了一个心理黑板，使数学问题中的视觉和空间关系被重新表征，从而使问题顺利得到解决。视觉空间记忆和数字技能具有显著的相关关系(Cornu et al.，2018)。善于将空间关系视觉化的学龄前儿童在小学阶段的算术能力更强(Verdine et al.，2017)。视觉空间记忆对儿童四则运算的学习以及数学成就有预测作用(Mix et al.，2016)，小学阶段视觉空间记忆的提升能显著预测小学末期的数学成就(Li，Geary，2013)。总之，视觉空间记忆对数学能力的多个方面都有重要影响。

值得一提的是，有研究表明年龄对空间能力和数学能力之间的关系有显著影响(Evans，Stanovich，2013；Mix et al.，2016)。有研究发现，(Evans，Stanovich，2013)算术和工作记忆之间的联系在年幼儿童中比在年长儿童中更强。还有研究(Mix et al.，2016)发现，内在动态空间能力对幼儿数学能力有显著的预测作用，而对小学生的数学能力没有显著的预测作用，而且心理旋转和视觉空间记忆解释的幼儿数学成绩的变异最大。另一项研究发现，幼儿心理旋转和空间缩放技能可以预测其两年后的数学表现(Newcombe，Möhring，Frick，2018)。

我们的一项研究(Xie et al.，2019)对包含263个效应的73项以往研究进行了元分析。其中，数学能力分为逻辑推理能力、数量能力、几何能力、计算能力四种类型；空间能力分为内在动态空间能力、内在静态空间能力、外在静态空间能力、外在动态空间能力以及视觉空间记忆五种类型。结果表明，空间能力与数学能力呈正相关，$r = 0.27$，95%的置信区间显著[0.24，0.32]，换句话说，存在95%的可能性，空间能力与数学能力的相关系数为0.24～0.32。空间能力的类型不影响空间能力与数学能力的关系。具体来讲，内在动态空间能力、内在静态空间能力、外在静态空间能力、外在动态空间能力以及视觉空间记忆与数学能力的相关系数不存在显著差异。然而，数学能力的类型影响空间能力与数学能力的关系。具体来说，逻辑推理能力与空间能力的相关要强于数量能力、计算能力与空间能力的相关。可见，空间能力与数学能力的关系不是简单的线性关系，某种空间能力可能只影响某种数学能力，而不是对所有的数学能力均产生影响(Fias，Bonato，2018)。我们的研究还有一个重要结果，即空间能力与数学能力的关系在儿童组和青少年组均显著，而在成年人组则不显著。这些结果对于在教育实践中提高学生的数学能力有很大启发。

遗传研究也证实了空间能力与数学能力有密切关系。托斯托等人（Tosto et al.，2014）调查了 4174 对 12 岁的双胞胎，发现空间能力与数学能力的相关主要由遗传因素来解释，平均遗传系数为 0.75。换句话说，空间能力与数学能力有很大部分的基因重叠，那些证明与空间能力相关的基因很可能也会与数学能力相关。

神经生理学的研究表明，空间能力与数学能力在顶叶的激活区域极其接近。参与数学任务的脑区主要包括顶叶和额叶，顶叶包括顶内沟、顶内沟前水平段以及后侧顶上小叶。一项元分析（Arsalidou et al.，2017）揭示了数量和计算任务中涉及的脑区包括顶叶（顶下叶和顶前叶）、额叶（额上回和额内侧回）、脑岛和屏状核。空间能力与顶叶区域也密切相关，如后顶叶皮质与肢体的运动方向有关，顶内沟的前部区域与视觉指导下的手指活动相关，而顶内沟的尾部区域负责对 3D 物体的特征进行编码（Shibata et al.，2001）。有研究（Hoppe et al.，2012）调查了数学天才组儿童和普通组儿童在心理旋转任务中的表现，发现左侧后顶叶区域对数学天才组儿童的心理旋转尤为重要。

其他研究则发现左侧角回可能是联结数学能力与空间能力的重要神经区域。有研究对健康被试的左侧角回进行重复的经颅磁刺激，发现被试在视空间搜寻任务和数字比较任务上都受到干扰，然而刺激左侧缘上回和右侧角回却不会出现这种现象（Göbel，Walsh，Rushworth，2001）。临床研究也得出了相似的结果。典型的如格斯特曼综合征病患，该类患者常常伴有计算障碍和空间问题，会出现左右不分、手指失认等症状，研究观测到该类患者左侧角回存在病变（Roux et al.，2003）。相似的大脑区域或神经回路在空间和数学任务中被激活，证明了空间能力与数学能力有密切关系。

数学的空间属性能够解释空间能力与数学能力之间的密切关系。早期高尔顿（Galton，1880）关注了数字的视觉化属性。为了了解在人们心目中数量是如何被视觉化的，高尔顿采访了很多朋友。结果发现，很多人将数量转化为图表或有颜色的形状。比如，有位男士说，他心目中数字是一条从左到右的直线，这条线是黑色的，明暗不一。10 之前的数字都是明亮的，从 10 到 20 突然变暗，从 20 到 40 又变得明亮，从 40 到 60 是中等明亮的，从 60 到 80 又变暗。最暗的是 10～20，60～80 或 90，1000～2000……还有一位女士认为，数字是有颜色的，1 是黑色的，2 是白色的，3 是黄色的，4 是红色的，5 是绿色的，6 是蓝色的，7 是黑色的，8

是褐色的，9 是灰色的，0 是金色的。

高尔顿的工作开启了人们对数量与空间关系的认识。之后，雷斯特勒基于行为实验结果(Restle，1970)提出了数字表征的心理数字线假设。该假设认为，对某一数字数量的空间表征是通过对该数字按其数量大小相应地投射到一条空间直线(数字线)的不同位置上实现的。在这条数字线上，较小的数字投射在左边，较大的数字投射在右边。其研究中，给被试呈现两个数字($A+B$)和一个比较数字(C)，范围为 13～153。要求被试尽可能快地选择较大的 $A+B$ 或 C。结果表明，错误和反应时间随着数字的变大而增加，除非 $A+B$ 和 C 在 100 的两侧对应的位置。当 $A+B$ 和 C 之间的绝对差异相对较小时，错误和反应时间会增加。这些结果被解释为被试对数字进行了模拟操作，将数字放在想象的数字线上进行操作和判断。

德阿纳及其同事(Dehaene et al.，1993)发现的数字反应编码联合效应(Spatial Numerical Association of Response Codes，SNARC)为数字线假设提供了更有力的证明。实验以数字 1～9、数字 10～99、数字 0～5、正常的和镜像的言语词为刺激材料，以左利手的被试或者书写习惯为从右向左的一些被试为研究对象，要求被试用左、右手进行奇偶判断，甚至让被试交叉双手做反应，结果均发现被试对较小的数字左手比右手反应快，对较大的数字则是右手比左手反应快。基于数字线假设，人们在心理上倾向于把数字表征为一条从左到右的心理数字线，因此出现了左手对小数字反应快和右手对大数字反应快的现象。

还有研究(Eerland et al.，2011)探讨了身体姿势是否会影响人们对数量的估计。根据心理数字线假设，研究者预期，偷偷地让人们向右或向左倾斜会影响他们的数量估计。被试站在 Wii 平衡板上回答评估问题，其站立姿势是被操纵的，有时稍微向左倾斜，有时稍微向右倾斜，有时完全直立没有倾斜。关键的是，被试没有意识到这种操纵。对于埃菲尔铁塔有多高、城市人口数量有多少、酒精饮料的酒精度数是多少等问题大多数人不知道精确答案，仅仅是靠猜测回答。结果发现，当研究者控制 Wii 平衡板偷偷让被试的身体左倾的时候，被试对所有数字的估计都会比右倾的人偏小。在改变问题和姿势顺序后，仍然可以得到同样的结果。向左倾斜时估计的埃菲尔铁塔的高度甚至比向右倾斜时矮 12 米。

除了在数量奇偶判断中可以看到数量和空间的关系，在数量运算中同样可以看到数量和空间的密切关系。麦克林克及其同事(McCrink et al.，2007)在一项研究中发现，被试做加法运算时，结果总是被高估；而被试做减法运算时，结果则系统性地被低估。他们把这一发现称为操作动量效应(Operational Momentum Effect)。该效应的一种解释便是心理数字线假设。具体来讲，数学运算就是在心理数字线上的空间移动，加法是向右的移动，高估是因向右移动过多；而减法是向左的移动，低估是因向左移动过多。

　　还有一个现象也反映了数量运算中数量和空间的密切关系。科诺普斯及其同事(Knops et al.，2009)发现，被试在做加法估算时倾向于选择位于右上方的数作为运算结果，而在做减法估算时更多的是选择左上方的数作为运算结果。这种与 SNARC 效应相关联但又不同于 SNARC 效应的现象被称为空间操作反应联合效应(Space-Operation Association Responses，SOAR)。

　　与数量类似，时间亦具有空间表征的特点。研究者采用不同的实验范式发现了空间-时间反应联合编码效应(Spatial-Temporal Association of Response Codes Effect，STARC)(Bonato，Zorzi，Umiltà，2012；von Sobbe et al.，2019)。时间从早到晚，从过去到未来，在心理上表征为一条具有特定方向的连续空间线，这就是心理时间线(何听雨等，2020)。数量作为抽象符号，同样影响到了时间加工，即大数字导致时间高估，小数字导致时间低估，这个效应被称为"数字-时间"联接(Bi et al.，2014)。

　　以上研究显示，数量、空间和时间三者之间不是独立的，而是相互影响的。沃尔什(Walsh，2003)基于行为、生理、脑损伤以及神经解剖的实验研究证据提出了量级理论(A Theory of Magnitude)。该理论主张数量、空间和时间通过共同的行为标尺联系在一起(图 3-3)。数量和时间均有类似的累计原则。下顶叶是三者共同的神经基础所在区域。出生时三者有共同的大小表征系统，之后逐渐分化和特异化。数量、空间和时间三者大脑的偏侧化或者不对称性是因为精确计算这样的数量的高级运用涉及语言，语言是时空坐标系无法映射的。2011 年德阿纳和布兰农(Dehaene，Brannon，2011)出版了《大脑中的空间、时间和数字》(*Space, Time And Number In the Brain*)一书。该书汇集了来自神经科学、心理学、发展科学、神经影像学、比较动物学、生物学，甚至跨文化领域的研究成果，为深入理解数量、空间和时间之间的关系提供了很好的参考内容。

图 3-3　数量、空间和时间

三、空间能力的培养

空间能力发展不足的儿童会有什么表现呢？比如，学龄前儿童或刚入学儿童在最开始学习拼音字母时，分不清字母 b 和字母 d，字母 p 和字母 q，字母 f 和字母 t，字母 n 和字母 u。除此以外，在学习数字和汉字时也会出现类似现象，比如把数字 3 写成 ε，无法分辨汉字人和入、上和下、手和毛，这都是在学习中较为常见的现象。这些表现的共性是儿童无法辨别形状相似或相反的符号。符号形状是关于物体本身的信息，辨别符号形状的能力属于内在静态空间能力。因此，儿童在学习中遇到这样的困难与其内在静态空间能力的发展不足有关。

空间能力发展不足的儿童在学习中还会有其他表现，如写字的时候经常张冠李戴、左右颠倒、笔画顺序错乱；在阅读课文的时候经常跳行、跳字；抄写时漏字、漏行。有的儿童做数学题时，明明熟知知识点，但却因为没有看清题干、抄错题目中的数字，而无法正确解决问题。几乎所有人都有过这些情况，但是这些情况发生的频率却因人而异。当孩子经常出现这些问题时，成人会觉得这是孩子做题不够认真、粗心大意造成的，有的甚至为此惩罚孩子。其实这些情况并不是孩子自己能够完全控制的，除了孩子自身不细心以外，还有一种可能是他们的空间能力发展不足，尤其是视觉空间注意和视觉空间记忆发展不足。

目前的研究表明，空间能力具有可塑性，是可以训练提高的。有研究（Newman，Hansen，Arianna，2016）把 28 名 8 岁的儿童随机分配成两个训练组，第一组儿童用 30 分钟玩积木建构游戏，第二组儿童用 30 分钟玩拼字游戏。在实验开始前后，研究人员使用功能磁共振成像技术扫描了这些儿童的大脑，并且让他们进行心理旋转任务测试。结果发现，与第二组儿童相比，第一组儿童在心理旋转任务上的表现有显著改善，而且这些儿童与空间处理和空间工作记忆相关的大脑区域更加活跃。尤塔等人（Uttal et al.，2013）对 217 个空间训练研究进行元分析后发现，训练能达到中等程度的效果量（size effect＝0.47），并且无论性别与年龄，训练都能够提高被试的空间能力，其训练效果甚至还会迁移到其他未经直接训练的空间成分。

（一）内在静态空间能力

内在静态空间能力可以通过镶嵌图形任务来锻炼。镶嵌图形任务要求儿童在复杂图形中识别出简单图形。可根据儿童的年龄灵活地改编任务。比如，对于年龄较小的儿童，可以做多张卡片，让儿童通过动手操作将需要识别的简单图形置于复杂图形下方，并用彩笔在复杂图形上描出找到的图形，如图 3-4 所示。生活中的找出隐藏物品游戏实质上就是镶嵌图形任务。

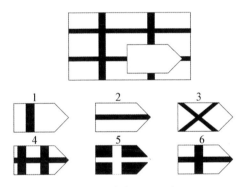

图 3-4　镶嵌图形任务

除此以外，找别扭、找茬游戏、走迷宫、智力拼图同样能够提高儿童的内在静态空间能力。走迷宫是深受孩子欢迎的游戏，成人不仅可以和孩子在电脑上或者用纸板自制迷宫小游戏，还可以带孩子体验真实的迷宫。智力拼图是一项很常见的益智游戏，同样受到广大儿童的欢迎。智力拼图是将一张完整的图片划分为很多碎片，然后打乱，儿童需要对不同碎片上内容的关系以及碎片的形状进行思考，将碎片恢复成一个完整图片。智力拼图涉及多项能力，如图形辨别能力、图形整合能力、记忆能力、推理能力等。经常进行智力拼图可以有效发展这些能力。

概括来讲，不同的空间能力均能够通过训练来提高。训练过程中成人若能结合以下两个做法将更有助于提高孩子的空间能力。

首先，多使用空间语言。不少研究发现，成人使用的空间语言越多，孩子的空间能力越好。有研究者(Casasola et al.，2020)探究了空间语言是否会促进4.5岁儿童的空间能力，以及这种干预的保持效果。空间语言包括形状(如正方形、三角形)，几何特征(如有棱的、圆形的)，大小，朝向(如水平、竖直)，位置关系(如在……的下面、左边)等。研究者首先测查了儿童的空间任务成绩。随后，将儿童分为空间语言组和控制组。研究人员在和空间语言组儿童玩折纸、积木、拼图游戏时，使用很多空间语言。例如，把左边的角和右边的角合起来做一条垂直线，把右边的垂直线对折，这块放到底部中间，下一步是将红色积木放到灰色积木的右边等。研究人员在和控制组儿童玩折纸、积木、拼图游戏时，则很少使用空间语言。例如，这个点和这个点对折起来，我们现在要像这样对折，这块应该放到这里，下一步是将红色积木放到这里等。研究人员与儿童总共玩了5次，每次12分钟，在之后的第14天，再次测查儿童的空间任务成绩。结果表明，只有空间语言组的儿童在空间任务上的表现有所提升。当儿童掌握更多的空间词汇时，他们更善于用积木重现空间设计，其空间能力表现更突出。

因此，成人在日常生活中可以经常使用空间词汇与孩子进行沟通交流，如对孩子说，"帮我把这本书放到最左边的抽屉里""把右边的台灯给我"，告诉孩子"杯盖在杯子的上面""橘子皮在橘子的外面"等。空间词汇包括形状词语，方位词语(如上、下、左、右、前、后、内、外、里、东、西、南、北、中、旁边)，朝向词语(如平行、垂直、水平)，动态转换词语(如对折、颠倒、转圈)，空间维度词语(如大、小、长、短、高、低、矮、深、浅、粗、细、厚、薄、宽、窄)等。在对儿童使用空间词汇的时候，成人可以通过手势来辅助，以帮助孩子更好地理解空间词汇的含义。

其次，鼓励儿童基于身体的感知和运动提升空间思维。成人应鼓励婴儿爬行。婴儿在爬行的时候，身体的重心较低，要想有更广的视野就必须把头仰起来，仰头的动作刚好刺激到脑干部位前庭的部分区域，有助于平衡能力的发展。爬行时眼光需要从一只手换到另外一只手，这时婴儿的视线越过身体的中线左右移动，同时眼球随着目标物上、下、左、右转动，眼睛的追视能力因此可以得到锻炼。

还可以利用手势促进儿童和青少年的空间思维发展。手势学习的研究表明，手势可以影响学习者处理空间问题的方式。手势可以外化思维的意象，并有助于学习过程中对核心任务的注意分配(De Sutter, Stieff,

2017)。有研究(Chu，Kita，2011)发现，当大学生在解决心理旋转问题上有困难时，他们的手势更频繁。这里的手势代表手和物体之间相互作用时手的动作。例如，被试转动自己的手、食指和拇指相对，或者用右手食指画圆圈，好像是在模拟物体的旋转，或者只是指向物体的一个组成部分，这些手势被编码为代表性手势。当被试被分为手势鼓励组、手势允许组和手势禁止组来完成心理旋转任务时，手势鼓励组的被试比其他两组更能正确解决心理旋转问题。手势鼓励组的被试解决的问题越多，其手势出现的频率会随之降低。而且，在之后禁止使用手势的其他心理旋转任务中和新引入的折纸任务中，手势鼓励组的优势会继续保持。这些结果表明，当人们在解决空间视觉化问题上遇到困难时，他们会自发地产生帮助他们的手势，而手势确实可以提高成绩。当两个任务需要相似的空间转换过程时，手势带来的好处还可以迁移到不同的空间视觉化任务中。

最后，鼓励儿童运动。运动有助于空间能力的发展得到了不少研究的支持。有研究(Jansen et al.，2018)报告了中学体育课程对视觉空间能力的积极影响。该研究选择了来自同一学校的 144 名中学生，其中 69 名来自运动班，75 名来自普通班。他们均完成了认知加工任务和心理旋转任务。结果表明，运动班男生的认知加工速度明显快于普通班男生，女生的认知加工速度无显著差异。在心理旋转任务上，运动班男生和女生的表现均明显好于普通班。拥有运动专长的人对任务可能具有较快的表征和灵活转换能力，因而有助于其在心理旋转任务上有较好的表现。

还有一项研究(Moreau et al.，2015)将被试分为三个组：有氧运动组、工作记忆训练组和特定设计运动组。特定设计运动，是针对身体和认知需求的干预。被试从渐进式热身和轻微拉伸开始(10 分钟)，紧接着进行核心训练(40 分钟)，最后是恢复期，进行中等强度的运动和拉伸(10 分钟)。所有的训练都包括不同寻常的运动，以诱发特定的运动限制和启动适应性行为。训练内容主要基于自由式摔跤，这样的训练有利于新的运动协调，强调与合作者积极地进行试误和问题解决。更具体地说，该训练涉及三类问题。首先，是感知问题，通过情境引发不同寻常的感知信息，包括本体感觉或动觉。例如，在前三周被试偶尔被蒙住眼睛15～20 分钟来强调本体感觉和动觉。其次，是运动问题，引入越来越复杂的运动协调。例如，被试在三个不同级别的动作中不断变换，同时提高或降低执行速度。其他情况涉及横向翻转，或是三维空间中的身体旋转。

最后，是认知问题，强调随着时间不断主动更新。例如，被试必须在每个时段保持和更新一系列的运动元素，以便在特定时间通过听觉音调进行进一步的回忆和执行。在听到信号和一个数字时，被试必须执行运动序列中相应的一个或多个动作(例如，伴随数字信号 3 的出现，被试需要回忆和执行初始序列的第三个动作)。在这些情况下需要不断地保持和更新一系列的运动。在难度不断增加的情况下，回忆的内容可能与最初的动作相同，或者是对原始动作的调整(如原始动作的横向翻转)。认知问题是为了在相对艰苦的身体限定条件下，提高被试面对干扰时处理和保持信息的能力。经过 8 周的训练，特定设计运动组在所有空间能力测验，诸如心理旋转和折纸测量以及记忆测验中表现出的进步最大，说明了复杂运动活动具有增强认知的功效，而且还有益于身体健康。

综上，儿童空间能力的培养需要创设良好的学习环境。美国国家研究院指出，培养下一代 STEM 专业人员需要批判性地检查和重设教学与学习环境，将发展空间思维提升为学习目标，并使之成为一种基本的思维习惯(De Sutter，Stieff，2017)。因此，成人需要理解空间思维是什么，什么样的活动和材料有助于空间能力的发展。空间思维涉及注意和记住物体的位置、形状，并且能够在心理上操作这些形状，追踪它们移动的轨迹。不像数学和语文，空间能力的培养不是一门标准课程，因此成人需要将空间能力的培养融入日常教学中。例如，在语文课程中进行与空间相关的绘本阅读；在科学课程中开展折纸教学；在体育课程中展开运动方位和空间记忆能力的训练；在绘画课程中展开空间艺术教学。例如，有研究者将欧普艺术融进空间能力的训练课程中(Patkin，Dayan，2013)。欧普艺术(Op-Art)是一种流行艺术，它利用阴影和模型的效果来创造运动和深度的视觉错觉。这些视觉错觉结合了几何和艺术两方面，营造了一种空间和深度的感觉。以创造视觉错觉而闻名的艺术家包括莫里茨·柯内里斯·埃舍尔(M. C. Escher)和维克多·瓦沙雷(V. Vasarely)。在训练课程中，教师首先演示用于模型制作的立方体、页面、剪刀，介绍等容线、投影等知识。通过引导性提问和小组合作的方式进行互动式教学。然后，向学生展示一系列有关空间视觉化发展的视觉谜题。学生两人一组通过电脑软件进行练习。最后，学生讨论课程中学到的方法并进行总结。结果表明，这样的课程显著改善了学生的空间定向能力。因此，将空间能力训练融入学校主修的课程中，是提高学生空间能力的重要思路和途径。

(二)内在动态空间能力

以往研究发现，空间游戏的接触频率对空间能力有正向预测作用。这意味着如果儿童参与的空间游戏越多，接触的空间玩具越多，那么他们的空间能力也会越强（Doyle，Voyer，Cherney，2012；Jirout，Newcombe，2015）。积木建构游戏便是经典的能够提高内在动态空间能力的一种空间游戏。

积木建构游戏是儿童运用积木展开的物体造型游戏，如搭建积木、魔方等。有研究发现，4～5 岁儿童的积木建构水平与空间能力存在相关关系（张晓霞，2013）。国外有研究表明，积木建构游戏可以用来发展儿童的数学技能（Nath，Szücs，2014）。研究中包括 7 个积木搭建任务。这些任务可从四个方面来界定其难度：对称面，即对于每个组件在三个平面（X，Y，Z）中找到正确位置所需的平均定位数量；新颖组件，即独特组件的数量；部件，即任务所需组件的数量；选择，即装配步骤或任务开始时可供选择的组件总数。该研究考察了 66 名 7 岁小学生的积木建构能力与其数学成绩之间的关系。结果表明，积木建构能力与其数学成绩呈正相关，而视觉空间记忆在该关系中发挥了完全中介作用。这就是说积木建构游戏通过提高视觉空间记忆进而提高了数学成绩。

索玛立体积木游戏同样可以提高空间能力。索玛立体积木是物理学家皮特·哈因发明的积木玩具，由七块积木组成。其中，一块由三个小立方体组成，六块由四个小立方体组成。七块积木形状不一样，组合起来是一个由 $3 \times 3 \times 3$，即 27 个小立方体组成的大立方体。我们团队以索玛立体积木为材料展开了空间能力的训练研究（蒋慧，2019）。研究共设计了八次训练课程，见表 3-2。这八次训练课程主要是让儿童操作几何体，包括从不同的方向观察、想象几何体的内部结构，从复杂几何体中选出必要部分进行观察，自由移动脑中成形的几何图形，以及对图形进行灵活反转。训练结果表明，索玛立体积木训练提高了儿童的心理旋转能力和积木建构能力这两类内在动态空间能力。

表 3-2　基于索玛立体积木设计的八次训练课程

课程	课程名称	课程内容
第一次	一模一样	从不同方向观察和复制两块积木的组合。
第二次	刚刚好	想象立体积木的投影形状。

续表

课程	课程名称	课程内容
第三次	不倒翁	想象立体积木的组合与拼接，维持立体图形稳定。
第四次	天上掉下个立方体	想象立体积木下落后的图形组合。
第五次	吧啦吧啦合体	复杂立体积木的组合与拼接。
第六次	咕噜咕噜滚	想象立体积木的滚动路径。
第七次	造房子	想象立体积木的截面图形。
第八次	立体家族创意赛	自行拼接、搭建立体积木并展示。

心理旋转训练同样能提高儿童的数学成绩。有研究（Cheng，Mix，2013）对 6～8 岁儿童进行了 40 分钟的心理旋转训练。结果发现，训练后儿童的数学成绩提高了，尤其是缺项计算（9＋　＝12）成绩。研究人员推测，空间训练使儿童更容易想象和重新排列这些算式。甚至以成人为对象的研究也发现心理旋转能力经过训练能够得到提高。该研究（Wright et al.，2008）让被试完成心理旋转和心理折纸两项任务。在心理折纸任务中，被试必须在心理上"折叠"一个纸模板，并预测它的外观。结果发现，两项任务的成绩存在性别差异，女性在心理旋转任务中出错更多，而男性在心理折纸任务中出错率更高。但是经过 21 天连续不间断的每日训练，每个人的错误率均降低了，并且在这两项空间任务上的表现不再有性别差异。

运用心理旋转任务时，要注意面对不同年龄的儿童，材料应有所不同。对于小学生来说，心理旋转任务可选用字母、几何图形或汉字。例如，给儿童呈现图 3-5 中左侧的字母"F"。之后，呈现类似的字母"F"的几个变换，告诉儿童在右边几个选项中选出一个把字母"F"顺时针旋转或者逆时针旋转某个度数后可以得到的图案，并且只能通过心理想象而不是实际操作来完成。成人可以根据孩子的年龄设定字母或者图案旋转的方向和度数来调整游戏难度。

对于年龄小的学前儿童，材料应具体、生动，如笑脸、卡通图片（图3-6）等。指导语可以这样说："小朋友，这里有五只小猴子，上面这只是小老师，它在教下面四只小猴子做运动。可是，只有一只小猴子和小老师做的动作是一样的，你能帮老师找出来吗？"

对于年龄较大的中学生，可以选用更复杂、更抽象的三维图形（图3-7）。

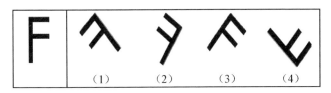

图 3-5　心理旋转任务图片

图 3-6　卡通图片心理旋转任务

例如，先给学生呈现一个三维图形，要求学生判断在多个不同的三维图形中哪一个是由前面所见的三维图形旋转而来的。

图 3-7　三维图形心理旋转任务

　　折纸、剪纸游戏同样能提高儿童的内在动态空间能力。有研究者（Taylor，Hutton，2013）开发了培养和强化小学生视觉空间思维的折纸课程。课程包括三个单元：折纸（Origami）、单张弹出纸工程（Single-Sheet Pop-Up Paper Engineering）和弹出纸应用工程（Applied Pop-Up Paper Engineering）。三个单元旨在培养小学生的图形理解能力和视觉空间思维。每个单元包括两次课内挑战和两次课间挑战。以第一单元为例，课程内容包括反转、旋转、翻转和倒转模型等。在折纸活动中，学生会接触到 STEM 中的词汇和概念，如对称、映象和循环。第一堂课中的纸模型涉及相对较少的步骤，以提高学生对已完成模型视觉化和预测的潜力。通过视觉化，学生看到了褶皱和完整模型之间的联系。第二堂课通过探索折痕图案和折叠模型之间的关系，加深学生对折纸空间结构的理解。模型做好后，学生将分组制作一张海报，说明其折叠顺序。制作海报时，学生可使用第一堂课中学习到的有关折纸模型操作的符号和词汇。等到课间休息时，同学们便可以根据其他同学的海报创作折纸。在单张纸弹出工程单元中，学生将折叠的纸裁剪出一个切口，使之变成三维图形。第一堂课探讨裁切的变化（长度、角度、形状和裁切次数）与折叠对三维图形的影响。通过折叠和裁切制作自己的作品，学生练习将二维图形与三维图形联系起来。在第二堂课中，学生通过探索字母表的弹出模式来制作自己的名字。最后在弹出纸应用工程单元中，学生学习并体验折叠和剪切的更改如何影响三维弹出窗口。

还有研究者设计了折叠骰子测验来评估儿童的立体空间能力（Burte et al.，2019）。在测验中，儿童将看到一个立方体的平面图形。该立方体已被展平以显示其所有的面（图 3-8），并且已知立方体两面的数字。儿童的目标是在立方体的空白方格中填上正确的数字，从而制作一个掷骰子游戏。儿童要想知道立方体的哪个面上对应了哪个数字，必须遵循以下两个规则：（1）骰子上只有数字 1～6；（2）立方体对面的数字加起来总是等于 7。

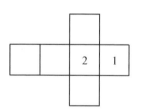

图 3-8　折叠骰子测验

（三）外在静态空间能力

外在静态空间能力可以通过阅读地图来培养。阅读地图就是让儿童找出地图上的位置和实际中相对应的位置。例如，在家庭或学校里，成人可以给孩子呈现四张藏宝图，每张藏宝图上会有一个黑色的方块，它们所处的位置均不相同，这个方块表示宝藏的地点。之后，给孩子呈现另外一张放大数倍的藏宝图，这个藏宝图上也有一个黑色的方块。孩子的任务是在四张藏宝图中找出宝藏位置与大藏宝图中宝藏位置一致的那张。只有一张是与之对应的。如果孩子年龄较小，则情境可以更为生动。

比如，引导孩子想象大藏宝图是一个农场，农场中有一只母鸡每天早上都会产下一个鸡蛋，而孩子所要完成的就是帮助农场主在四张地图中找出正确的鸡蛋位置，如图 3-9 所示。

图 3-9　阅读地图

在日常生活中，成人可以购买中国地图和世界地图，当孩子对地理位置感兴趣的时候，引导孩子观察不同城市、不同国家的方位关系。和孩子一起查阅地图，让孩子认识自己所在学校周边不同方向的道路，了解居住地在城市中的空间位置。还可以利用手机或交通工具中的导航仪，带领孩子辨别方向，根据导航指示选择行走路线。

(四)外在动态空间能力

路径任务能提高儿童的外在动态空间能力。在路径任务中，给儿童呈现一张平面地图路线，如图 3-10 所示，让儿童想象沿着路线从出发点到终点，描述整个过程，指出在每个转弯的地方应该向左转还是向右转。这一任务可以有效锻炼儿童在行走中对自身相对位置的理解能力。

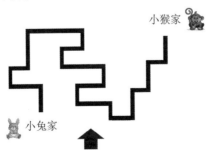

图 3-10　路径任务

观点采择任务同样可以提高儿童的外在动态空间能力。该任务主要锻炼儿童转换视角观察物体空间位置关系的能力(Frick，Mohring，Newcombe，2014)。首先在桌面上摆放几个物体，保证这些物体从不同角度观察到的空间关系有所不同，然后给儿童呈现几组从不同方向拍摄的照片，让儿童指出从某一特定角度拍出的照片是哪一张。例如，给儿童呈现四张照片，分别是从不同角度拍摄的番茄和胡萝卜的组合。然后，使用番茄和胡萝卜模型在桌面上摆出如图 3-11 所示的组合，问儿童："有一个小朋友，很喜欢拍照，如果他站在这边(同时用人形玩偶进行演示)，那么四张照片中哪张会是他拍的呢？"

图 3-11　视觉选取任务

值得注意的是，不少研究发现，动作视频游戏可以提高儿童的空间导航能力。在虚拟游戏环境中，玩家常常在不同的复杂情境中转换，并要快速做出反应，这就需要良好的空间导航能力。李丹(2017)的研究将大学生分为动作视频游戏玩家和非玩家，然后让所有被试完成有效视野、心理旋转和空间导航三项空间能力测验。研究发现，动作视频游戏玩家在三项测验中的成绩均优于非玩家，这说明动作视频游戏提高了这些玩家的空间注意能力、空间认知及空间导航能力。

第四章

阅读能力与数学能力

思维与语言的关系是从思维到言语和从言语到思维的连续往复运动。

——维果茨基

提到阅读能力和数学能力的关系，人们首先就会想到数学学习中的文字应用题。文字应用题是用语言文字叙述有关事实，反映某种数量关系，并求解未知数量的题目，主要是考查学生运用数学知识与方法分析现实问题、解决现实问题的能力。要正确解决这类题目，首先需要的就是阅读文字和理解题意，由此可见阅读能力对数学能力有深刻影响。阅读能力是个体综合运用多种技能完成阅读活动的个性心理特征。国际阅读素养进展研究（Progress in International Reading Literacy Study, PIRLS）认为，阅读能力是学生理解和运用语言的能力，拥有阅读能力的学生能够对各种文章进行意义建构，通过阅读学习和参与社会活动，并能享受阅读带来的乐趣。该定义反映了阅读能力涉及阅读过程、阅读功能和阅读态度等多个方面。阅读能力不仅对儿童学校学习具有重要作用，作为人类特有的一项高级认知能力，它还是个体进行终身学习、获得精神幸福的必要手段，是人类社会文明进步的重要产物和标志。而数学能力作为人类的另一项高级认知能力，同样在个体生活和社会发展中发挥着重要作用。研究表明，儿童时期的阅读能力与数学能力对其成年后的社会经济状况均有显著的预测作用（Ritchie，Bates，2013）。鉴于二者的重要性，学术界很多研究者对二者的关系进行了探讨。结果发现，阅读和数学存在着复杂而又密切的关系，二者相互影响，并相互预测。研究还发现，阅读干预能显著提升儿童的数学成绩。本章将呈现阅读能力与数学能力关系密切的研究证据，概述背后的原因和机制，并介绍相关的阅读训练。

数学和语文是从小学到高中都有的两个科目，也是中考和高考两个关键考试的核心科目。因此，中小学学生的数学成绩和语文成绩在家长的心中始终有重要的分量。从日常观察中可以看到，数学成绩和语文成绩似乎有复杂的关系。有数学成绩和语文成绩都优异的"学霸"，有数学成绩和语文成绩都较差的后进生，还有只在语文科目上成绩突出或者只在数学科目上成绩突出的"偏科"学生。几类学生中，最让人感到困惑的是"偏科"学生。这些学生在某门学科中表现出了学习优势，而在另外一门学科中表现出了学习劣势。这让人不禁会问："这类学生到底擅不擅长学习呢？数学表现和语文表现是割裂的吗？"学术界的研究者们对这些问题展开了探讨。研究关注阅读和数学的相关程度及其背后的机制。

一、阅读能力与数学能力关系密切的研究证据

阅读能力是一项包含多种认知技能和加工过程的多层次、多水平的复杂认知能力，涉及词汇识别、拼写和阅读理解等加工过程（王淞，李荆广，刘嘉，2011）。因幼儿年龄较小，识字量不够，幼儿阅读能力通常以早期读写能力（early literacy skills）为指标。随着儿童年龄的增长，识字量、理解能力不断提高，这时测量的能力便称为阅读能力（reading skills）。因此在阅读能力的研究中，对年幼儿童通常使用早期读写能力的说法。早期读写能力包括口头语言能力、书面知识、语音意识、语素意识、书写等。口头语言能力包括口头理解、口头表达等方面的能力。书面知识包括书面识字、字母知识等。语音意识是最小的语音单元。语素意识是最小的语义单元。早期读写能力是儿童日后阅读能力的基础（Storch，2002；Purpura，Hume，2011）。

阅读能力是复杂的认知能力，不仅包括对字母、单词、句子的理解，更重要的是要求读者能够将当前阅读的句子中的信息跟先前阅读的句子中的信息进行整合以实现对整篇文章的理解（王瑞明，莫雷，冷英，2009）。阅读能力通常使用多种能力测验来测量。莫雷（1992）的研究表明，小学六年级学生的阅读能力包括语言解码能力、组织连贯能力、模式辨别能力、筛选储存能力、语感能力与阅读迁移能力六个方面；初中九年级学生的阅读能力在之前六个能力的基础上增加了阅读概括能力和评价能力；高中三年级学生的阅读能力在初中九年级的基础上又增加了语义情境推断能力和词义理解能力。其中，语言解码能力与组织连贯能力是各个年级学生阅读能力中的两个基础能力。语言解码是对词义和句子的识别、辨别和理解，而组织连贯是在头脑中对所阅读的文章内容初步形成一个连贯的整体心理表征。组织连贯通常是包括记忆、感知、问题解决和推理在内的各种认知功能缠绕在一起的认知过程。除了多因素

的能力测量，以往研究还常将语文成绩与数学成绩作为阅读能力与数学能力的测量指标。关于阅读能力与数学能力，目前的研究结果发现，二者有显著的正相关关系。这意味着较好的阅读能力与较好的数学能力通常结伴而行（Adelson，Dickinson，Cunningham，2015；Purpura et al.，2017）。以往研究从不同角度证明了阅读能力与数学能力关系密切。

（1）很多横向研究的结果表明，阅读能力与数学能力有相关关系。有研究者（Nortvedt et al.，2016）基于国际教育成就评价协会开展的国际数学与科学趋势研究（TIMSS）和国际阅读素养进展研究（PIRLS）2011 年的数据库，收集了来自 37 个不同国家和地区的四年级学生的阅读成绩与数学成绩。相关分析的结果显示，所有国家和地区的四年级学生的阅读成绩与数学成绩都存在高强度的正相关关系，相关系数为 $0.824 \sim 0.996$。其中，中国香港和中国台北地区的相关系数名列前茅，分别为 0.969 和 0.966，说明我国这两个地区儿童阅读能力与数学能力的关系更为紧密。阅读能力不仅会影响普通儿童的数学成绩，也会影响数学学习困难儿童的数学学业表现。数学学习困难儿童的智力正常、阅读能力正常，他们只在数学学习方面显著地落后于其他同龄儿童（Kozey，Siegel，2008）。虽然数学学习困难儿童的阅读能力处于正常水平，但是对于这个群体中的儿童来说，阅读能力仍会影响其数学成绩。例如，莱克斯（Reikerås，2006）对 941 名 $8 \sim 13$ 岁儿童进行研究，发现数学学习困难儿童的数学成绩与语文成绩呈显著的正相关。针对学习障碍儿童的研究还表明，数学障碍与阅读障碍存在较高的共病率，这就是说两类障碍常常同时发生（Jordan et al.，2009；Geary，Hamson，Hoard，2000）。还有研究表明，数学阅读双障碍儿童比数学障碍儿童在数学应用题上的表现更差，这也为阅读能力与数学能力关系密切提供了证据（Jordan et al.，2009）。

因此，有充分的证据支持了阅读能力与数学能力存在密切关系。然而，这种相关是否稳定地出现在不同年龄阶段的儿童身上呢？回答是肯定的。研究发现，这种相关不仅稳定地出现在中学和小学阶段（Duncan et al.，2007；Hooper et al.，2010），甚至还出现在学龄前阶段（Welsh et al.，2010）。研究者对 164 名学龄前儿童进行了时长为一年的追踪（Welsh et al.，2010），分别在幼儿进入幼儿园的前夕和入园一年后评估了幼儿的读写能力和数数能力。结果发现，在这两个时间点的评估中，读写能力和数数能力都呈显著的正相关，这为学龄前儿童阅读能力与数学能力关系密切提供了支持。

（2）许多纵向研究发现，阅读能力与数学能力可以相互预测。首先，早期的阅读能力对日后的数学表现具有预测作用。例如，有研究表明，3～5 岁儿童的读写能力可以预测他们一年后的数学计算能力（Purpura et al.，2011）。相似地，普怀特等人（Praet et al.，2013）的研究报告称，儿童在幼儿园时期的语言能力可以预测他们在一年级时的算术能力。儿童的阅读能力也能够显著预测其日后的数学成绩。有研究发现（Björn et al.，2016）学生小学四年级时的阅读能力能够显著预测其八年级时的数学问题解决能力，进而影响其数学成绩。其次，早期的数学知识和技能对阅读能力同样有预测作用。例如，有研究表明，儿童在幼儿园入学时的数学知识和技能甚至对他们八年级时的阅读成绩具有预测作用（Claessens，Engel，2005）。另一项研究表明，3～5 岁儿童的数学表现可以预测他们以后在阅读中的识字能力，而且数学语言在这一关系中发挥了中介作用（Purpura et al.，2017）。

（3）阅读干预能够提高数学能力的研究也表明，阅读能力与数学能力关系密切。根据阅读干预所使用的材料性质，阅读干预可分为与数学相关的阅读干预和与数学无关的阅读干预两种。与数学相关的阅读干预是指让儿童阅读与数学有关的材料和书籍，这种干预能够加深儿童对数学基本概念和知识的熟悉程度，从而提高儿童的数学能力。与数学无关的阅读干预是让儿童阅读与数学无关的材料，如绘本、名著、诗歌、小说等。研究表明，这两种阅读干预方式都能够显著提高儿童的数学成绩。

首先，与数学相关的阅读干预可以提高儿童的数学成绩。洛弗里奇（Young-Loveridge，2004）对 5 岁儿童进行了为期 4 周的干预。实验组儿童阅读与数学相关的书籍，并且玩相关的数学游戏；对照组儿童接受普通的日常课程。结果表明，即使在干预结束 15 个月后，实验组儿童的数学成绩仍优于对照组。在另一项研究中（Panhuizen，Elia，Robitasch，2016），研究者将幼儿园儿童分为两组，实验组儿童被引导阅读与数学相关的书籍，而对照组儿童接受普通的日常课程。结果表明，实验组儿童在数量、测量、几何等方面水平的提高均优于对照组。他们还发现，这一干预效果只存在于女孩中，而不存在于男孩中。麦克安德鲁等人（Mcandrew et al.，2017）以 48 名二年级学生为研究对象，探讨了使用与几何相关的书籍的阅读干预是否能提高学生的几何成绩。在实验组，教师持续 4 周每天给 25 个学生阅读相关的几何书籍。这些学生在空余时间也被允许阅读这些书籍。在对照组，教师只给 23 个学生读了一本与几何相关的书，而且学生在空余时间没有机会自己读这本书。4 周后，两组学生的几何成绩均有显著提高，但实验组学生的几何成绩提高的幅度更大。总之，这些研究都表明与数学相关的阅读干预可以提高数学成绩。

其次，与数学无关的阅读干预同样可以提高儿童的数学成绩。多数干预研究选取的是与数学相关的阅读材料。然而，在日常学习和生活中，儿童并不总是阅读与数学有关的内容，也会经常阅读与数学无关的内容，如诗歌、小说、传记等。那么阅读这些内容是否能够提高儿童的数学成绩呢？之前国外有两个研究探讨了这个问题，结果都发现与数学无关的阅读干预可以提高儿童的数学能力。格伦伯格等人（Glenberg, et al.，2012）对三年级和四年级学生进行了为期 3 天的阅读干预，这一阅读干预过程使用的是与数学无关的阅读材料。结果表明，阅读干预对提高儿童数学解题能力有显著作用。格伦伯格认为，这种影响是由于儿童在阅读干预下，学会了创建与文本内容有关的心理模型。另一项研究不仅探讨了与数学无关的阅读干预是否可以提高儿童的数学成绩，而且比较了与数学无关和与数学相关这两种阅读干预方式在提高儿童的数学成绩方面是否有显著差异（Hong，1996）。在这项研究中，一共有 57 名 3～5 岁的儿童接受了为期 4 周的训练。在实验组，29 名儿童被引导阅读与数学有关的故事书；在对照组，28 名儿童被引导阅读与数学无关的故事书。其他方面两组儿童都相同，比如都参加数学活动。结果显示，实验组儿童在分类、数字组合和形状任务上的成绩优于对照组，但在早期数学成就测验中两组儿童的表现没有显著差异。这说明与数学相关的阅读干预对提高儿童某些方面的数学能力有帮助。然而，如果以综合性数学成就测验为衡量数学能力的指标，那么两类阅读干预方式的效果差异不大。我们课题组对这个问题进行探讨，得到了类似的结论（贾砚璞，2019）。研究选择了平均年龄为 7.82 岁的儿童为被试，设计了两个实验组。一个是与数学相关的阅读干预组，另一个是与数学无关的阅读干预组。将被试随机分配到这两个组进行干预。结果发现，两类阅读干预在提高儿童数学成绩的效果方面没有显著差异。

与数学相关的阅读干预能够提高儿童的数学成绩很容易理解，然而为什么与数学无关的阅读干预也能够提高儿童的数学成绩呢？苏联教育家苏霍姆林斯基在《给教师的建议》中曾经说道，学生学习越感到困难、在脑力劳动中遇到的困难越多，他就越需要多阅读。正像敏感度差的照相底片需要较长时间的曝光一样，学习成绩差的学生的头脑也需要科学知识之光给予更鲜明、更长久的照耀。不要靠补课，也不要靠没完没了的"拉一把"，而要靠阅读、阅读、再阅读——正是这一点在"学习困难的"学生的脑力劳动中起着决定性的作用。阅读不仅能使某些学生免于考试不及格，而且还会发展学生的智力。"学习困难的"学生读书越多，他的思维就越清晰，他的智慧力量就越活跃。苏霍姆林斯基在这段话中强调了阅读的重要性。然而，阅读为什么如此重要呢？尤其是为什么和数学关系密切呢？下面将介绍阅读能力与数学能力的共同因素以及二者背后的联结机制。

二、阅读能力与数学能力的共同因素

阅读能力与数学能力表现出高度相关，这和阅读能力与数学能力拥有共同因素密不可分，这些因素包括词汇、阅读理解和遗传。

(一)词汇是阅读和数学的基石

数学和阅读一样都涉及以词汇为基础的技能(Schaefer，McDermott，1999)。以往研究主要借助词汇量和词汇识别情况来反映儿童的词汇水平。词汇量是指个体能够理解、掌握并应用的词汇数量。词汇识别指借助语言材料，理解词汇意义的过程。它不仅是阅读的重要基础，而且对数学也有重要影响(Schaefer，McDermott，1999)。已有不少研究结果表明，儿童的词汇水平和其数学能力有密切关系。例如，有研究者对 69 名3～5 岁的学龄前儿童进行了为期一年的追踪研究，使用学前早期读写技能测验(Test Of Preschool Early Literacy，TOPEL)中的词汇子测验来测验他们的口语词汇量和词汇识别能力，使用学前早期算术技能测验(the Preschool Early Numeracy Skills，PENS)来衡量他们的算术能力。结果表明，学龄前儿童一年前的词汇水平能够显著预测其一年后的算术能力(Purpura，Reid，2016)。还有研究发现，学龄期儿童的数学成绩和词汇水平呈显著的正相关(Vukovic，Lesaux，2013)。例如，有研究对母语为英语的 72 名小学二年级学生进行了为期一年的追踪。研究评估了学生的词汇识别能力以及学生在概率、数据分析和代数任务上的表现。结果发现，排除性别和视觉空间记忆的影响，学生二年级时的词汇识别能力仍可以显著预测他们三年级时在概率、数据分析和代数任务上的表现。这就是说，小学低年级学生的词汇识别能力对学生的数学成绩有重要影响(Vukovic，Lesaux，2013)。

　　按照词汇的内容进行划分，词汇可以分为数学词汇和一般词汇。数学词汇是指数学学习中使用到的特有的词汇。数学词汇和一般词汇都会对数学学习产生重要影响。例如，有研究者对 136 名 3～5 岁的学龄前儿童使用学前早期读写技能测验中的词汇子测验来测量其一般词汇水平，使用数学语言测验来测量儿童对早期数学学习中使用的关键词的理解能力（如"很多""更多"），并测量了其计算能力。结果表明，儿童的一般词汇和数学词汇都能够显著预测其计算能力（Purpura et al.，2011）。数学词汇是数学学习的基石，对数学学习起着十分重要的支持作用，可能是因为人们以语言的形式存储与精确计算相关的各类数学知识，比如说代数、幂、开方、比率等数学词汇，并在面对数学问题时需要将问题转化为内部语言（Dehaene，1999）。儿童进行精确计算时，数词序列可以帮助儿童准确表征数量。此外，一般词汇对数学学习也起着重要作用，儿童对一般词汇的掌握与其计算能力呈显著的正相关，可以促进其对数学词汇的理解（Negen，Sarnecka，2012）。例如，儿童学习量词时，若已经掌握"苹果"一词的含义，那么听到"3 个苹果"时就能更容易理解"3 个"的含义。

　　词汇另一种常见的分类方式是奈森（Nation，1990）首次提出的接受性词汇和表达性词汇（产出性词汇）。接受性词汇是指在阅读或者听力等接受信息的过程中需要理解的词汇，而表达性词汇则是指个体在使用口头语言或者书面语言进行表达时需要使用的词汇，二者通过相对应的词汇量表进行测量。这两种词汇在儿童数学学习中都发挥着重要作用。例如，有研究发现，4.5～7.5 岁儿童的接受性词汇水平和多种不同类别的数学能力，包括数字识别能力、顺序和数量比较能力，都存在明显的正相关关系（LeFevre et al.，2010）。此外，也有研究对 5～6 岁儿童使用"早期儿童数学能力测验"来测量其整体数学能力，使用表达性词汇测试量表来测量其表达性词汇水平。结果发现，5～6 岁儿童表达性词汇水平和整体数学能力呈显著的正相关（唐顺玲，2020）。

（二）阅读理解对数学学习的影响

　　儿童的阅读理解能力也影响其数学学业成就。阅读理解是在理解字词、语句的基础上，运用句法知识及语法知识理解语篇中文本意义的过程。阅读理解对数学学习的影响主要体现为，阅读理解能力与数学问题解决能力密切相关。

美国数学家哈尔莫斯曾说过，问题是数学的心脏。数学问题解决是学龄期间数学学业成就考核的重要组成部分。因为学龄期间对数学能力的培养是为了让学生做好进一步接受教育和参与社会的准备，要培养学生在各种情况下利用他们的数学能力提出和解决实际问题的能力。阅读理解形成的组织连贯的过程恰似问题解决的过程。数学问题解决涉及在问题空间中进行搜索，以便使问题的初始状态达到目标状态的思维过程。阅读过程可以视为在文本外显信息和主观记忆信息的空间中进行搜索，让二者建立联结并加以整合的过程。读者根据自身的阅读目的来构建连贯的表征，并且确定自己的表征与作者意指的表征之间的关系，即读者理解一篇文章，认为已经掌握了文章所要表达的局部连贯和整体连贯（郭淑斌，2002）。

阅读理解还经常涉及情境模型的建立，即在基于文本的命题表征与读者的背景知识的相互作用下，经推理而形成的关于文章内容的心理表征（莫雷，韩迎春，2002）。数学问题解决涉及数学建模。儿童应用所学的数学知识解决数学问题之前，需要正确理解问题并且找到相应的解决路径，这个过程被称为数学建模（Lesh，Zawojewski，2007）。在这一过程中，儿童需要通过阅读从题目中获得信息并理解数学语言符号。不理解数学问题要求他们做什么的学生可能无法应用他们已经掌握的数学技能。数学词汇问题的措辞和结构影响儿童理解和最终解决问题的能力。儿童需要学会通过语言，从问题中还原情境，理解问题和条件各个部分的联系与结构，并进行数学式的思考，这样才使得问题解决成为可能。问题解决过程中的句法知识同样对数学学习有影响。有研究以三至八年级的学生为被试，结果发现学生对句法知识和语法知识的掌握与其数学成绩呈显著的正相关（Truckenmiller et al.，2016）。

有研究表明，数学问题解决能力和阅读理解能力存在关联。例如，有研究者（Vilenius-Tuohimaa，Aunola，Nurmi，2008）对229名9～10岁的四年级学生展开调查，探讨了数学问题解决能力和阅读理解能力之间的关系，以及阅读技巧在其中的作用。依照芬兰小学阅读测试中的分类，将阅读理解题目分为因果题、概念题、结论题、目的题和事实题五类来测量学生的阅读理解能力，将数学文字应用题分为比较、变化、组合和聚焦四类。结果发现，在控制阅读技巧之后，学生在数学问题解决中的表现依旧和阅读理解能力相关，这种相关可能是因为数学问题解决和阅读理解都依赖于整体的推理能力。

把握文章整体，让文本内容保持前后组织连贯是阅读能力的基础（莫雷，1992）。文本组织连贯在很大程度上依赖于读者的推理。推理是读者根据文章提供的信息和自己头脑中的知识，推论出新的信息，是语篇阅读理解的基础（鲁忠义，彭建国，李强，2003）。在理解文本时，读者会用自己的已有知识来构建推理，"填补"文中明确叙述的外显信息与文本想要表达的深层信息之间的"空隙"，进而使之形成连贯的整体。这意味着，完全理解书面文本后所形成的心理表征既包含明确的信息，又包含读者构建的推理。不能构建必要的或合适的推理，就不能完全理解文本，或者会出现理解错误（郭淑斌，2002）。阅读理解问题背后的逻辑推理模式具有一定的普遍性（Vilenius-Tuohimaa，Aunola，Nurmi，2008）。阅读理解成绩好的儿童能够很快地厘清题目中的逻辑关系和数量关系，运用相应的数学方法解决问题。一般推理能力将数学文字应用题和阅读技能联结了起来。

（三）遗传是阅读和数学二者关系的先天来源

儿童心理和行为发展的影响因素主要有遗传因素和环境因素。阅读能力和数学能力关系密切有部分原因是二者拥有共同的遗传因素。不少研究者使用双生子研究范式探讨了这一问题并给出了肯定的回答。双生子研究是一种数量遗传学方法，其基本逻辑是同卵双生子具有极其相似的基因和成长环境，而异卵双生子具有十分相似的成长环境和中等程度的相似基因。因此，如果同卵双生子之间的行为表现相关显著高于异卵双生子，就说明遗传因素发挥主要作用。以往有双生子研究对阅读能力和数学能力在遗传上的关系进行了探讨（Davis et al.，2008；Kovas et al.，2007）。例如，戴维斯（Davis et al.，2008）在英国通过网络测试招募了 2541 对 10 岁的双胞胎进行阅读和数学测验，采用皮博迪个人成就测验（PIAT-Revised）中的阅读理解量表测量其阅读水平，用 nferNelson 数学 5～14 系列的三个数学子测验——数字理解、非数字过程以及计算和知识掌握来测量其数学水平。结果发现，阅读能力与数学能力的相关系数达到了 0.57。另一项双生子研究，调查了 4000 对 12 岁双胞胎样本，测量他们的阅读理解能力和阅读流畅性水平。结果也发现，阅读能力与数学能力呈中等程度的正相关（$r=0.60$）。这些双生子研究表明，阅读能力与数学能力的相关部分源自遗传因素。王淞、李荆广和刘嘉（2011）对阅读能力与数学能力在遗传方面的相关研究进行了元分析。结果表明，阅读能力与数学能力在遗传方面存在中等强度的相关，平均遗传相关系数为 0.58。中等强度的相关符合遗传的一般基因假设（Generalist Genes Hypothesis），这一理论认为存在某种能够同时影响阅读能力与数学能力的遗传因素（Kovas，Plomin，2006）。

三、阅读能力与数学能力的联结机制

词汇识别、阅读理解和遗传因素是如何让阅读能力与数学能力联结起来的呢？目前研究形成了逐层深入的三种假说。

第一种假说强调语言的核心地位，主张数学是语言的功能，语言是数学的工具，因而语言本身的发展会影响数学技能，称为数学语言功能假说。这与乔姆斯基（2015）提出的"数学是语言的衍生物"的观点相一致。该假说以语言的功能假说为基础，认为语言在我们的生活中有许多功能，如交换和传递信息、表达我们的思想及态度，因而语言可以促进数学技能的发展。数学的发展首先离不开语言的交流功能（Fetzer，Tiedemann，2018）。作为交流工具，语言允许儿童与同伴和成人分享他们的数学思想。儿童用语言表达他们是如何理解特定的数学主题的，然后得到周围人关于其思考是否符合数学常规，以及是否有可能、是否有必要改变的反馈。在课堂中，语言是一种表征，允许学生和教师就数学主题及相关解释的适当性进行讨论、协商。因此，教育心理学家布鲁纳（Brune，1986）提出，教育过程的核心是提供帮助和对话。正是在这个意义上，数学课堂可以理解为一种特殊的对话空间。

这样的假设有多方面的研究证据支持。一般语言和数学语言（数学词汇，如分数、小数、加法、减法等）都被用来在学校环境中传达数学信息。数学语言可分为文字语言、符号语言和图形语言。口头表达主要使用文字语言，如"两块饼干和三块饼干合起来一共是五块饼干"；书面语言的类型之一是符号语言，如"2＋3＝5"；书面语言的类型之二是图形语言，如"□□□□□"，这 5 个小正方形表示数量 5。不同类型的语言对于建立数学表征都非常重要。有研究者发现，幼儿是通过口头的语音处理和词汇来形成数字意义的言语表征的（LeFevre，2010）。德阿纳等人（Dehaene et al.，1992）提出的数字三维模型认为，数字有三种编码方式：视觉阿拉伯数字编码、听觉的言语编码和近似数量系统编码。在正式数学学习开始时，听觉的言语编码尤为重要，它将视觉阿拉伯数字编码和近似数量系统编码联系了起来。儿童使用口头的文字语言进行计数，将数

字与相应物体——对应，这为数量精确表征能力的发展奠定了基石
(Spelke，2017)。听觉的语音表征对算术也非常重要，儿童需要将数字和
运算符转换为基于语音的代码，并使用基于语音的策略，如计数来解决
问题(Hecht et al.，2001)。此外，有研究发现，即使控制工作记忆和智
力对数学的影响，快速命名仍对数学有独特的预测作用(Peng et al.，
2019)，这也支持了数学语言功能假说。

除数学之外的其他学科与语言的密切关系也说明了语言作为交流工
具的重要性。有研究发现(Fagan，1997)，物理成绩较高的大学生理解有
关时间旅行可能性的大众科普类文章的能力较强，这说明了阅读能力和
物理成绩之间有正相关关系。还有研究追踪了 1446 名荷兰中学生的阅
读、数学、物理和化学成绩，结果表明，排除数学能力的影响后，阅读
能力能够预测学生的物理和化学成绩(Korpershoek，Kuyper，Werf，
2015)。此外，使用母语进行数学推理比使用第二语言进行数学推理更容
易(De Araujo et al.，2018)的现象同样表明了语言作为交流工具的重
要性。

第二种假说强调语言和数学通过中间变量或第三变量联结起来，称
为语言中介功能假说。这种假说在某种程度上是对数学语言功能假说的
深化和发展。该假说强调在数学学习过程中，语言促进了记忆、推理等
认知能力的发展，进而影响了数学能力(Lombrozo，2006；Peng，Wang，
Namkung，2018)。用语言来思考抽象的数学概念和概念之间的关系，就
像在解决文字应用题时建立图式和方程一样，从而进行记忆、推理和思
考。即使是在完成看似非语言的数学任务时也需要这样的过程，比如在
完成几何任务时进行关于方向、位置和模式的推理。在认知能力中，思
维和记忆是两个核心组成部分，是语言和数学之间关系的纽带。

首先，思维是语言和数学之间关系的中介变量。思维是除了交流之
外语言的另一重要功能。作为思维手段，语言的使用会影响思维。使用
语言的人必须以一种能让自己产生清晰易懂的话语的方式来组织自己的
思维，这包括想表达什么、预测需要说什么以及预测倾听者会反馈什么。
言语者走在话语的前面而不是后面(Brune，1986)。因此，思维比语言丰
富，语言是思维的一种表达方式。然而，正如维果茨基认为的，语言虽
然只是思维的一种表达方式，但也会影响思维，正是通过语言，思维开
始产生、存在、运动、成长和发展。因此，思维的发展受制于人的语言
水平，儿童语言的发展会促进其思维的发展。当我们以语言为中介与他

人分享数学思想或建构数学意义时，语言的使用反过来也会影响我们关于数学问题的理解和想法（Sidney，Hattikudur，Alibali，2015）。根据乔姆斯基的观点（Chomsky，2015），内在思维的开展主要依赖语言，语言本来就是因此而生的。因此，不难理解，思维是语言影响数学的关键。

支持该假说的实证研究来自对智力与语言和数学关系的探讨。智力是指通过心理操作解决新的复杂问题的能力，如推理、形成概念、分类、识别关系、寻找解决方案等（Newton，McGrew，2010）。智力对语言和数学都有很大影响。通常来说，智商越高的儿童学习能力越强，更倾向于表现出较高的阅读能力和数学能力，有较高的阅读成绩和数学成绩。因此，阅读和数学可能因为智力联系在一起。智力对于掌握数字知识和计算这样的基础数学技能的影响主要体现在智力涉及掌握数字符号、数字符号在数字系统中的关系和应用，以及计算规则和原则方面（Fuchs et al.，2006）。数学文字应用题、分数和代数等建立在基础技能基础上的高等数学技能更是需要智力的参与。因此，目前不管是数学学习困难儿童还是阅读困难儿童的筛选，首要标准便是智力正常。如果智力不正常，其他变量对阅读能力和数学能力的影响就无从谈起了。

其次，记忆是语言和数学之间关系的另一中介变量。这里的记忆包括工作记忆和长时记忆。工作记忆是同时处理和存储信息的能力，巴德利（Baddeley，1986）在短时记忆的基础上提出了工作记忆模型。该模型认为工作记忆包括语音环路、视觉空间模板和中央执行系统三个部分。工作记忆被认为会影响阅读能力和数学能力，如有研究发现，工作记忆通过影响学生的阅读能力和数学问题解决能力对其学业表现产生影响（王恩国，2007）。关于语言的各种模型或理论基本都同意，工作记忆中存储和处理语言信息的能力在一定程度上决定了一个人的阅读能力（Fedorenko，2014）。

目前，不少实证研究表明，工作记忆对数学具有重要影响。简单数学问题和复杂数学问题的解决都离不开工作记忆（王恩国，2007）。许多数学问题的解决要求个人灵活运用各种数学公式和数学概念（Lee，Bull，2016），并要根据实际问题选择不同的解决策略。对于复杂的数学运算、解决实际问题等难度较大的数学任务，即使在控制了诸如计算能力这样的基础数学技能之后，工作记忆也会对数学问题的解决做出独特的贡献（Swanson，Sachse-Lee，2001）。横向研究（Friso-van Den Bos et al.，2013）和纵向研究的结果都表明（Fuchs et al.，2008），工作记忆是儿童数学成就的有力预测因子。例如，一项针对 2.5 岁和 3.5 岁儿童的纵向研究发现，儿童的工作记忆表现能够预测他们 6 岁时的数字知识和接受性词汇的表现（Fitzpatrick，Pagani，2012）。研究还发现，即使许多数学任务严重依赖数学事实检索，工作记忆仍然会影响语言和数学之间的关系（Koponen et al.，2017；Peng et al.，2016）。而且，工作记忆的不同成分都对数学能力有重要影响，如语音环路能够影响复杂的数学问题的解决。有研究者在给被试呈现题目时同时进行语音干扰，结果发现，语音干扰对被试保持题目的初始信息会产生影响（Logie，Gilhooly，Wynn，1994）。工作记忆对于掌握和理解数字特别重要，而视觉空间模板对于掌握的数学技能的熟练化发挥着重要作用。学习障碍领域的研究也发现，阅读障碍个体或者数学障碍个体都会表现出典型的工作记忆缺陷。工作记忆缺陷是数学学习困难的一种重要的亚类型（Peng，Wang，Namkung，2018）。

长时记忆也对语言和数学之间的关系有影响。语言有助于长时记忆中知识的检索和保持。数学有特定的语言表达，如规则、公式和定理，这些都是以语言形式储存的陈述性知识。儿童在数学学习过程中，数学陈述性知识不断增加，这时从长时记忆中直接检索数学知识可以减少认知负荷、降低工作记忆需求，便于他们完成越来越困难的数学任务（Spelke，Tsivkin，2001）。典型的一个例子是九九乘法口诀，当儿童熟练掌握口诀之后，将有助于提高乘法运算速度。此外，正如前面所提到的，除了数学词汇，一般词汇也会影响数学问题的解决，许多数学任务都涉及一些非数学词汇，这就需要一般性知识的参与（Koponen et al.，2017）。从长时记忆中检索和提取非数学知识，有助于儿童对数学问题进行理解和正确表征，可以减少儿童解决这些问题时的认知负荷。

综上，工作记忆与长时记忆在学习中共同发挥作用（Miyake et al.，2000；Peng et al.，2018）。工作记忆好比一名"前线指挥官"，发挥调用和协调不同部门、执行和监控计划执行情况的作用，而长时记忆好比"后勤保障部"，发挥提供储备知识的作用。二者共同作用，个体在长时记忆中检索相关信息，在工作记忆中整合相关信息、执行操作过程，并监控和调整执行过程。

第三种假说强调语言和数学的相互影响，称为互惠主义假说。该假说强调高级认知能力和数学能力相互促进，同时高级认知能力和阅读能力相互促进，因而阅读能力和数学能力之间相互促进。一项涉及 393 个独立样本和近 36 万名被试的元分析综合 344 项研究后发现，语言和数学之间的相关系数为 0.42，这一关系中 50% 以上的变异由工作记忆和智力解释，而且语言和数学相互预测彼此的发展(Peng et al.，2019)。基于此，研究者提出了语言对数学的发展功能假设。具体来讲，儿童使用语言作为表征、交流和检索数学知识的工具，并将其作为在数学学习过程中促进工作记忆和推理的思维工具。这样的中介功能随着年龄的增长对基础数学技能而言变得越来越重要，这进一步加强了语言在高等数学学习中促进思维发展的作用。这就是说语言的使用会增强认知能力和数学能力在发展过程中的互惠效应。学业能力对认知能力产生影响是因为数学学习和阅读过程往往涉及不断地使用工作记忆和推理能力，这在某种程度上是对认知能力的"长期干预"(Peng et al.，2019)。长时记忆中学业知识的积累可以进一步提高使用相关的认知技能的效率。因此，互惠主义假说认为，认知能力与数学能力和阅读能力相互作用，这在很大程度上是对语言中介功能假说的进一步发展，强调了语言、认知和数学之间的相互关系，并强调了发展过程中三者间关系的动态性。这与维果茨基强调的思维和语言是过程的观点是一致的，即语言、认知和数学之间是一个连续往复的运动。

四、提高数学能力的阅读训练

阅读能力与数学能力存在如此密切的关系，这启发我们改善阅读能力是提高儿童数学能力的重要途径。我们课题组的研究发现，基于交互式阅读的数学阅读干预和数学无关阅读干预都能提高儿童的数学成绩(贾砚璞，2019)。那么，在教育实践中如何通过阅读干预提高数学能力呢？阅读干预不仅是阅读频率的干预，更是阅读质量的干预。阅读质量关注如何阅读，即采用什么样的阅读方式。阅读方式有很多种，比如反复阅读、阅读前或阅读后有限提问的故事阅读、计算机辅助的故事阅读、扩展词汇活动的故事阅读、互动式阅读、游戏式阅读、对话阅读等。学术界关注较多的是互动式阅读和游戏式阅读。

(一)互动式阅读

互动式阅读(interactive reading)是一种系统的阅读方法，是就书籍与儿童展开"对话"，而不是单向地让儿童读书或陪伴儿童读书，与"对话阅读"(dialogic reading)的内涵相同。作为故事的引导者，成人可以帮助孩子构建对所读书籍的理解，帮助孩子形成对故事进行推理和理解的良好策略，并在互动分享的过程中教授给孩子词汇和概念（McGee，Schickedanz，2011）。互动式阅读不仅能提高孩子的阅读能力，还有助于提高孩子的学习兴趣，增进成人和孩子之间的情感联结。

　　研究发现，互动式阅读能够有效提高儿童的阅读理解与鉴赏能力（Rao，Shaila，2009）。一项元分析表明，这种互动和对话的方法可以加深儿童对文章的理解，并有效训练儿童的思维能力（Murphy et al.，2009）。另一项研究结果表明，在各种阅读方式中，互动式阅读对儿童的语音意识增强、词汇增加和阅读理解的作用最强（Swanson et al.，2011）。在一个对互动式阅读的研究中（Mcandrew et al.，2017），教师每天给学生读一本与几何相关的书。在阅读过程中，教师给了学生一个特别的任务，即让他们在倾听和阅读时做动作。例如，每次你听到或看到一个四边形时竖起大拇指，这样通过使用手势鼓励学生积极倾听。阅读结束后，全班同学会一起讨论这本书，并分享四边形的具体例子。每本书在一节课的阅读和讨论结束后，都被放在教室的"文学站"里。"文学站"有书架和凳子，学生可以在完成作业或有空的时候自己去重读，而且教师要求学生每周至少去一次"文学站"，每次至少 15 分钟。通过四周的干预，二年级学生的几何成绩有显著改善，而且他们对数学的兴趣和态度变得更积极了。

　　那么互动式阅读如何进行呢？以我们课题组的研究为例，无论是与数学相关的绘本阅读还是普通绘本阅读都包括导入、绘本阅读、讨论及课堂活动三部分（贾砚璞，2019）。在正式开始绘本阅读之前，教师会先呈现 5～10 个从绘本中选出的对故事的理解有帮助的或绘本中经常出现的字或词语，并通过姿势、语速、放在句子中感受等方法让学生来加以理解（McGee，Schickedanz，2011）。在绘本阅读过程中，教师会以适当的方式适时、适量地提出一些问题或对故事进行评论，帮助学生深入理解绘本内容或者检查学生的理解水平。与普通阅读最重要的区别是，互动式阅读是有清晰目标导向的阅读。例如，给幼儿朗读故事时，向他们提出明确的要求，"要集中注意力，听清故事的主要内容""边听边想故事里有谁？""你听到的哪句话最美？""谁的话最有道理？""从故事中你懂得了什么？"。具体的课程结构见表 4-1。

表 4-1 互动式阅读课程结构

课程结构		
导入		介绍主要人物和故事情节，主要关注绘本的封面和题目。
绘本阅读	5～10 个字词	从绘本中选出 5～10 个对故事的理解有帮助的或绘本中经常出现的字或词语。5 个帮助儿童理解字词的方法： ①放到句子中进行理解； ②讲到该词所在的段落时，在语境中进行理解； ③姿势； ④声音； ⑤改变语速。
	评论及提问	四种不同类型的问题。
讨论及课堂活动		1. 通过课堂活动或练习加深对绘本内容的理解。 2. 总结绘本内容及学到的知识。

互动式阅读中非常重要的一部分是提问。对于教育者来说，问什么样的问题，以什么样的方式提问，提什么难度的问题都是需要思考的。有研究者提出了提问的问题层次理论（Blank，Solomon，1976）。该理论认为，问题可以促进一般语言和词汇、理解、推理、预测和解决问题这些技能的发展，从简单的、具体的问题到困难的、抽象的问题，问题可以划分为四个层次。

第一个层次的问题是感知匹配问题。这类问题引导儿童关注当前环境中的物体，进行具体的思考。比如，在做什么？这是什么？你看到了什么？你能听到什么？儿童的回答可以是简短的，也可以是非语言的，比如说指出问题的答案。这类问题适用于 3 岁左右的儿童。

第二个层次的问题需要对感知进行简单的分析，主要是关于物体细节的问题，涉及对事物的分类、描述和理解事物的功能。这些细节是儿童已经知道的，但在提问时不一定能够意识到的。比如，发生了什么事情？主人公是谁？主人公在哪儿？物体属于什么类别？物体是什么形状的？这类问题适用于 4 岁左右的儿童。

第三个层次的问题是对感知的重新排列。这类问题并不针对特定物体，需要儿童结合自己的知识进行预测、换位思考或概括。例如，接下来会发生什么事情呢(预测)？这个小男孩接下来会做什么呢(换位思考)？他们有什么相似之处或不同(概括)？找一个不是动物的东西。这类问题适用于 4 岁半左右的儿童。

第四个层次的问题是对感知的逻辑推理。同样，这类问题不针对特定物体，需要儿童结合自己过去的知识经验进行推理，要求儿童解决问题并给出解释。比如，为什么会发生这件事情(发现事件的起因)？为什么这个物品是由另一个物品构成的(解释物品的构造)？如何解决这个难题(解释实现目标的方法)？这类问题适用于 5 岁左右的儿童。

根据这个理论框架进行提问时，有几个提问策略有助于产生更好的提问效果。①确保问题的难度适合儿童。虽然前面已经提到了不同层次的问题适用的年龄，但不同儿童的思维发展水平不同，这时就需要保证问题的难度适合儿童。提问从第一个层次的问题开始，如果儿童能够顺利回答，则进行第二个层次的问题的提问，当儿童回答某一层次的问题有困难时，这个层次很可能就是适合儿童水平的，这时适当引导能够促进其思维水平的发展。②使用一些辅助手段帮助儿童理解问题的含义或引导儿童关注问题的重要特征，如使用图片、图标或者手势等。③给儿童充足的时间进行思考(至少 10 秒)，如果有必要，向儿童重复问题。④当儿童回答问题有困难时，提问者可以通过将问题分解成几个部分来简化问题，或者提出较低层次的问题来提示更高层次的答案。举例来讲，"牛和狗有什么相似之处"这一问题可以分解为几个小问题。比如，牛属于什么呢？狗属于什么呢？它们哪些地方一样呢？以便儿童能做出"它们都是动物"的结论。⑤通过将问题的答案与儿童之前的生活经验联系起来，将未知和已知联系起来，让儿童对未知有更好的理解。

互动式阅读的一个类型是"亲子互动式阅读"，或者称为"亲子共读"。20 世纪 70 年代，有研究者首次提出了成年人和儿童共同阅读的方式，叫作"分享阅读"(Holdaway，1979)，之后怀特赫斯特(Whitehurst et al.，1988)在此基础上提出了"亲子分享阅读"，指在家庭中父母等长辈和儿童共同参与阅读的一种方式。亲子共读对儿童的早期读写能力有重要影响，并且能够预测其未来的学业成绩。亲子共读还是父母和孩子情感沟通的一种方式，能够加强其情感联结(季燕，2006)。亲子共读的主要特征是"互动性"，它是一种对话式阅读。亲子共读时家长会不时停下来，问儿童一系列开放式问题，以了解儿童的理解情况并加深儿童对词汇的理解。不像课堂语言，亲子之间的语言往往不会涉及特定的数学概念和词汇。

因此，在家庭中进行亲子共读时可以提供机会，让儿童使用在学校中学习的新概念和词语，并鼓励儿童将新学习的内容和他们自己的生活建立联系。当新知识和以前的知识建立起联系后，儿童对新知识的理解和对自身经验的理解均会加深。

目前亲子共读的研究表明，亲子共读可以对儿童的阅读能力，尤其是词汇的发展产生积极作用。例如，有一项元分析研究对 16 项研究进行了元分析（Mol et al.，2008），结果发现亲子共读对儿童的表达性词汇有中等程度的影响，d 值为 0.59。这说明亲子共读对儿童的表达性词汇发展有积极作用，这种积极作用在 2～3 岁幼儿身上的表现尤其明显。

关于亲子共读的步骤和方法，有 CROWD 策略和 PEER 策略两种共读策略适合家长选用（Folsom，2017）。CROWD 策略通常需要提前做好细致的准备，准备完成问题（completion）、回忆问题（recall）、开放式问题（open-ended）、要素问题（wh 开头的问题）以及距离问题（distance）。

第一类的完成问题本质是一种"填空"问题。当家长在读的时候，空一个词语，让儿童说出适宜的让句子完整的词语。这类问题对于故事中重复出现的词语或与图片对应的词语非常有效。

第二类的回忆问题是让儿童回忆故事中的具体事件。这可以在阅读过程中的任何时候使用，不过回忆问题必须是之前阅读过的。

第三类的开放式问题是让儿童思考故事中或图片中发生了什么。有可能儿童讲述的与阅读内容不一致，这时不用慌张。从儿童的回答中，家长可以看出儿童想要的、感兴趣的或者儿童所熟悉的经验，这是家长了解儿童的绝好时机。家长可以做的是在赞美儿童想象力的同时，引导儿童回到阅读材料中合理地、正确地回答问题。

第四类的要素问题主要是让儿童了解事件相关的细节，比如有什么人、什么时候、在哪里、为什么以及如何理解这个故事。

第五类的距离问题是一些与儿童生活相关的问题。儿童往往乐意并喜欢谈论他们自己的生活，家长要确保儿童的回答与故事有联系。比如，如果你是故事主人公，你会怎么做？你会选择像他们那样做吗？距离问题还可以分为与儿童家庭相关的问题和与儿童所在学校相关的问题。比如，你在学校会遇到这个问题吗？你是怎么处理的？

与 CROWD 策略相比，PEER 策略更容易操作，适用于嵌套在 CROWD 策略中深化和丰富儿童对某些问题的回答。PEER 指的是提示（prompt）、评价（evaluation）、扩展（expension）和重复（repetition）。第一步提示是家长通过提问设置悬念，向儿童提出与故事有关的问题，吸引儿童的注意力，引起儿童对阅读材料的兴趣和关注，从而引发对话式讨论。第二步评价是家长对儿童的回答进行回应。第三步扩展是在评价的基础上，家长使用恰当的词汇丰富儿童的表达、补充更多的信息。第四步重复是在阅读过一些内容之后，家长再次提出前面的问题，检查儿童是否对之前的问题有了更丰富的回答。

除了核心的阅读活动外，亲子共读通常从选书开始，一直到读后的交流，形成了一个"选书—读书—聊书—再选书—再读书……"循环立体的过程。此外，亲子共读不限于"读"，还可以有表演、画图、做手工、做实验等其他形式。最关键的是，家长与儿童一起享受这个过程，并进行比较、概括、推理、问题解决之类的思维活动。比如，在阅读《千奇百怪的脚》时，家长可以说："左脚，左脚，右脚，右脚——早上的脚，_____的脚"，引导儿童回答"晚上"。

(二)游戏式阅读

游戏式阅读中儿童高参与、高情绪体验的优势有助于激发儿童的阅读兴趣，也有助于提高儿童的数学能力（Hong，1996），还能够促进儿童社会性情绪和自我意识的发展。游戏式阅读通常是一个团体活动，这一过程能够帮助儿童从他人角度理解问题，摆脱自我中心，并有助于儿童识别、理解和调节自己的情绪（席居哲，周文颖，左志宏，2018）。

游戏式阅读和普通阅读的区别主要是游戏式阅读包含与阅读相关的游戏活动环节。以往有研究探讨了以儿童为中心的游戏式阅读干预对儿童数学能力发展的作用（Hong，1996）。实验组儿童接受的阅读干预有五个步骤。第一步，以周为单位，为每周选定一个主题，如选择家庭主题。第二步，为每个主题选择相关的且包含可发展成数学活动或游戏的元素的故事书。例如，以家庭为主题的故事书可选择《金发女孩和三只熊》《狼和七只小羊》和《好兄弟》等绘本。第三步，制作与主题相关的概念图，如绘制家庭成员图。第四步，把与主题相关的游戏活动纳入课程，如表演故事情境。第五步，进行与主题相关的数学活动，通过数学内容将故事情境延伸到真实情境中。最后，儿童可以自由活动。在自由活动期间，儿童自由选择去数学角。在数学角中，教师会摆放根据绘本内容制作的物品。例如，将属于熊家族的物品摆放在金发女孩身上，将鞋子、衬衫、帽子等三只熊的个人物品从大到小排列起来。控制组儿童同样有阅读活动，但没有实验组儿童这样的五个步骤。结果发现，实验组中喜欢数学角的儿童较多，他们在数学角的时间也较长。此外，实验组在分类、数字组合和形状任务上的表现均优于控制组。

游戏对儿童数学学习的作用源于游戏中具体形象的物品被"吸收"到儿童抽象的心理活动中，进而促进了儿童感知觉和思维的发展。高级的假装游戏或想象力游戏，能够再现儿童经历过的尚未同化的现实经验，在重温这些经验的同时按照需要进行转化和统合，本质上是儿童自我经验的蓬勃发展和需要的实现（皮亚杰，2018）。这与儿童必须适应现实的、社会化的理性思维相对立。因此，游戏式阅读需要提供适合儿童的阅读材料，以便儿童在已有的知识经验基础上形成对故事中数学概念的理解。这样儿童才能够在玩耍过程中，消化和吸收阅读材料反映的理性现实，在游戏中整合新、旧知识经验，发现问题，甚至创造性地解决问题。教育者若能成功地将阅读课程转化为游戏的形式，就会发现儿童对这些原本认为是"苦差事"的事情会变得充满热情。

要提的一点是，阅读材料的选择要与年龄相符。儿童期是一个在各方面都快速发展的年龄段，儿童的识字量、逻辑思维能力均会随着年龄的变化表现出很大不同，因此要根据儿童的年龄选择适合儿童自身发展特点的阅读材料。儿童期最主要的阅读材料是绘本。绘本又叫图画书，是由精练生动的语言描述和相应的图案组成的，是一种典型的儿童文学作品。有研究表明，孩子和成人都更喜欢带有数学注释的绘本，数学注释可以促进儿童对故事中数学概念的理解（Halpern，1996）。涉及数学概念的儿童故事书可以很好地将抽象的数学与真实世界联系起来。布鲁纳（Brune，1986）提到文字应用题时区分了范式和叙事两种认知方式。范式关注普遍的和无语境的数学模型或结构，而叙事关注问题的社会语境和背景，这种社会背景是基于个人所理解的故事情节、情境和关系所形成的具体故事。通常在学校课堂中，教师强调对范式的认识。数学故事书则提供了叙事视角，这一方面有助于儿童对抽象概念的理解；另一方面有助于儿童对自身经验世界的理解，可唤起儿童对数学的兴趣。表4-2中我们推荐了10本与数学相关的阅读材料，适于不同年龄。这些材料的内容主要涉及分类、比较、排序、对应、量的学习、数概念、时间、空间、守恒、测量等数学概念。数学绘本的阅读能够促进儿童的观察能力、分析能力、总结归纳能力等综合思维能力的发展。

表 4-2　0～10 岁儿童阅读材料推荐

年龄段	推荐书目	年龄段	推荐书目
0～1 岁	《小不点的触摸书·数字》	5～6 岁	《玩转数学》
1～2 岁	《100 层的房子》	6～7 岁	《儿童枕边数学书》
2～3 岁	《我的第一本数学启蒙书》	7～8 岁	《数学帮帮忙》
3～4 岁	《100 万只猫》	8～9 岁	《从小爱数学》
4～5 岁	《走进奇妙的数学世界》	9～10 岁	《全世界孩子都爱玩的 700 个数学游戏》

关于互动式阅读和游戏式阅读有两个补充说明。首先，两种阅读方式可以一起使用。比如，宾夕法尼亚州立大学的比尔曼研究团队（Bierman et al.，2015）开展过基于研究的发展的知情父母项目（Research-based Deve-lopmentally Informed Parent Program，REDI-P）。该项目为家长提供有科学证据的学习游戏、互动故事，并指导家长和儿童玩游戏。这个项目就同时包含了互动式阅读和游戏式阅读。本质上，互动式阅读和游戏式阅读分别以社会建构主义思想和个体建构主义思想为基础。前者强调儿童在与他人的互动中学习和内化外在的知识，后者强调外在知识的内化需要在儿童自身的体验和行动中发生。因而两类阅读方式相结合将能更全面地促进儿童学习的发生和思维的发展。

其次，不论何种阅读方式，有效的阅读干预都建立在儿童的准备状态基础上。这里的准备状态包括已有的思维结构、思维状态以及情绪方面的动力准备。

所谓思维结构的准备，即维果茨基最近发展区理论中的现有水平，指的是儿童当下的思维认识状况。这可以通过提问和分析儿童的回答来了解。比如，你是如何看待这个问题的？如果你是主人公，你会怎样做？看到封面，你猜里面会讲什么？分析儿童对这些问题的回答，能够了解儿童当下的思维结构和认识。还可以观察儿童的行为，比如儿童错误的或不合常理的观念和行为。心理学家皮亚杰的思维发展理论的提出与其对儿童是如何犯错误的思维过程进行的长期探索密不可分。皮亚杰发现，分析一个儿童对某问题的错误回答比分析正确回答更具有启发性。因此，应密切关注阅读或游戏过程中儿童错误的或不合常理的观念和行为，这正是需要引导儿童改变的地方。

　　思维状态的准备指使儿童的注意力和认知聚焦于当下的阅读，成人需要跟随并引导儿童的注意力，努力使儿童的思维与成人同步。大家可能会发现，前面对每种阅读方式的论述都提到了如何提问。提问的主要功能之一便是引导儿童的注意力和思考方向。有些是阅读前提问，这便于吸引儿童开始阅读并带有目标去阅读；有些是阅读中提问，这便于及时强化儿童对关键词语或句子的理解；有些是阅读后提问，这便于了解儿童自身的理解情况，并检查儿童的理解水平，这也是对儿童注意力和思维的引导。不论哪种提问，目的都是产生一个适合的动力空间，促使儿童发生改变。

　　情绪方面的动力准备指的是阅读材料和阅读方式的选择要符合儿童的兴趣，让儿童乐意阅读。莎士比亚说"学问必须合乎自己的兴趣，方才可以得益"。孩子对绘本感兴趣，才会专注于绘本，与成人积极互动，并在互动中内化成人所传递的知识。阅读方式的选择遵循同样的道理。以互动式阅读为例，并不是所有的儿童都需要互动式阅读。举例来讲，年龄较大的儿童可能在互动式阅读中没有年龄较小的儿童受益那么明显。一项元分析（Mol et al.，2008）的结果显示，对于4～5岁的儿童，互动式阅读的效应值为0.14，属于比较小的影响。对于年龄较大的儿童，他们在理解和欣赏故事时较少依赖外部的成人支持。而且，有些儿童更喜欢听故事时不被打断，因为他们有足够的语言技能和知识来维持对故事的兴趣，而不需要父母通过提问和解释来集中他们的注意力。因此，对年龄较大的儿童，可能不适合在阅读中进行提问和对话，阅读前或阅读后的提问和对话对他们更有帮助。

　　综上，通过阅读提高儿童的数学能力，要借鉴阅读领域的研究成果，并注意主要目标是增加儿童的数学词汇，提升儿童的阅读理解能力，这是阅读能力和数学能力联结的纽带。

第五章

执行功能与数学能力

执行功能就像煤矿里的金丝雀，是心理和行为发展的早期预警系统。

—— Adele Diamond

现实中任何一个事物都有形式和内容两个方面。内容决定形式，形式影响内容。作为高度抽象的数学，儿童对其的学习和掌握是从具体内容开始的，历经了从具体内容到抽象形式，再将抽象形式应用于具体现实的过程。相应地，数学能力的影响因素中有主要影响其具体内容的，有主要影响其抽象形式的。如图 5-1 所示，阅读能力和空间能力主要影响数学内容的加工，涉及数学活动必需的加工材料。而执行功能主要影响数学形式的加工，是数学活动必需的工作平台。执行功能与精神和身体健康、学校和生活中的表现以及认知、社会和心理发展息息相关，它使人们能够在心理上对想法进行操作，在行动前花时间思考，迎接新奇的、意想不到的挑战，抵制诱惑，保持专注。执行功能较弱的儿童难以开始和完成计划，对计划没有优先级，容易忘记刚刚听到或看到的事情或忘记自己的东西放在哪里，难以将注意力聚焦在计划上，难以根据外在要求灵活转换，害怕计划的变化，在时间管理方面有困难。他们并不是缺乏学习的动机，而是按时间或逻辑步骤将知识在行动中表现出来有困难。前述章节介绍了空间能力和阅读能力对数学能力的影响，本章关注执行功能对数学能力的影响。目前很多研究发现执行功能在数学学习中有重要作用，而且执行功能是可以进行训练的，本章将系统介绍执行功能的成分、测量范式，对数学能力的影响以及执行功能的训练。

在数学学习过程中，学生可能出现不同的学习困难。有些学生难以集中注意力，审题速度慢；有些学生总是被题目中的无关信息干扰，抓不住重点；有些学生做计算时总是丢三落四的，看错数字；有些学生无法记住教师上课说的内容，记不住数学运算规则，心算能力差；有些学生不能在计算题、几何题、应用题之间迅速转换做题策略，无法根据公式灵活转换。成人往往认为出现这些困难是因为学生态度不认真，粗心

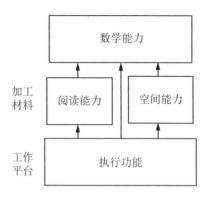

图 5-1 影响数学内容和数学形式加工的认知因素

大意，然而这有可能不是态度问题，而是学生的执行功能出现了问题。

执行功能（executive function）是一个较为宽泛的心理学概念，有时称为认知控制（cognitive control）或执行控制（executive control）。其最早源于第二次世界大战时期苏联著名心理学家鲁利亚对脑损伤患者的研究。鲁利亚及其同事发现，有一些大脑受到损伤的士兵无法完整地完成一项任务或掌握新的任务技能。经过探究发现，这些士兵都是前额叶区域受到损伤。前额叶区域是高级认知功能的基础，与计划制订、概念形成、抽象思维、决策等活动密切相关，所有与此相关的能力被称为"前额叶功能"（Luria，1966）。后来不断有研究证实了前额叶的这些心理功能的存在。认知心理学家把执行功能看作一种高级的认知结构或机制，认为它是指个体在实现某一特定目标时，以灵活、优化的方式控制多种认知加工过程协同合作的认知神经机制，它的本质就是对一般认知过程进行控制和调节。执行功能影响着我们生活的方方面面。患有成瘾、强迫症、注意力缺陷障碍（ADHD）、抑郁、品行障碍、精神分裂症等精神障碍的人执行功能均有损伤。此外，肥胖、暴饮暴食、药物滥用的人执行功能往往比较差。执行功能比智商或初级阅读水平或数学水平更能反映学生的入学准备程度，而且与工作的成功、婚姻的幸福，以及犯罪和暴力活动等社会问题的出现密切相关（Diamond，2013）。

一、执行功能概述

泽拉佐和穆勒（Zelazo，Mueller，2002）从神经心理学的角度出发，将执行功能分为无情感动机卷入的冷执行功能和受情绪动机激活的热执行功能。冷执行功能主要涉及纯认知方面，以大脑的背外侧前额皮质为基础，与解决相对抽象的、去情境化的问题有关。背外侧前额皮质的损伤可能会导致个体出现对空间位置无法准确定位、记错时间顺序、身体运动控制缺陷及注意分散或过度等认知障碍。热执行功能与解决需要情感和动机参与调节的问题相关，以高度的情感卷入为特征，需要对刺激的情感意义进行评价，以大脑的眶额皮质为基础。眶额皮质的损伤则会引发情绪失调、主动性与自发性欠缺、行为冲动等方面的问题。

戴蒙德（Diamond，2013）关于执行功能的定义被学术界广泛引用，执行功能是当个体需要完成某项任务时依靠直觉和本能不足以达成目标，需要投入精神、集中注意力所形成的一系列自上而下的心理过程。本书基于这个定义，进一步说明其具体成分。

（一）执行功能的成分

执行功能是单一成分的还是有多个成分？早期研究者认为，执行功能是一个整体。例如，根据监控注意系统理论，执行功能就像一个监控器，处于其他认知过程之上，对各种认知过程进行监督，解决它们之间的冲突和矛盾（Norman，Shallice，1986）；根据抑制控制理论，执行功能就是对自身行为的控制能力，抑制与目标冲突的反应倾向（Carlson，Moses，Hix，1998）。但随着研究的开展，人们得到了许多不同的结论，比如脑损伤病人前额叶受损的部位不同，丧失的能力也不同，整体的观点受到质疑，执行功能并不是单一成分的而是包含多个成分。执行功能的具体成分是什么呢？各成分之间是相互独立的还是相互关联的呢？对此，目前主要有四成分说和三成分说。

四成分说的代表人物是巴德利。巴德利（Baddeley，Sala，1996）在研究工作记忆时，使用随机生成、选择性注意、双任务操作以及长时记忆等任务对执行功能的成分进行了分离，提出执行功能有四个成分，即双任务协调能力、注意转换能力、信息刷新与监控能力，以及抑制优势反应能力。

三成分说则认为执行功能有抑制、刷新和转换三个成分（Pennington，Ozonoff，1996）。米亚克等人（Miyake et al.，2000）基于数据驱动的思路，使用结构方程统计模型对执行功能的成分进行了探索。结果支持三成分说，即执行功能包括抑制、刷新和转换三个成分。

戴蒙德（Diamond，2013）在米亚克的基础上对执行功能的结构进行了完善，目前该理论被国内外研究者广泛认可，如图 5-2 所示。戴蒙德认可执行功能的三成分说，将执行功能分为三个部分：工作记忆（working memory）、抑制控制（inhibitory control）和认知灵活性（cognitive flexibility）。工作记忆与刷新内涵有相似之处，均强调多重加工的同时性，是指个体将需要的信息暂时存储在头脑中并对信息进行表征处理的系统。认知灵活性与转换内涵一致，是指个体根据规则的要求，在不断变化的任务环境中，维持思维或动作的灵活，改变思考方式，进而产生最优的反应判断以满足当前需要的能力。戴蒙德还指出工作记忆和抑制控制是执行功能的两个首要成分，二者同时存在才能使主体表现出认知灵活性。工作记忆、抑制控制和认知灵活性三者是智力、问题计划及问题解决的基础。以下将详细介绍执行功能的具体成分以及各成分之间的联系。

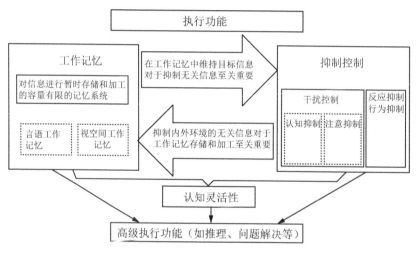

图 5-2　执行功能结构图（Diamond，2013）

工作记忆是在信息加工过程中，对信息进行暂时存储和加工的容量有限的记忆系统（Baddeley，Andrade，2000）。工作记忆作为执行功能的首要成分，主要以前运动皮质、辅助运动区域、布洛卡区、背外侧前额皮质、顶叶后部为基础。工作记忆可以让个体对不再呈现在眼前的信息进行运算处理，进而能够基于这些处理结果做出相应的行为反应。简单地说，工作记忆就是在短时间内记住并加工当前信息的系统。比如，回答 $12\times8\times2=?$ 这个问题时，你需要记住 12，8，2，并在大脑中进行计算。工作记忆的存储加工器中包含语音缓冲器、视空间模板、中央执行系统。语音缓冲器负责加工、处理言语信息，视空间模板对视觉和空间刺激进行加工(Baddeley，Andrade，2000)。依赖于这两个系统的加工和存储功能，工作记忆可分为言语工作记忆和视空间工作记忆，如图 5-2 所示。工作记忆在我们日常生活中发挥着重要作用，比如记住自己接下来要做的事情、记住到目的地的路线、理解别人说的话的意思、思考问题的解决方案。每个人都希望自己的大脑功能是无限的，能同时做很多事情。然而，客观的事实是，工作记忆的容量是有限的，我们无法像计算机一样同时处理很多信息。如果过多的信息呈现在面前，很可能只有少量的信息被加工，或者无关信息的干扰导致关键信息没有被注意并进入记忆系统。米勒(Miller，1994)提出短时记忆的容量为 7 ± 2 个组块，但后续许多研究者认为米勒高估了短时记忆的容量，且短时记忆不等同于工作记忆。随着研究者对工作记忆研究的深入，卢卡和沃格尔(Luck，Vogel，1997)利用变化觉察范式证明了人脑工作记忆的容量大约为 4 个组块，这个结果被大家普遍认可。这就是说，如果能够通过一些训练方法提高工作记忆的容量，将能够有效改善大脑的认知加工能力。

抑制控制作为执行功能的另一个重要成分，是指个体控制自己的注意、思想、行为和情绪以抵抗来自内部的强烈倾向或外部诱惑，进而做出更恰当行为的能力。抑制控制主要以腹侧前额皮质、背外侧前额皮质、前扣带回皮质为基础。抑制控制分为干扰控制和反应抑制。

干扰控制包含两类。第一类是指注意抑制，即选择性注意，这是一种内生的、自上而下的、积极的、目标驱动的注意，使我们能够选择性地参与，专注于我们所选择的，并抑制对其他刺激的注意。在晚会上，当我们过滤掉所有其他声音，只留下一个声音时，就需要选择性注意的参与。在课堂上，学生需要赶走无关的想法和行为，只跟随教师的声音和引导，也需要选择性注意的参与。第二类是认知抑制，即控制优势的心理表征，包括对无关的或是不需要的想法的控制、抑制先前或后续获得的信息的干扰。比如，主动遗忘，不去想过去已经发生的事情，抑制无关的想法。认知抑制与工作记忆密不可分，通过将不相关的信息排除在工作记忆之外，删除不再相关的信息，能够保护工作记忆的心理工作空间。因此，认知抑制与工作记忆之间的相关性比其他方面的抑制与工作记忆的相关性更强。

反应抑制主要指个体控制自身情绪、抵制诱惑从而避免冲动行为的能力。个体在各种分心或面对诱惑的条件下需要有条理、有计划地对任务保持持续关注并努力完成任务(Diamond，2013)。反应抑制通俗地理解就是自律，不受诱惑、不受干扰地坚持完成任务。生活中无法立刻得以满足的，需要长时间努力才能实现的目标，都需要反应抑制，如写论文、跑马拉松或创业。还有一种反应抑制是控制自己的本能或优势反应，比如不说可能会伤害他人或使自己尴尬的话，不贸然做出推断，不在愤怒的情绪下做出格的事情。

如前所述，认知灵活性是随环境灵活改变的能力，具体包括"跳出框框"的创造性思维，从不同的角度看待事情，快速、灵活地适应变化的环境。认知灵活性主要以前扣带回皮质、顶叶后部、背外侧前额皮质为基础，主要表现为完成两种不同的任务或心理表征时产生的对同一认知资源的竞争。戴蒙德(Diamond，2016)指出，认知灵活性是在工作记忆和抑制控制的基础上建立起来的，并且发展比前两者更晚。

(二)执行功能的测量范式

执行功能的测量范式有很多，下面根据执行功能的成分介绍目前被广泛应用的测量方法。

第一，热执行功能通常使用延迟满足任务、儿童博弈任务等来测量。延迟满足任务是研究热执行功能的经典范例(Mischel，Ebbesen，Zeiss，1972)。研究者向儿童呈现一些小礼品，如糖，并让儿童选择是立即得到 1 颗糖还是过一段时间(如游戏结束时)获得 2 颗糖(此数量是可以改变的，比如现在是 1 颗，游戏结束时是 6 颗)。研究要测量的是儿童做出延迟选择的次数和延迟的时间长短，并以此来考察儿童是否能够抑制即时的诱惑去满足长远的愿望。

儿童博弈任务是简化的爱荷华博弈任务，来源于贝沙拉等人(Bechara et al.，1994)的研究。它是热执行功能的测量范式中较复杂的一种。此任务运用两副纸牌，一副纸牌的正面是竖条花纹，另一副的正面是圆点花纹。将两副纸牌翻过来看，有开心的脸和悲哀的脸。但不同的是，正面是竖条花纹的纸牌的反面总是有 1 张开心的脸，偶尔加上 1 张悲哀的脸；而正面是圆点花纹的纸牌的反面总是有 2 张开心的脸，但有时会出现好几张(如 4，5，6 张不等)悲哀的脸。开心的脸代表赢得糖果，其数量也代表赢得糖果的数量；悲哀的脸代表输掉糖果，其数量也同样代表输掉糖果的数量。每次试验只能选取一张纸牌。显然，选竖条花纹的纸牌虽然每次赢得的糖果少，只有 1 颗，但平均起来，输的糖果也少；相反，选圆点花纹的纸牌虽然每次赢得的糖果多，有 2 颗，但平均损失却大得多，一旦输，就会输掉 4 颗、5 颗或是 6 颗。因此，从长远来看，选竖条花纹的纸牌有利。这个测量范式主要是对儿童的情感决策进行评估。该任务还能考察儿童控制即时愿望的能力和预测自己行为后果的能力。这个任务常用于对学前儿童进行测试，但对学龄儿童也适用。

第二，工作记忆的典型测量范式有 N-back 任务、跟踪任务、数字倒背任务等。其中，研究者最常用的是 N-back 任务，很多任务都是在它的基础上衍生而来的。N-back 任务起源于基尔希纳（Kirchner，1958）对老年短时记忆能力的检测。它是让被试浏览一系列依次呈现的刺激（如字母），要求被试判断每一个出现的刺激是否与此前刚呈现过的前面第 n 个刺激相匹配。被试在完成 N-back 任务时，必须在记忆中储存并复述出现的 n 个刺激，以便与即将出现的一个新的刺激匹配。这项任务要求被试不断更新刺激的信息，所以被认为是测量更新功能的一个重要范式。N-back 任务的类型包括位置匹配任务、字母匹配任务和图形匹配任务三类。在位置匹配任务中，要求被试判断两个刺激呈现的位置是否相同；在字母匹配任务中，要求被试判断两个刺激是否为同一个字母；在图形匹配任务中，要求被试判断两个刺激是否为同一个图形。关于 N-back 任务所测的执行功能，有研究者指出，1-back 条件是一个单纯的刷新加工测量方法，而 2-back 和 3-back 条件增加了工作记忆负荷，有一些随负荷变化而变化的脑区在其中起到了特殊的作用（Harvey et al.，2004）。N-back 任务可以系统地操纵工作记忆的负荷以观察大脑不同区域的参与情况，因而一直以来备受神经成像研究者的青睐（Owen et al.，2005）。

跟踪任务也常被用来考察工作记忆（Yntema，1963）。在跟踪任务中，电脑屏幕中央将依次出现一些名词，而这些名词分属于不同的类别，如表示动物、国家、颜色、金属、亲属和距离的名词。电脑屏幕的下方始终呈现三个类别的名词。要求被试不断跟踪最新出现的几个名词，当一组词呈现完毕后，被试要回忆出最后出现的属于下面这三个类别的名词。例如，电脑屏幕中央依次出现的名词为：美国、灰色、叔叔、法国、狮子、黑色、千米、中国、兔子、英尺。电脑屏幕的下方呈现的为：动物、国家、颜色。那么，在这组词呈现完毕后，被试应报告最后出现的表示动物、国家和颜色的名词，正确答案为兔子、中国和黑色。

数字倒背任务主要用来考察儿童的言语工作记忆，也是考察工作记忆的经典范式（Hilbert et al.，2014）。实验开始后，主试以每秒读出一个数字的速度读出 2 个数字，要求被试按照与主试相反的顺序将数字说出来。共有 5 组测试，每组测试有两次机会，一组测试两次均错误则实验结束。正确 1 次得 1 分，错误记 0 分，最高得分为 10 分。任务难度可根据被试的年龄进行调整。

找不同任务，适用的年龄范围为 4～22 岁（Henry，2001）。任务会呈现三个图形，其中一个形状与另外两个不同[如图 5-3（a）所示]，儿童需要辨认出不同的图形并记住它所在的位置。当每次所有刺激呈现完毕之后，会呈现空白方格[如图 5-3（b）所示]，要求儿童在上面分别指出那个不同图形所对应的位置。任务难度通过增减任务中刺激的呈现数量来进行调整。同时，儿童所需记忆的图形数量也随之改变。

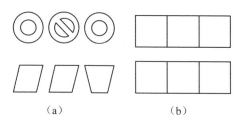

（a） （b）

图 5-3 广度为 2 的找不同任务范例

第三，抑制控制的经典测量范式包括 Stop signal、Go/No-Go 任务、反向眼动任务等。这些任务通过控制不同任务类型出现的概率，要求被试对出现的概率高的任务类型形成优势反应，控制对出现的概率低的任务类型的冲突反应。Go/No-Go 任务源自克雷格（Cragg，Nation，2008）的研究，因为其经典形式对认知和行为的能力要求小，所以被应用得最多。在 Go/No-Go 任务中，要求被试做出反应的刺激叫作 Go 刺激，不需要被试做出反应的刺激叫作 No-Go 刺激。一般情况下，会给被试呈现两种不同的视觉刺激（如字母 X 和 O），要求被试看到某种刺激（如 X）就按键，而看到另一种刺激（如 O）就不按键。Go/No-Go 任务是一种在对干扰刺激进行抑制的基础上，对目标刺激进行的反应。在之前的研究中常用来测量 ADHD 和抑郁症儿童对抑制的控制、注意和解决问题的能力（Pliszka，Liotti，Woldorff，2000）。

以上范式是典型的反应抑制范式。反应抑制是行为层面的抑制，又叫自我控制。认知抑制的经典测量范式包括 Stroop 任务、Flanker 任务、Simon 任务等。这些任务包括目标信息和干扰信息两类信息，要求被试克服干扰信息对处理目标信息的影响。其中，用得最多的是 Stroop 任务，该任务也有很多变式，下面来详细介绍。

　　Stroop 任务最早是美国心理学家斯特鲁普（Stroop，1992）设计的。他发现，当命名用红墨水写成的有意义的刺激词的颜色（如"蓝"）和无意义的刺激词的颜色时，前者的颜色命名时间比后者长。这种同一刺激的颜色信息（红）和词义信息（蓝）相互发生干扰的现象就是著名的 Stroop 效应。这就是说，我们判断不一致刺激的颜色要比判断一致或中性刺激的颜色需要的时间长或错误率高。由于判断不一致刺激的颜色时需要被试抑制字面意义的影响，即抑制其优势反应，阻止以字面的意义代替墨水的颜色，因此 Stroop 任务被认为是经典的测试抑制功能的任务。而红蓝墨水任务也因此被称为经典 Stroop 范式，随着研究的不断深入，经典 Stroop 范式已有各种各样的变式。

　　在研究儿童的抑制功能时，经常使用昼与夜 Stroop（Day-Night Stroop）任务。该任务来源于格斯塔特等人（Gerstadt，Hong，Diamond，1994）的研究，主要用来对学前儿童和学龄儿童的抑制能力进行评估。在该任务中，当儿童看到画有月亮和星星的图片时，要求他们报告"白天"；而当儿童看到画有太阳的图片时，要求他们报告"夜晚"。最后，将儿童正确回答的次数作为该任务的成绩。

　　第四，认知灵活性的常用测量范式有数字加减任务、威斯康星卡片分类测验、局部整体转换任务等。这些任务一般会给被试呈现一个包含两种维度的刺激，如对某个图片进行判断，既可以从形状上进行判断，又可以从颜色上进行判断；再如对某个数字进行判断，既可以从大小上进行判断，又可以从奇偶上进行判断。任务要求被试在重复条件和转换条件下进行反应。一般认为相比重复条件，被试在转换条件下的反应时更长、正确率更低，且将这两种条件之间的差异称为转换代价（Switch Cost）。转换代价越小，说明认知灵活性水平越高。

　　数字加减任务最初由米亚克等人（Miyake et al.，2002）使用。这种方法多为纸笔测试。在数字加减任务中，每张纸上有 30 个随机选取的、互不重复的两位数。在第一张纸上，要求被试将每个数字加 3；在第二张纸上，要求被试将每个数字减 3；最后，在第三张纸上，要求被试将第一个数字加 3，第二个数字减 3，以此类推，在相邻的两个数字之间变换任务要求。要求被试完成得既快又准确。任务的成绩为被试完成任务的时间与完成加法和减法任务的平均时间之差。由于是纸笔测试，对测试的环境要求不高，因而易于操作，但是实验结果的精确性有时无法保证。

　　威斯康星卡片分类测验最初是由格兰特和贝尔格（Grant，Berg，

1948)设计的。该测验要求被试将128块颜色、数量和形状不同的刺激卡片按照不同的规则分别与四张模板卡片相匹配。四张模板卡片上面分别为一个红色三角形、两个绿色五角星、三个黄色十字形、四个蓝色圆形。在卡片分类中，主试要给被试反馈分类的"对"或"错"，但不给被试任何有关分类原则的提示。在测验过程中，分类的规则会根据主试的要求发生改变，但不会提示被试改变的规则是什么，被试需要在规则改变后自己发现新的分类规则。测验记录被试正确分类的总数、分类数、持续错误数、随机错误数等。在测验中，被试转换分类规则的能力反映了其认知灵活性水平。认知灵活性水平高的被试，能快速转换规则，而认知灵活性水平低的被试会出现持续性错误，规则转换能力较差。

为了专门研究儿童的认知灵活性，研究者在威斯康星卡片分类测验的基础上发展出了分类任务。在这个任务中，儿童必须在两种分类规则之间转换，根据颜色或根据形状进行分类。这项任务可以以游戏的形式呈现给儿童。比如，在游戏中，有一只喜欢蓝色的狗和一只喜欢星星的青蛙。儿童需要把动物喜欢的刺激留下，扔掉动物不喜欢的刺激。在第一个控制任务中，按照狗的喜好选择刺激，儿童被告知这只狗喜欢蓝色但讨厌橙色。狗狗在屏幕的左下方，垃圾桶在屏幕的右下方。当刺激是蓝色的时候，儿童通过按左边的"A"按钮把它留下；当刺激是橙色的时候，儿童可以按右边的"L"按钮将它扔掉，不提供反馈。第二个控制任务与第一个控制任务相似，按照青蛙的喜好选择刺激，儿童被告知青蛙喜欢星星，讨厌正方形。同样的刺激再次出现，这次儿童根据形状对物品进行分类。第三个控制任务对应混合规则，在实验条件下，有时出现一只狗，有时出现一只青蛙；同样的物品又被展示了一次。正确分类的项目的数量作为最终分数。

局部整体转换任务也是一个经典任务。在计算机屏幕中央呈现一系列大图形，这些图形由许多小的图形组成，被试按要求对图形的形状进行判断。第一种判断是对大图形形状的判断，即对全局图形的判断，如进行"圆、叉、角、方"形状的判断。第二种判断是对小图形形状的判断，即对局部图形的判断。第三种判断是在转换条件的情况下根据图形的颜色在整体判断和局部判断之间转换，如果图形是蓝色的，就判断大图形的形状；如果图形是黑色的，就判断小图形的形状。测验成绩通过将转换条件下的与不转换条件下的平均反应时相减来得到（Miyake et al.，2000）。

二、执行功能对数学能力的影响

执行功能从婴儿期就开始发展，且在整个儿童期和成年期都在发展，大量研究表明，执行功能与儿童的学业成就高度相关。执行功能与数学能力的相关如何？具体是哪个成分在起作用？在哪个年龄段关系最密切？能否在执行功能的发展过程中加强对其的训练进而提高儿童的数学能力呢？很多研究者对这些问题进行了探讨。

目前研究者主要探讨了冷执行功能和数学能力的关系。研究发现，执行功能的健康发展对儿童数学能力的发展有积极作用。比如，威洛比等人（Willoughby et al.，2012）发现，相较于阅读能力，执行功能更能预测 5 岁儿童的数学能力。克拉克等人（Clark，Pritchard，Woodward，2010）的研究发现，儿童 4 岁时的执行功能与 6 岁时的数学能力呈显著的正相关，而且能够预测 6 岁时数学成绩的 30% 的变异，在控制了一般认知能力和阅读成绩的影响后，这一结果仍然成立。戴维兹等人（Davidse，de Jong，Bus，2015）的研究也发现，学龄前儿童的执行功能能够预测其一年级的数学成绩。有学者对 4 岁儿童的执行功能进行了为期 21 年的跟踪调查，发现 4 岁时执行功能较好的儿童能够更好地完成大学学业，其数学成绩也相对较好（McClelland et al.，2013）。同时，数学能力也会影响执行功能的发展，二者相互促进。有研究发现，学生小学一年级时的数学成绩和 15 岁时的数学成绩之间呈显著的正相关，而执行功能在其中发挥了中介作用（Watts et al.，2015）。这说明学生小学一年级的数学成绩可以预测执行功能，而执行功能预测了 15 岁时的数学成绩。

前文提到执行功能包含三个成分，下面将分别介绍工作记忆、抑制控制和认知灵活性对数学能力的影响。

（一）工作记忆与数学能力的关系

工作记忆是数学学习的重要影响因素，可以预测儿童不同年龄阶段的数学技能。有研究者发现，工作记忆中的刷新是数学学习过程中的一个重要因素，刷新能力与数学能力相互影响。在数学学习中存储和操作信息的能力至关重要。解决数学问题时，必须记住题目中的信息和必要的操作，并存储部分结果。反过来，由于儿童在解决数学问题的过程中练习了这些技能，他们的刷新能力也会提高。刷新能力较低的儿童在数学学习过程中可能比较慢，更容易出错，发展也较慢（van der Ven et al.，

2012)。达克(Dark，1991)发现，数学天才儿童较普通同龄儿童的明显优势在于，其有更好的工作记忆和更熟练的执行程序的能力。

国内的研究也证明了工作记忆对数学学习的重要性。刘昌(2004)从认知加工机制的角度提出，工作记忆缺陷是造成数学学习困难的深层原因。与数学学习优秀的儿童相比，数学学习困难儿童的中央执行功能和整体工作记忆都有明显短板。彭鹏等人(Peng et al.，2015)对110项研究进行了元分析，发现数学能力与工作记忆之间存在显著的中等相关关系，相关系数为0.35。研究表明，数学能力与言语工作记忆、数字工作记忆和视觉空间记忆存在相关关系。其中，文字应用题的解决和整数计算与工作记忆的关系最强，几何图形与工作记忆的关系最弱。

另外一项关于工作记忆与数学学习的元分析结果也表明工作记忆和数学学习存在高相关关系(李莉，周欣，郭力平，2016)。工作记忆子成分中，中央执行系统与数学学习平均相关的程度最强，并且中央执行系统与数学学习不同维度之间的相关程度不存在显著差异，但与数概念相比，语音缓冲器、视空间模板与数运算的相关程度更强且存在显著差异。

以儿童的算术认知能力为例，工作记忆广度不同的个体在出声、手动、心里数数、竖式计算、分解、凑整、猜测、算术认知策略的执行上均存在显著差异，说明工作记忆和数学学习的各个方面都存在显著的正相关关系(王明怡，陈英和，2005)。中央执行系统作为分配认知资源的统筹系统，主要负责协调个体在两个或更多分任务上的表现，而算术运算是一种多任务，它既需要保持计算结果，也需要同时保持其他信息。有研究者(Bull，Scerif，2001)在先前研究的基础上，对各种中央执行功能与儿童算术认知的关系进行了较为系统的研究。研究中采用的测验任务包括威斯康星卡片分类测验、双任务、Stroop任务以及数数广度任务。结果表明，除双任务外，所有的对于中央执行功能的测量都与儿童的数学能力显著相关。进一步的回归分析显示，每种执行功能都预测了儿童的数学能力。还有研究发现，工作记忆比抑制控制和认知灵活性更能预测儿童早期的数字能力，工作记忆更好的儿童在数字线任务上水平提高得更快(Kolkman et al.，2013)。

虽然工作记忆在不同年龄对儿童数学能力的影响存在或多或少的差异，但所表现出的相关关系基本稳定。有研究(李莉，周欣，郭力平，2016)发现，年龄对中央执行系统和语音环路与数学学习的相关关系存在调节作用，对3岁至5岁6个月的儿童，中央执行系统与数学学习的相关程度最高，语音环路与数学学习的关系也较紧密；对 6 岁 6 个月到 8 岁的儿童而言，相关程度有所降低，这说明中央执行系统在年幼时发挥的作用更大。年龄对视空间模板与数学学习之间的相关关系不存在显著的调节作用，这说明视空间模板对不同年龄儿童的数学学习影响较一致。这些结果启发我们在儿童 3～5 岁时，进行执行功能和语音环路能力的干预，或许能对儿童的数学学习有较大帮助。国外的一项研究表明，工作记忆与数学能力的关系基本稳定(Lee，Bull，2016)。他们对 673 名幼儿园至九年级的学生进行了一项为期四年的聚合交叉追踪研究。结果发现，工作记忆和数学成绩在每个阶段和每个年级都有很强的相关性，尤其是在一年级和二年级。工作记忆与随后的数学成绩之间的预测关系不变，但特定领域知识的重要性随着年级的增加而增加。

(二)抑制控制与数学能力的关系

抑制控制是执行功能的重要组成部分，对儿童数学学习同样非常重要。在解决数学问题时，常常要抑制题目中无关信息的干扰，把握关键信息。例如，在进行多位数的乘法时，既需要乘法运算，又需要加法运算，在进位运算时还需要进行适当的转换，需要在计算的不同阶段，选择性地注意运算的某一方面，而暂时忽略其他方面。

培根曾说过，如果一个人的注意力经常不能集中，那就让他学习数学好了。因为在证明数学定理时，如果有一刹那的思想不集中，就必须重新开始。由此可见注意对数学学习的重要性。生活和教育实践中注意力问题都是教师和家长非常关注的问题。不少家长抱怨，"我家孩子注意力特别不集中，最近在家上网课就更明显了，小动作特别多，外面一有点风吹草动马上就被吸引过去了""我家孩子一写作业就跟凳子上长了钉子似的，一会儿起来喝水、吃东西，一会儿拿着笔和橡皮就玩起来了"。教师会诉说，"这孩子坐在教室里总是走神""上课铃响后，不能迅速转移注意力到课堂中""做操或学舞蹈时，总是跟不上节拍，不能同时听指令、做动作"。这些问题与注意控制有很大关系。目前有研究发现注意控制网络加工效率同数学成绩和语文成绩具有正相关关系。注意控制能力越好，学生的学业水平越高，而且注意控制同智商分数、词汇能力、推理能力也具有正相关关系，注意控制能力越强，学生的智商越高，词汇能力以及推理能力越强(Checa，2011)。

注意是一个复杂系统，按照功能可分为持续性注意、选择性注意和分配性注意。持续性注意是在干扰状况下，将注意力长时间保持在某一特定的任务上。学生在课堂上的一段时间内保持专注、聚精会神听讲，就是持续性注意的表现。持续性注意能力随着年龄的增长持续提升，从3～5 岁开始快速发展，到十三四岁发展慢下来，逐渐接近成年人水平。人们发现视觉持续性注意对数学成绩具有预测作用。对于 8～11 岁的儿童而言，持续性注意能力越好，数字阅读、数字书写、数数、简单计算、复杂计算等方面的数学表现越好，相应的注意力缺陷可能会导致计算障碍（Anobile，2013）。

选择性注意和分配性注意都体现了抑制控制能力。选择性注意是指忽视无关刺激，将认知资源集中在与目标相关的信息上。选择性注意不好的学生无法排除干扰，无法将注意力聚焦在与任务相关的目标上。分配性注意是指将注意资源分配到不同任务上。分配性注意不好的学生在执行某项认知任务时，无法在同一时间内将注意分配到两种或多种对象上。比如，当学生一边听教师讲课一边记笔记的时候，学生的注意需要合理地分配到听教师讲课和书写、记录关键内容两方面上，否则就会漏听讲课内容，或者不能完整地记下笔记。这两种注意对学习过程都非常重要。认知资源对于大脑来说，就好像手机的运行内存，所有在进行的认知活动都会占用资源，并且造成消耗，后续还需要一定时间来恢复。

研究发现，注意控制与数学能力密切相关。有关学前儿童的研究发现，注意控制能力与涉及基本的计算、形状、数量、相对大小、加减法和简单图形关系等的数学能力有正相关关系，注意控制能力越强，儿童的数学能力越强（Blair，Razza，2007；Rueda，Checa，Cómbita，2012）。还有研究对 2～5 岁儿童展开了纵向追踪，结果表明，控制了年龄、母亲教育背景和儿童语言词汇能力等因素后，抑制控制和工作记忆能预测儿童的数学能力，而且在对其他执行功能的贡献进行控制后，只有抑制控制能解释数学能力的变异（Espy et al.，2004）。这说明抑制控制相比工作记忆更能预测儿童的数学能力。文萍等人（2007）的研究发现，儿童的抑制、转换和刷新都能对数学能力产生直接影响，但抑制还通过转换和刷新对数学能力产生间接影响。这说明儿童的数学能力受抑制控制能力的影响较大。费广洪等人（2019）选取 196 名 5～6 岁儿童为研究对象，采用测验法考察了抑制控制、工作记忆、认知灵活性三个核心成分与数、量、形、空间、时间五个方面的数学概念之间的关系。结果发现，5～6 岁儿童执行功能的发展水平与其数学概念水平密切相关。抑制控制与数、量、形、空间、时间五个方面的数学概念都存在正相关关系，而工作记忆与数、空间两个方面的数学概念存在正相关关系，认知灵活性与数、量、空间、时间四个方面的数学概念存在正相关关系。从中可以看出抑制控制与数学学习关系密切。还有些对数学学习困难儿童或计算障碍儿童的研究同样反映了抑制能力与数学能力的密切关系。比如，帕索伦吉等人（Passolunghi，Siegel，2001）发现，数学学习困难的学生抑制功能存在缺陷。

(三)认知灵活性与数学能力的关系

认知灵活性作为一种积极的调整思维和行为以适应环境变化的能力，对日常生活和学习而言有重要作用。认知灵活性是执行功能重要的子成分，不仅影响个体自身的发展，而且在个体对环境的适应中起着极其重要的作用。认知灵活性水平较低的儿童表现出固执、刻板等特征，他们习惯使用固定的策略解决问题，一旦活动或程序改变就很难适应新情境。认知灵活性水平较高的儿童可以根据特定需求同化、顺应新知识，建构新的知识框架。相反，认知灵活性水平低的儿童，无法将新知识同化、顺应，总是运用原有的知识框架去解决新知识背景下的问题，将知识举一反三的能力弱，并且容易多次犯相同的错误。

布尔等人（Bull，Scerif，2001）采用威斯康星卡片分类测验来评价学前儿童的认知灵活性水平。结果表明，数学能力不同的学前儿童在此任务上的表现存在显著差异。数学能力较差的学前儿童难以抑制当前学习策略，也很难转向新的策略。一开始的策略生成并不困难，但当一个既定的策略必须被抑制以支持一个新的策略时，困难才会变得明显。单盛楠（2020）探究了双重任务和多重任务转换下数学学习困难儿童的认知灵活性的特点。结果发现，数学学习困难儿童的认知灵活性能够预测其学业成绩，其认知灵活性存在缺陷。该研究进一步对一名数学学习困难儿童的认知灵活性进行了干预。结果发现，干预后数学学习困难儿童的数学学业成绩得到了显著提高。

认知灵活性能够促进小学生数学问题的解决。在课堂学习中，学生需要认知灵活性，比如，从不同的角度看待问题，产生关于问题解决的多种方法、检验结果合理性的多种思路。有研究者采用个案研究法，通过定性思路分析了小学生数学学习中认知过程的特点（Rahayuningsih et al.，2020）。结果发现，许多数学思考过程都需要认知灵活性的参与，比如心算、估计等，认知灵活性水平高的学生更倾向于使用试错的方法进行猜测和检查，从而有助于正确解决问题。

还有研究间接揭示了初中生数学成绩与认知灵活性之间的高度相关关系（郭小敏，2020）。该研究根据数学成绩和认知灵活性水平对学生进行了分组，并借助眼动仪对比了数学成绩不同的学生和认知灵活性水平不同的学生在解决结构不良数学应用题时的表现。结果发现，数学成绩好的学生和认知灵活性水平高的学生在解决结构不良数学应用题时具有高度的相似性，均表现为注视次数和访问次数更多，注视时间更少，而且成绩更好。

此外，关于数学学习困难儿童或计算障碍儿童的研究也报告了认知灵活性与数学能力之间关系密切。李浩（2013）发现数学学习困难学生的焦点转换能力存在缺陷。蔡丹等人（2011）以 N-back 任务为实验材料，发现数学学习困难学生在刷新功能上存在缺陷，而且它能够解释其 $27\%\sim 37\%$ 的数学能力变异。

三、执行功能的训练

儿童执行功能的发展是其数学能力发展的重要基础。幼儿期的执行功能对日后的执行功能表现、数学能力表现都有显著的预测作用。幸运的是，执行功能在任何年龄都可以通过训练和练习得到改善，就像体育中的身体锻炼一样（Diamond，Ling，2016）。执行功能发展的关键期为学前期，这个时期大脑对环境非常敏感，其可塑性非常强。因此，幼儿期就开始训练儿童的执行功能，能为儿童未来的健康发展和社会成功奠定良好的基础。

（一）认知游戏训练

大量研究证明了认知游戏训练在提高执行功能方面的有效性。托雷尔（Thorell，2009）使用 Cogmed Systems 公司的计算机游戏对 65 名 4～5 岁儿童进行了工作记忆和抑制控制的训练。共有 5 个不同的任务，每天完成 3 个任务，每个任务 5 分钟，共 15 分钟。结果发现，对于学前儿童，工作记忆训练是有效的，但抑制控制组与对照组没有明显的差别。赵鑫和周仁来（2014）对工作记忆训练进行了元分析，结果表明，工作记忆能力可以通过训练提高。通过工作记忆训练，个体的阅读能力、智力水平等得到了提升。工作记忆训练可以改变人类的大脑活动，对于特殊儿童临床症状的缓解有一定作用。

　　因此，日常生活中家长和教师可以通过和儿童玩游戏来训练其执行功能。首先，可抓住机会进行日常记忆训练来改善儿童的工作记忆能力。比如，当要出门购物时，家长可对儿童说："今天我们要买胡萝卜、西红柿、牛肉、土豆和洋葱，做一道好吃的菜，所以我们要买几样东西呢？你能帮妈妈记下来吗？"通过让儿童复述和记忆，儿童的计数能力和工作记忆能力都能得到锻炼。还可以和儿童玩倒背数字、字母或词语的游戏。同样在课堂中也可以培养儿童的工作记忆能力，比如下面介绍的翻牌记忆游戏。使用一套 1~10 的数字卡，每个数字有 2 张卡片。2~4 个人一组，将数字卡片背面朝上混合均匀后摆成 4×5 的方阵。玩家轮流翻卡片，每人每轮次可翻开两张卡片，翻卡片时需要让所有玩家都看到卡片上的数字，翻看后将数字卡片重新倒扣放回原位。玩家需要记忆卡片上的数字以及它们的位置，如果发现有两个同样的数字便可完成配对，在自己的轮次中翻开这两张配对的数字卡片，配对正确可以获得这两张牌。以此类推，直到桌上的数字卡片全部完成配对游戏结束，手中配对数量最多的玩家获胜。

　　其次，可以通过日常互动锻炼儿童的注意力转换及变通能力，以提高其认知灵活性水平。比如，在儿童玩积木的时候，家长可以先请儿童数一数红色的积木有几块，当儿童给出答案后，再请儿童找出方形的积木，接着家长再请儿童比较积木的大小。以此类推，通过将注意力在颜色、形状和大小之间切换，儿童的认知灵活性将能得到锻炼。在没有游戏材料的时候，成人还可以使用一分钟游戏来培养其认知灵活性。比如，要求儿童在一分钟之内集中注意力完成一系列的加法计算，要求保证正确率。一分钟后，转换为减法任务，同样要求保证正确率，随后可以再切换到加法运算，或者切换到乘法运算和除法运算。通过简单的一分钟游戏，训练儿童注意的快速脱离和重新聚焦。随着练习的深入，任务难度可以逐渐加大，做的题目之间甚至可以完全无关，比如上一分钟是完成口算，下一分钟是说英语单词，再之后就是古诗词填空。对于转换内容，成人可以灵活组织，要注意的是，因为主要是要提高其认知灵活性水平，因此每个内容的难度不必过大。

　　最后，可以通过日常互动锻炼儿童的抑制控制能力。相关的典型游戏有木头人游戏、老狼老狼几点钟游戏、白天黑夜游戏以及打地鼠游戏。以打地鼠游戏为例，打地鼠的学生站在中间，地鼠们则围成一圈，有些学生扮演邪恶的地鼠，冒出来就要被打掉，而有些学生扮演善良的地鼠，冒出来之后不能被打。地鼠们交替伸出右手，让打地鼠的学生判断是打还是不打。打地鼠的过程中，邪恶的地鼠所占的比例可以不断变换。当邪恶的地鼠所占比例较大时，善良的地鼠出现后学生就需要花费更多的意志力去控制自己不打击，这样就可以训练学生的抑制控制能力。这个游戏中的地鼠可以通过衣服的颜色、标签颜色、汉字类别、数字类别、英语单词类别等来界定，这样在提高抑制控制能力的同时，还能够加深学生对知识的掌握。

（二）体育锻炼

体育锻炼也是促进儿童执行功能发展的一种途径。体育锻炼中经常涉及动作的记忆、动作的灵活变化和动作的控制，因而身体运动的训练能够提高执行功能。戴朝（2020）选取了 46 名 10～11 岁儿童进行足球训练，为期 24 周，每周 5 次，每次 2 小时，同时选取 43 名年龄、身高和体重相匹配的儿童作为对照组。在 0 周、24 周、停练 4 周和停练 8 周四个时间点，分别测量所有被试执行功能的抑制、刷新和转换三个子功能。结果发现，24 周的足球训练能在不同程度上改善 10～11 岁儿童的执行功能。即使停练 4 周，执行功能的有益影响仍能维持，而停练 8 周抑制功能出现衰退，但仍具有保护作用。

除了踢足球，研究还发现短时中等强度的有氧运动能够改善儿童的执行功能。陈爱国等人（2011）选择 10 岁儿童为研究对象，使用 Flanker 任务评估执行功能，综合利用体育测量技术、心理测量技术和功能磁共振成像技术检测每次 30 分钟的短时中等强度的自行车有氧运动前、运动后儿童的执行功能水平及其脑激活模式的特征性变化。Flanker 任务中被试需要判断五个字母中的中间字母是 H 还是 S，包括 HHHHH，HHSHH，SSHSS，SSSSS 四类字母序列。其中，判断 HHSHH，SSHSS 时需要较强的抑制，反应时较长。结果发现，短时中等强度的有氧运动对儿童的执行功能的改善有积极作用，能使儿童执行功能的脑激活模式发生变化，具体表现为双侧额上回、双侧额中回、双侧顶上小叶和左侧顶下小叶的激活程度增加，左侧前扣带回的激活程度减弱等，可使得大脑整体性神经回路效率增强。

有氧运动之所以能够改善执行功能，可能是因为有氧运动会提高个体唤醒水平，使得其新陈代谢水平提升，与执行功能相关的脑区血流量增加，或者是因为有氧运动会使脑神经内分泌发生变化、脑部儿茶酚胺类递质发生改变。因此，有氧运动的效果可能是间接的，训练的持续效果还有待考证。不过，这给我们的启发是，成人应该带孩子多参加体育运动，鼓励孩子多多参与篮球、足球、跳绳、跑步、骑自行车等体育锻炼。这些体育锻炼越是涉及动作的转换、注意或动作的抑制，相信其对执行功能的益处也就越大。家长与儿童一起锻炼，不但能增进亲子感情，还有助于儿童身体健康、情绪和社会性技能的健康发展，这些也能发挥增强执行功能的积极作用。最成功的执行功能训练必然涉及人类情绪情感、社会发展和身体健康的需求（Diamond，Ling，2016）。

（三）音乐训练

音乐训练具有广泛的迁移效应。研究发现，长期的音乐训练不仅可以提高儿童与音乐相关的能力，还会促进儿童执行功能、言语能力、视觉空间能力、智力等非音乐能力的发展。我们课题组对比了学习过管弦乐器并且有十年左右专业训练经验的音乐专业大学生与其他专业大学生的空间工作记忆成绩（朱丹，2019）。结果表明，有音乐训练经验的被试较没有音乐训练经验的被试在空间工作记忆上反应速度更快。还有研究（陈杰等，2020）探讨了音乐训练与执行功能每个成分的关系。该研究对比了音乐专业大学生与其他专业大学生在执行功能各任务上的行为表现。结果表明，音乐训练对执行功能不同子成分的影响是不同的，其促进效应主要体现在抑制控制中的注意抑制和工作记忆中的主动性控制上，对抑制控制中的反应抑制、工作记忆中的反应性控制和认知灵活性影响较小，后续脑电研究也支持了这一发现（陈洁佳，周翔，陈杰，2020）。

音乐训练能够提高执行功能的原因可能是，经过音乐训练的个体对声音刺激更敏感，能够在噪声环境下更快地辨别出目标声音，这会提高听觉的注意抑制能力。音乐家在长期训练过程中需要在工作记忆的视觉空间模板中存储、加工变化的音符信息，还要在听觉语音环路中对演奏效果进行检验和调整，这会提升听觉的工作记忆以及认知灵活性水平。有些音乐演奏还需要将乐谱、手指动作甚至是脚的动作协调起来，这实际上发挥了"长期干预"工作记忆能力的作用。

因此，家长在日常生活中可以有意识地培养儿童的音乐能力。让儿童学习感兴趣的乐器，比如管弦乐器、打击乐器等需要手、脚、眼并用的乐器，这样在提高执行功能方面可取得更佳的效果。除了直接演奏乐器，听乐器演奏也能提高执行功能，通过和儿童进行辨音和听觉回忆游戏，能提高儿童的听觉工作记忆能力。比如，让儿童回忆刚才演奏的三个音调中，第二个是什么调，这实际上是将 N-back 任务应用到了音乐领域中。

音乐训练还能通过调节儿童的情绪间接提高其执行功能。比如，到了睡眠时间儿童还很兴奋，不想睡觉时，播放一些舒缓的音乐可以帮助儿童进入睡眠；在儿童情绪低落的时候，播放一些轻快的音乐有助于儿童产生愉快的情感。情绪与执行功能密切相关。有研究表明，经历高水平负面情绪的儿童容易缺乏有效的注意力管理（Eisenberg et al.，1997），而注意力是情绪与学习成绩的关系中的重要中介变量（Pekrun，Elliot，Maier，2009）。因此，音乐调节情绪的同时会间接促进执行功能的发展，最终对儿童的学业发展产生促进作用。家长可以带着儿童去听音乐会、演唱会，观赏一些歌剧、话剧等，这些不仅会让儿童身临其境，感受到艺术气息，开阔儿童的眼界，还会对其执行功能的发展产生意想不到的积极作用。

（四）正念训练

目前研究表明，正念训练可以有效促进儿童执行功能的发展。正念是指个体有目的地把注意力不加评判地保持在当下的体验上，并对当前心理事件进行觉知的一种方法（Kabat-Zinn，2003）。有研究表明，正念训练促进了 3～4 岁儿童注意力和执行功能的发展，且在执行功能方面主要表现为对抑制控制能力和认知灵活性水平的提升（李泉等，2019）。此研究采用前后测设计。对正念组进行每周 2 次，每次 20～30 分钟，共 12 次的正念训练。对照组不进行任何训练。课程包含三个部分：一是呼吸和注意，即学习用腹式呼吸把注意力集中在身体感官上；二是躯体感觉和运动，即增强对身体协调运动的感受与意识；三是觉察心智活动，即放松情绪并感知自己的心理活动。任俊等人（2019）采用改编的幼儿正念训练课程，考察了正念训练对幼儿抑制控制能力的影响，也发现了正念训练可以有效提升抑制控制能力。

正念训练的有效性还得到了神经生理方面的研究结果的支持。在抑制控制过程中，长期进行正念训练的人有更多的前额叶和前扣带回的神经激活（Chiesa，2010），而这些脑区正是与抑制控制能力相关的脑区，尤其是前扣带回、前额皮质。正念会引发额区 θ 波变大，θ 波是频率为 4～8 Hz 的脑电波，通常在人深度放松、浅睡眠、沉思和潜意识状态时出现，此时个体易受暗示，创造力、灵感突发，学习、记忆效率提高（汪芬，黄宇霞，2011）。

正念训练能提高执行功能的主要原因是，正念训练强调对此时此刻内、外部刺激的持续注意、不评判和接纳，可以提高个体感知觉敏感性和持续性注意。因此，在生活中，家长可以采用一些简单的正念训练方法对儿童进行训练。比如，练习腹式呼吸，仰面躺下并将手放在腹部，注意腹部随着呼吸而上下起伏。先用手去体会，然后放开手，仅仅把意念放在腹部。不需要控制呼吸的幅度，让它自由进行，尽量去体会生理感官上的变化。在此时此刻的觉察中慢慢安静下来，让气息以某种方式在身体内流动，就像腹部随着呼吸节律而动那样，每次练习 5 分钟。此外，固点凝视法也是训练持续性注意的有效方法。

固点凝视法步骤

1. 找一张无折痕的白纸，在中心做一个直径为 2 厘米的圆点。

2. 找一个坐着舒服的姿势，全身肌肉自然放松，嘴巴轻轻合上，自由地呼气和吸气，两眼睁大，双手举起白纸和眼睛平行或者把纸贴在某处固定，让黑点和眼睛相距 30 厘米左右。

3. 双眼看清楚黑点，凝视黑点 2 分钟，尽量不要眨眼睛。

4. 时间到了以后，两眼迅速望向白色的墙壁，看看墙壁上是否会出现一个白色的圆点，如果出现，让白色的圆点在墙壁上保持的时间越久越好。如果没有出现或出现的时间很短，请每天重复以上步骤。

5. 每天早、中、晚各训练一次，大约一周后，就能使白色圆点保持 3～4 分钟。这时注意力就有很大提升了。

6. 如果在注视黑点时出现了模糊的白光，说明注意力已经松懈了，请闭上眼睛深呼吸，放松心情，重新集中注意力，恢复原来的视觉意识，黑点也会自然恢复原状。

(五)时间管理训练

执行功能差的儿童常常在时间管理方面存在困难。由于执行功能与计划、注意力、短时记忆、灵活性息息相关，执行功能较差的儿童可能会有以下表现：难以开始和完成计划，难以对计划有优先级的概念，常常忘记刚刚听到或看到的事情或忘记自己的东西放在哪里，难以跟随外在动态的目标变化和转换，在时间管理方面有困难。

因此，成人可以引导孩子进行有效的时间管理。时间管理的核心是让将要做的事情或要完成的目标视觉化，使其清晰地呈现在儿童当下的学习或生活中。首先，善于利用记事清单（checklist）。记事清单由一系列待办事项（to-do）组成，一旦事项完成，就可以在事项后打对勾。通过记事清单，儿童能更好地对事情的优先级进行排列，先做紧急且重要的事情，延后不紧急且较不重要的事情。记事清单的作用有两方面：其一，是将事情都标记出来，这起到了补偿儿童记忆的作用；其二，是每完成一个，要打对勾，这起到了及时反馈和积极强化的作用，能增强儿童的信心和继续完成任务的愿望。值得注意的是，清单上任务的难度一定要适度。根据第一章中提到的学习的 85% 定律，清单里 85% 的任务可以设置为儿童熟悉的和较容易完成的，其余 15% 可以设置为需要努力来完成的。持续地使用记事清单，将有助于减少儿童的拖延，提高儿童计划和执行计划的能力。

其次，跟儿童一起按照日历标注即将到来的重要日子，有必要的话借助于颜色，计划就会更加直观。例如，将生日事项设定为蓝色，将出游事项设定为绿色，将学习事项设定为黄色，将运动事项设定为红色，等等。这样有助于儿童对时间有清晰的把控。具体的每个事项还可以画图或借用视觉辅助工具，这些工具有助于儿童保持对目标的注意和对无关刺激的抑制。有研究发现，给 4～5 岁儿童在"伙伴阅读"活动中使用视觉辅助能够发挥积极作用（Bodrova，Leong，2007）。在研究中，每名儿童选择一本图画书，与另一名儿童配对，他们轮流讲述与图画书有关的故事。每名儿童都渴望讲述自己的故事，结果两个人都没有认真倾听。为了帮助儿童在抑制控制方面取得成功，教师使用了视觉辅助工具。具体来讲，给每一对儿童一幅耳朵的图片，提醒儿童"耳朵不会说话，耳朵会倾听"。有了这个具体的提醒，儿童就会抑制说话，开始倾听。几个月后，这张耳朵的图片就不再需要了，因为儿童已经内化了提醒。工作记忆与抑制控制密切相关，工作记忆能力较差时，执行控制便会出现困难，因此视觉化的工具可以发挥扩大工作记忆容量的作用，有助于儿童执行功能的发展。

第六章

数学焦虑与数学能力

压力环境本质上把人置于双任务的境地，任务相关的担忧与任务执行共同竞争工作记忆资源。

—— Sian L. Beilock

20世纪80年代有一句响亮的口号——"学好数理化，走遍天下都不怕"，从中可以看到在人们心目中数学的重要性。然而，数学高逻辑性和高抽象性的特点，使数学学习的难度较大。学生面对数学题，通常要么会，要么完全不会，对与错很鲜明。不像语文、英语等语言类科目，即使面对难题，根据日常经验，多少可以回答一些。所以有人说，"数学真的好难，仿佛一座座高不可攀的山峰，比珠穆朗玛峰都要高"。数学的重要性和高难度带来了学生普遍的数学焦虑。有研究发现，在美国，只有7%的人表示从幼儿园到大学的数学学习经历是令人愉悦的，超过三分之二的成年人承认他们害怕和讨厌数学（Furner，Duffy，2002）。在我国，研究人员也发现学习困难的初中生中只有6%的学生表示对数学有兴趣，其余学生均表示不喜欢上数学课，他们感到焦躁、厌烦，处于消极的情绪状态（戴风明，姚林，2001）。许多学生提到数学就不开心，产生了一种冷漠甚至抵触的情绪。某些高数学焦虑者在拿到账单或税单进行算数时会不自觉地感到呼吸困难。更有甚者，在面临数学考试时会汗如雨下或出现腹泻。大部分高数学焦虑者会主动逃避与数学相关的职业，选择其他职业。因此，数学焦虑影响个体正常的生活和工作。众多研究表明，数学焦虑的水平越高，数学成绩越差。因此，要提升儿童的数学成绩，进行数学焦虑的研究非常必要。这是影响儿童数学能力的首要的非智力因素，具有重要的实践研究价值。关于数学焦虑和数学成绩的关系，以往研究者提出了不同的理论来解释。有研究者还发现，数学焦虑的成因是多方面的，生物的、心理的、家庭的、学校的、社会的因素都有。本章将对数学焦虑进行简要介绍，并介绍数学焦虑对数学成绩的影响及其原因，以及缓解数学焦虑的教育建议。

一、数学焦虑概述

数学焦虑的研究最早可以追溯到 20 世纪 50 年代。德尔格和艾肯 (Dreger，Aiken，1957)最先提出"数字焦虑(number anxiety)"的概念。 1972 年理查森和苏因(Richardson，Suinn，1972)对其进行了发展，并将 数学焦虑定义为：在各种日常生活及学业情境中，对使用数字和解决数 学问题的过程造成阻碍的一种紧张和焦虑的感觉。肯尼迪和提普斯(Kennedy，Tipps，1988)提出了一个更宽泛的定义——凡是与数学有关的紧 张、不安、恐惧、消极的情绪反应，都可以称作数学焦虑。我国一些学 者也对数学焦虑给出了自己的定义。陈英和和耿柳娜(2002)认为，数学 焦虑是指个体在处理与数字相关的问题、使用数学概念、学习数学知识 或参加数学考试时所产生的紧张、不安、恐惧等情绪状态，是一种消极 的负面情绪。概括来看，数学焦虑主要有两个特征：一是它与数学息息 相关，如数字符号和公式、数字运算、数学方程、几何证明等涉及数学 的知识或加工过程；二是它伴随着一系列的消极情绪，如焦虑、恐惧、 紧张等。对于数学焦虑者而言，一切与数学相关的活动都能引发他们的 焦虑，比如打开一本数学书或者上数学课，甚至阅读收银数据都会造成 他们的恐慌(Maloney，Beilock，2012)。对于一个数学焦虑的学生来说， 数学带来的不仅仅是厌恶或担心的感觉，它还影响生理状态，如心率、 神经激活和皮质醇，甚至会激活与身体疼痛相关的神经网络。

数学焦虑已经成为一种全球普遍的问题。2012 年 PISA 的调查结果 显示，59%的学生报告"数学课对他们而言很难"，30%的学生在解决数 学问题时感到无助(OECD，2013)。我国一项针对高中生的调查研究指 出，有 25%的学生遇到不会的数学题就会紧张、害怕，有 44%的学生对 解开数学难题没有信心(许唯唯，2009)。可见，被认为"数学最强"的中 国学生同样存在不小的数学焦虑问题。

数学焦虑有多痛苦呢？没有体会过的人可能百思不得其解，认为这 只是逃避数学的说辞而已，但是体会过的人可能就会谈"数"色变。很多 经历过数学焦虑的人回忆起当时的状态时会提到"一想起数学就头疼""做 不出题目又急、又气、又想哭""数学考试前不停地在脑海里背诵概念、 掌心冒汗、频繁地想去厕所"等令人痛苦的状态。这样的现象也获得了研 究者们的验证。心理学家里昂与其同事(Lyons，Beilock，2012)的一项研 究发现，当预计需要完成数学任务时个体表现出的数学焦虑水平越高，和内脏威胁检测相关的大脑区域就会越活跃。脑电研究还显示，此时双侧脑岛背后部的激活与普通的疼痛经验相一致。这就是说数学焦虑引发的疼痛感与摔伤破皮的疼痛感没有区别，这称为"数学痛"。值得注意的是，这种疼痛感并不来源于数学任务本身，而是由个体本身的预期造成的，仅仅是预期到数学活动就造成了真实的疼痛感。

有人认为，焦虑带来的消极体验是不可避免的小事，只要结果是好的，过程痛苦一点也不算什么，甚至会有"数学焦虑可以促进数学学习，成为学习数学的动力"这样的想法。然而，痛苦的过程不一定会带来好的结果。比如，高数学焦虑的学生较少参与到数学课堂中，很少在数学学习过程中感受到愉悦，对自己的数学能力有着较低的评价，无法看到学习数学的价值（Ma，Kishor，1997）。数学焦虑还对学习态度（Chinn，2009）、工作记忆（Ashcraft，Krause，2007）和元认知（Legg，Locker，2009），以及课程选修意向（Meece et al.，1990）有负面影响。高数学焦虑者更倾向于逃避有关数学的情境，比如逃避数学课、逃避使用数学的机会。这种倾向在一定程度上会限制他们未来的职业选择，因为他们会避免选择与数学相关的活动和职业，如工程师、精算师、会计师等。研究还发现（Suri，Monroe，Koc，2013），高数学焦虑者会选择简单明了的而不是本质上最优的折扣表征形式即高数学焦虑者在进行折扣评估时，数学焦虑会使其认知活动受限，使得他们不能进行最优选择。

综上，无论是在微观的个体层面，还是在宏观的社会层面，数学焦虑均会造成一些消极影响。因此，对于数学焦虑的内涵、影响因素以及如何缓解数学焦虑进行研究具有重要的实践价值和现实意义。

数学焦虑是否存在性别差异是学者们一直以来关注的热点。早期很多研究者发现，女性似乎更容易受到数学焦虑的消极影响，并且部分研究发现大学中的女生相比男生有着更高的数学焦虑水平（Bander，Betz，1981）。我们课题组（Xie et al.，2019）调查了751名学生（七年级学生和高一学生）的数学焦虑水平。结果表明，男生、女生的数学成绩并无差异，然而女生比男生有更高的数学焦虑水平。2012年PISA的调查结果表明，数学焦虑的性别差异具有普遍性（图6-1）。有研究者进一步探讨了数学焦虑的性别差异与不同题型的关系。米勒等人（Miller et al.，1995）通过对100名成年人进行调查发现，对于不同类型的数学题目，性别调节了数学焦虑和数学成绩的关系。具体来看，对于基础理论题，男性的数学焦虑对成绩的影响要比女性大；而对于应用题，男性的数学焦虑对成绩没有影响，女性的则有显著影响。

每个题目上报告"同意"或者"非常同意"的学生比例

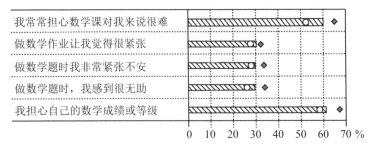

图 6-1　男、女生自我评估的数学焦虑

（注：在所有题目上性别差异均显著。来源：OECD，PISA 2012 数据库，表Ⅲ.4.3a 和Ⅲ.4.3b）

关于数学焦虑的性别差异，谢尔曼（Sherman，1982）发现，在控制了大学生的数学教育经历后，数学焦虑的性别差异就不再显著了。哈拉里等人（Harari et al.，2013）针对小学一年级学生的一项研究表明，这一时期学生的数学焦虑并无性别差异。在国内的初中生群体和高中生群体中，女生的数学焦虑要显著高于男生（刘琳慧等，2013）。青春期是产生数学焦虑性别差异的转折期（Dowker，2013；Harari et al.，2013）。

一些国外研究者认为，数学焦虑的性别差异可能是伴随后天不利的教育环境而产生的。不利的教育环境，如成人对不同性别的固有看法，教师、家长认为女性没有数学天分或本身有数学焦虑的女教师无意中的消极信息的传递（Maloney et al.，2015），给学生造成了消极影响。这些消极信息的传递，使学生的数学自我效能感较低。有研究发现，女性比男性更倾向于低估自己的数学成绩（Devine et al.，2012）。若数学成绩不重要，低估数学成绩并不会给女性带来消极影响。然而数学从小学到高中都是主学科，这便使女性面对数学更容易有数学焦虑和恐惧。因此缓解女性的数学焦虑道路更为曲折。

二、数学焦虑对数学能力的影响

目前有研究发现，数学焦虑对数学成绩、元认知等具有负面影响（Ashcraft，Krause，2007；Legg，Locker，2009；Maloney，Beilock，

2012)。理查森和苏因（Richardson，Suinn，1972）的研究结果表明，数学焦虑水平较高的被试，数学成绩较低。来自 PISA 的数据表明，在全球范围内 15 岁学生的数学焦虑都与其数学成绩有着负面关系（Foley et al.，2017）。

不少研究支持数学焦虑和数学成绩的线性关系，即随着数学焦虑水平的提升，个体的数学成绩在下降，数学焦虑与数学成绩呈负相关（黎亚军，2016；Ashcraft，Krause，2007；Devine et al.，2012），并且数学焦虑无性别和年龄差异（韩晓琳等，2016）。一项元分析研究（Hembree，1990）表明，数学焦虑和数学成绩之间的相关系数为 $-0.27 \sim -0.34$。

然而，焦虑唤醒理论反驳了数学焦虑和数学成绩呈线性关系的观点。该理论认为，数学焦虑存在一个最适范围，在这个范围内学生能保持较好的数学学习效果，一旦数学焦虑水平过高或者过低，则数学焦虑会对学生的数学学习产生负面影响，从而引发学生的不良数学表现（Hebb，1995）。这种模型类似倒 U 形曲线，即学生的数学焦虑水平处于两个极端时都不利于学生的数学学习。只有中度数学焦虑水平是最适宜的，一旦焦虑水平超过了某一临界点，就会对数学成绩产生负面影响。

在上述两种观点中，数学焦虑和数学成绩的负相关关系都是存在的。目前有两种理论解释这种负相关关系：能力缺乏理论（Competence Deficit Theory）和焦虑削弱模型（Debilitating Anxiety Model）。能力缺乏理论认为，数学焦虑与较差的数学成绩相关。数学成绩受到数量处理能力、空间能力等数学能力的影响。数学能力差会导致个体回避数学课程及减少相关练习，这也会带来较差的数学成绩。较差的数学成绩和对数学学习的回避进一步增加了学生的数学焦虑（Hembree，1990）。这种观点实际上反映了数学焦虑是数学学习中习得性无助的结果。偶然的失败经验或多次的数学学习失败经验，带来了学生对数学的焦虑和恐惧。这一理论得到了一些纵向研究和数学学习障碍儿童研究的支持。不过，亨布里（Hembree，1990）对 151 项有关数学焦虑的研究进行元分析后发现，与能力缺乏理论相比，有更多研究支持焦虑削弱模型。

焦虑削弱模型认为，数学焦虑引发了消极认知和反刍，使得认知资源匮乏，进而降低了数学成绩（Ashcraft，Kirk，2001；Ramirez et al.，2018），数学焦虑通过干扰工作记忆资源而对数学成绩产生负面影响。当任务需要占用大量的认知资源时，数学焦虑者会经历"双任务"模式，即除了数学任务本身会消耗工作记忆资源外，数学焦虑的处理成为第二个认知任务，同样对工作记忆资源产生消耗。焦虑本身会增强个体想要减少焦虑的动机，这会促使个体使用认知资源，比如努力抑制来弥补焦虑可能带来的失败。因此，数学焦虑不一定会损害任务成绩，但是却会影响任务的效率。

数学任务的解决大多涉及程序性知识的提取、应用和执行，比如解三角函数题，进行加减法运算、几何证明等，而这些通常需要较多的工作记忆资源，因此数学焦虑可能通过影响认知资源而影响数学成绩。已有行为研究（Ashcraft，Kirk，2001；Park et al.，2014）和功能磁共振成像研究（Lyons，Beilock，2012；Young et al.，2012）表明，数学焦虑产生的担忧情绪会耗尽工作记忆的认知资源，导致用于数学任务的资源缺乏，因而数学表现不尽如人意。还有研究指出，对于高数学焦虑的个体来说，即使是最简单的数学问题也会使他们心烦意乱，与焦虑有关的刺激分散了部分注意力，使其无法专注地完成当前的数学任务（Eysenck et al.，2007；Núñez-Peña et al.，2015；Rubinsten et al.，2015）。

与焦虑削弱模型一致，艾森克等人（Eysenck et al.，2007）的注意控制理论更系统地阐述了数学焦虑的影响。该理论认为，焦虑会造成个体中央执行系统的抑制功能和转换功能受损，增加注意分散的可能性。具体而言，个体的注意系统是由受当前目标影响的目标-导向注意系统和受明显刺激影响的刺激-驱动注意系统两部分组成的。焦虑使得目标-导向注意系统受到削弱，而刺激-驱动注意系统得到增强。两个系统间的不平衡导致抑制功能和转换功能减弱，从而使得与当前任务无关的刺激（如焦虑）得到优先加工，而对与当前任务相关的刺激的注意反而减弱。

不过能力缺乏理论和焦虑削弱模型并不矛盾。有学者提出，数学焦虑和数学成绩存在双向影响（Carey et al.，2016）。这就是说数学成绩会影响数学焦虑，数学焦虑反过来又影响数学成绩。数学焦虑既是数学能力差的原因，又是数学能力差的结果。若数学成绩较差，数学焦虑水平就会高，数学焦虑水平高之后，数学成绩又会更差，恶性循环便开始形成。数学焦虑和数学成绩的关系就像"鸡"和"蛋"的关系，很难说是"鸡生蛋"还是"蛋生鸡"，二者相互依存。

三、数学焦虑的成因

近三十年来，多数研究着重探讨了数学焦虑对数学表现的影响（Dowker et al.，2016；Sorvo et al.，2019），少量研究聚焦数学焦虑的具体成因

（Maloney et al.，2015；Xie et al.，2019）。关于数学焦虑的成因，大多数研究者肯定了个体与环境因素的作用。例如，德沃克等人（Dowker et al.，2016）认为，数学焦虑源于基因、性别刻板印象、年龄和文化等因素的综合作用；苏雷兹等人（Suárez-Pellicion et al.，2016）则从诸如教师和父母的数学焦虑水平等环境因素、基因因素，以及诸如数感、工作记忆等认知因素三方面进行了阐释；鲁宾斯坦等人（Rubinsten et al.，2018）构建的动态发展-心理-社会模型特别强调，数学焦虑是文化背景、父母、教师、同伴等环境因素与基因、脑、认知等个体因素相互作用的结果。概括来讲，影响数学焦虑的因素分为个体因素和环境因素，个体因素包括生物因素和心理因素，环境因素包括微观的家庭学校环境和宏观的社会文化背景，具体如图 6-2 所示。

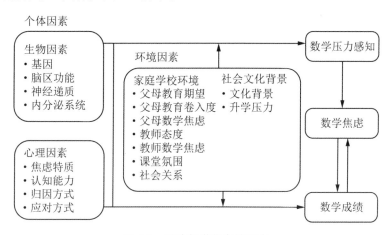

图 6-2　影响数学焦虑的因素

（一）影响数学焦虑的生物因素

双生子研究表明，数学焦虑是一种高度遗传的性状（Wang et al.，2014）。研究人员检测了一些青春期双胞胎兄弟姐妹的数学焦虑情况，发现遗传因素约占数学焦虑变异的 40%。然而其背后的遗传黑匣子尚未完全打开。目前，对于数学焦虑神经生理机制的研究发现，数学焦虑与 5-羟色胺（又名血清素）、多巴胺、谷氨酸、催产素等神经递质有关。

有研究以 7～9 岁儿童为对象展开了数学焦虑的功能磁共振成像研究（Young et al.，2012）。结果表明，数学焦虑与右侧杏仁核的过度激活、后顶叶和背外侧前额皮质的激活减少有关。右侧杏仁核区域在处理负面情绪中发挥着重要作用，而背外侧前额皮质与数学推理活动有关。此外，在高数学焦虑的儿童中，调节负面情绪的杏仁核和腹内侧前额皮质之间的有效联结增强；而在低数学焦虑的儿童中，杏仁核与有助于有效处理任务的脑区相连。这项认知神经科学的研究揭示了数学焦虑的神经基础，即高数学焦虑对个体的负面影响在于减少了数学推理和问题解决活动，与此同时增加了个体调节负面情绪的认知负荷。

（二）影响数学焦虑的心理因素

影响数学焦虑的心理因素主要包括焦虑特质、认知能力、归因方式和应对方式。以下就从这四方面分别展开论述。

第一，个体的焦虑特质会影响数学焦虑。根据状态-特质焦虑理论（Spielberger，1966），个体的焦虑有状态焦虑和特质焦虑两种。状态焦虑是指个体在特定情境中会表现出暂时性的紧张情绪状态；特质焦虑则是相对比较稳定的人格特质。高特质焦虑水平的个体更倾向于关注负面信息，更容易将情境信息知觉成威胁的和不安全的（唐海波，邝春霞，2009）。考试焦虑与数学焦虑都属于特质焦虑，二者的相关系数接近0.50，二者具有中等程度的正相关关系（Kazelskis et al.，2010）。然而，与数学焦虑不同，考试焦虑是更加广泛、传统的焦虑形式。德文等人（Devine et al.，2012）发现，在完成数学任务时，男生表现出的焦虑更多的是考试焦虑，女生表现出的焦虑更多的是数学焦虑，这说明两种焦虑不能一概而论。目前在有关数学焦虑的研究中，考试焦虑通常都作为控制变量。

第二，个体的认知能力影响数学焦虑。有关认知与情绪的研究越来越强调认知加工模式与情绪倾向之间的因果关系（Macleod et al.，2019）。有研究表明，通过直接操纵相应的认知过程可以改变情绪倾向（Avirbach et al.，2019）。在这个研究中，被试学习积极推理或者消极推理的认知加工方式，结果发现，这一操作直接影响了后续被试的情绪、自尊和对失败情境的解读。

与数学焦虑相关的认知因素主要分为一般性认知因素（如注意、工作记忆等）和领域特定认知因素（如数量加工）两种。焦虑的认知理论认为，负性刺激的注意偏向会导致焦虑（Rubinsten et al.，2015），因此部分学生可能倾向于关注负面信息而导致了较高的焦虑。除此之外，工作记忆能力强的人感知到的数学焦虑更少。如果将工作记忆作为一种个体差异进行探讨，工作记忆能力强的人在进行数学任务和推理时有着更好的表现，有更强的数学学习信心，更容易了解自己的数学困难，从而有着更低的数学焦虑。有研究表明，相对于工作记忆能力差的人，工作记忆能力强的人在看到负面图片、面对他人对自己能力的负面反馈或者遇到生气的事情时会更少地报告有情绪体验和情绪化的行为表现（Joormann，Gotlib，2008；Schmeichel，Demaree，2010）。近十几年来研究者也开始关注领域特定认知因素的作用，比如近似数量表征能力对数学焦虑的影响。近似数量表征能力是个体对4个以上的非符号数量进行近似表征的能力，被视作获得符号数量知识、形成符号数学能力的基础（Halberda，Mazzocco，Feigenson，2008）。研究表明（Lindskog et al.，2017），高数学焦虑个体的近似数量表征能力较差，而且数学焦虑是近似数量表征能力和数学成绩之间关系的中介变量。这意味着近似数量表征能力会影响数学焦虑，进而影响数学成绩。

第三，归因方式也影响数学焦虑。归因的四因素理论（Weiner，1972）认为，人们会把成功和失败归为努力、能力、任务难度和运气这四类原因，其中努力和能力是内部原因，任务难度和运气是外部原因。有研究者基于韦纳的归因模型对数学焦虑与归因方式的关系展开了研究（Ramirez et al.，2018），具体如图6-3所示。在数学学习成功的情境中，高数学焦虑者倾向于把成功归因于任务难度和运气，低数学焦虑者则倾向于把成功归因于自身的努力和能力。反之，在数学学习失败的情境中，高数学焦虑者一般倾向于内部归因，将失败总结为是自己的能力不足，不够努力。这可能是多次的失败经历给他们带来了习得性无助。而低数学焦虑者通常表现为外部归因，把失败归结于任务难度大和运气不好。由此可见，高数学焦虑的人更容易怀疑自己的实力和努力，从而更容易感到压力和焦虑。而对于低数学焦虑的人来说，失败并不会打击他们的自信，不会给他们带来很大的压力，从而更少地引发数学焦虑。可见，数学焦虑作为一种对特定结果的预期性情绪反应，与学习者的自我归因倾向有着密切的关系。

消极的归因方式导致儿童消极的数学自我概念。研究发现，与父母的数学焦虑、学生性别和家庭数学活动相比，二年级学生的数学自我概念更能预测其数学焦虑情况（Jameson，2014）。一项纵向研究在学生七年级的不同时间点对其数学自我概念和数学焦虑进行了测量（Ahmed et al.，2012）。结果发现，数学自我概念和数学焦虑之间存在着双向关系。然

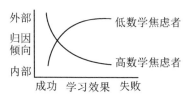

图6-3　数学焦虑与归因方式的关系

而，较低的数学自我概念对数学焦虑的影响是数学焦虑对数学自我概念影响的两倍。

第四，应对方式也影响数学焦虑。国内有研究者采访了从七年级到高三六个年级的学生（张美娟，2005）。结果发现，数学焦虑水平过高的学生在数学学习行为上大多采取逃避的应对方式。这种策略是个体在感到自尊受到威胁而又感觉自我无法克服困难的情况下采取的逃避措施，符合人趋利避害的本性。而数学焦虑水平较低的学生，大部分能体验到学习数学的乐趣，表现出积极的数学学习行为。此外，高数学焦虑的学生往往采取片面的、高强度"刷题"练习的方式学习数学。而这种学习方式需要的学习时间和取得的成果之间不成比例，反过来又会加重学生的焦虑情绪。长时间得不到正向的结果反馈，学生会丧失数学学习的积极性，陷入沮丧、焦虑等负面情绪，怀疑学习数学的意义，逃避难题、逃避完成数学任务。因此，除了找到正确的学习方法和技巧，学生还需要调整学习数学的方式，胜不骄、败不馁，用积极乐观、不逃避的方式应对数学焦虑。

（二）影响数学焦虑的环境因素

20世纪70年代，发展心理学家布朗芬布伦纳（Bronfenbrenner，1992）提出了生态系统理论（Ecological Systems），强调将发展个体嵌套于相互影响的一系列环境系统中。这一系列环境系统包括家庭、学校等儿童直接接触的微观系统和相对远端的社会文化宏观系统。同样地，在理解环境因素如何影响数学焦虑这个问题时，环境因素可划分为微观的家校环境和宏观的社会环境。

第一，家庭会影响数学焦虑，比如父母教育期望、父母教育卷入度、父母焦虑。父母教育期望对给予儿童鼓励和积极的心理暗示，激发儿童的学习动机有着重要作用。然而，父母教育期望的积极作用有前提条件。一项研究基于北京大学中国社会科学调查中心的"中国家庭追踪调查"

2016 年的问卷数据，对 1917 个有效样本进行了统计分析。结果发现，父母期望子女的学业成绩在满分以下时，父母期望越高，子女的学业成绩越好；但当父母期望子女的学业成绩为满分时，子女的学业成绩反而呈下降趋势（龚婧，卢正天，孟静怡，2018）。国外的一项针对低收入少数族裔二年级学生的研究（Roberts，2013）也发现，父母的支持和期望能够减轻学生的数学焦虑，从而对学生在数字计算、数学应用题和代数推理上的成绩产生积极影响。由此可见，在合适的范围内的父母教育期望可以促进儿童学习。然而，如果家长给予过高的期望，则会给儿童带来很大的压力和焦虑。有研究者以我国西部五个县的 2600 多名四年级学生为对象展开研究，结果发现，父母教育期望通过数学焦虑间接影响学生的学业成绩，父母教育期望不合理，可能使学生出现过强的学习动机，间接地增加了学生的学习焦虑（张缨斌，王烨晖，2016）。

父母教育卷入度也影响数学焦虑。适度的父母教育卷入与关心有利于缓解儿童的数学焦虑。国内研究者选取了小学三、四年级的 1661 名学生进行了为期一年的追踪研究。结果发现，父母教育卷入、儿童数学态度与数学焦虑之间存在显著的负相关关系，父母教育卷入水平越高，儿童对数学的态度越积极，数学焦虑水平越低（赵晓萌等，2019）。然而，父母过于积极的数学态度也会提高儿童的数学焦虑水平，从而降低儿童的数学成就。针对 PISA 2012 数据的一项研究表明，学生感知到的家长的积极的数学态度会提高学生的数学焦虑水平，从而降低学生的数学成就（庞茗萱，2020）。莫尔等人（Mohr-Schroeder et al.，2017）的一项研究有着相似的结果，即认为数学对子女生涯发展很重要的父母，其子女有着更高的数学焦虑水平。当父母认为数学对子女的学习和发展很重要时，往往对子女的数学表现有着很高的期望，并且会更加频繁地参与子女的数学活动（Gunderson et al.，2012），这无形之中给子女带来了学习数学的压力，使子女产生数学焦虑。这就是说，父母过度的数学期望和教育卷入会导致儿童数学焦虑水平的提高。因此，家长在参与儿童数学学习时，除了需要注意自身学业态度的传达外，还应注意对儿童学业情绪的调控（Maloney et al.，2015；Murayama et al.，2013）。

此外，如果父母本身就有较高的数学焦虑水平，同时又较为频繁地辅导儿童的数学作业的话，他们的数学焦虑也会在不知不觉中传递给儿童，导致儿童产生更多的数学焦虑，进而对数学成绩产生不良影响（Maloney et al.，2015）。因此，不建议有着较高数学焦虑水平的父母频繁辅导儿童的数学学习。

第二，数学教师与课堂氛围会影响数学焦虑。研究表明，教师的教学态度和能力间接影响学生的数学焦虑水平和数学成绩（Geist，2010）。可以想象，教师若是无法将知识讲解得浅显易懂，学生自然会对数学学习产生"听不懂、学不会"的自我怀疑；要是教师无法用积极的态度面对数学问题，学生耳濡目染自然也会将此看成是困难而痛苦的事情。

教师对学生数学学习的期望和态度同样对学生的数学焦虑产生影响。米泽拉等研究者（Mizala et al.，2015）将"准小学老师"作为对象进行研究，结果发现，这些教师的数学焦虑也会无意中影响他们对学生的期望。高数学焦虑的教师会对学生的数学学习抱有更消极的期望，同时高数学焦虑也会负面影响他们的教学能力和课堂氛围，造成学生更低的数学成绩和更高的数学焦虑水平。若是教师有着较高的数学焦虑水平，负面情绪会直接感染学生（Ramirez et al.，2018）。在学生眼中，数学与数学教师是一个整体。如果教师采取冷漠、指责甚至辱骂的方式对待学生，学生就会对数学产生逃避、厌恶的情绪。这种状况下形成的数学焦虑，有时会被认为与学生的数学学习能力、教师的教学方法有关，然而实际上却是由教师对待学生的不良态度引起的（许唯唯，2009）。

此外，轻松有趣的数学课堂环境对于缓解学生的数学焦虑也有着重要意义。如果教师在教学过程中没有营造出一种正向的、接纳与支持的学习氛围，学生可能就会产生焦虑不安的情绪。如果数学课堂仅由定义、公式、定理、公理等数学知识堆积而成，就会使得数学给人"枯燥、毫无生趣、过于抽象、高不可攀"的感觉（余瑶，2018），从而更容易导致学生产生数学焦虑。

第三，社会环境和文化氛围等因素对学生的数学焦虑具有潜移默化的影响。比如，学生在学校感受到的集体氛围对其数学成绩有着重要的影响。法斯特等人（Fast et al.，2010）的一项研究发现，在班级中感受到更多关怀、挑战和掌握感的四至六年级学生有着更高的数学自我效能感，进而有着更好的数学表现。

文化对数学焦虑的影响也得到了研究的支持。跨文化研究发现，在重视学业成绩或竞争氛围更加激烈的国家和文化中，学生的数学焦虑水平比较高。考试制度由来已久、人口密度大的中国、韩国、日本等亚洲国家都非常重视学业成绩，学生的学业压力和数学焦虑水平普遍较高（Morony，Stankov，2010）。社会文化中对不同性别的固有看法也会影响学生的数学焦虑(Silke et al.，2018)。"女生感情细腻更擅长文科，在数学方面不如逻辑思维更强的男生"，这样的看法会加重女生对数学的畏难、悲观、自我放弃的情绪；"男生一定要学好数学，不能比女生差"之类的看法也会增加男生的数学学习压力，使之产生焦虑情绪。因此，要缓解学生的数学焦虑，除了家庭和学校的努力外，营造积极的社会文化环境同样有重要意义。

四、缓解数学焦虑的建议

缓解数学焦虑之前，首先要明白适度的数学焦虑是健康的，在许多情况下有适应意义，能像催化剂一样推动个体更努力地学习数学。因此，只有焦虑变得过于频繁、严重、持续时间比较长，干扰正常的学习和生活时，才需要"出手"。简言之，不要将数学焦虑"妖魔化"，让对数学焦虑的恐惧打垮了信心。

那么如何缓解学生的数学焦虑呢？回顾以往研究，正念干预、考前排练、表达性写作、调整非理性信念是可行的并得到了相关研究支持的方法。这些方法侧重点各不相同，正念干预重在觉察和接纳焦虑情绪，考前排练和表达性写作注重情绪的释放，调整非理性信念重在调整非理性信念。

(一)正念干预

"正念"这一概念最初来源于佛教，是佛教的一种修行方式，它强调有意识、不带评判地觉察当下，是佛教禅修主要的方法之一。心理学家将正念这一概念从佛教中提取出来，发展出了多种以正念为基础的心理疗法。正念干预的潜在目的是使学生学会使用内在的身心力量，通过集中注意觉察身体情况以及呼吸、情绪、行为等过程，提升注意力、接纳当下。研究表明，正念训练对于缓解压力和焦虑情绪有着很好的效果，这一点在对数学焦虑的缓解上也有着明显的体现。例如，在布鲁耶等人(Brunyé et al.，2013)的研究中，简单的专注呼吸练习可以降低高数学焦虑者的数学焦虑水平。

在正念训练中，通常先引导儿童关注外在的或自身的觉察对象，比如外在的水流声、墙上的画、自己的呼吸、躯体的感觉、自己的情绪、自己的行为等。以觉察呼吸为例，首先是身体放松环节，比如保持竖直坐姿，双手放在大腿上，肩膀放松，头摆正，双脚平放在地板上。然后引导儿童关注呼吸的每个流动瞬间，专心感受呼吸时气体在鼻腔中缓缓流动的感觉，或者感受肚子在每次吸气和呼气时的变化。在训练的过程中，头脑中产生了干扰想法或念头导致注意力出现偏移也不要紧，只需要在察觉到的时候温柔地把注意力拉回到所关注的事物上即可，不必批判、不必后悔。通常这样的训练持续 15 分钟。通过呼吸练习让焦虑者关注当下，提升对当下的觉察和专注力，这有助于训练学生在完成数学任务时关注任务本身而不是焦虑情绪。还可以进行简单的吃葡萄干训练，引导学生拿起、观察、触碰、闻、放入口中、品尝、吞咽，让学生感受每个瞬间。这是正念训练中提升行为觉察和感受力的常见活动。

针对小学生的数学焦虑，我们课题组设计了题为"正念超人"的一系列正念课程。课程利用学生上课时间进行，每周一到两次，共 10 节课，每节课 40～50 分钟，共持续 8 周。具体课程内容见表 6-1。课程框架中包含了多种简单的正念训练，除了正念呼吸，还有正念观察玻璃珠、正念吃葡萄干等活动。其中，感恩瓶游戏、反向辩论赛等活动也培养了学生的感恩之心和辩证思维等。结果表明，经过正念干预，小学生的焦虑得以缓解（王梦媛，2018）。

表 6-1 "正念超人"系列课程

模块	课程	主题	活动
课程介绍	第一节	神奇的大脑	丢烦恼；大脑及正念介绍。
对感知觉的觉察	第二节	玻璃珠里的世界	正念倾听＋呼吸；正念观察玻璃珠。
	第三节	舌尖上的这年	正念倾听＋呼吸；身体扫描；正念吃葡萄干。
	第四节	静如处子，动若脱兔！	基本功；控制心跳；平衡力挑战。
对自我情绪及想法的觉察	第五节	都是浮云	基本功；各种情绪定义；正念想法与情绪。
	第六节	正念和焦虑	基本功；焦虑简介；正念缓解焦虑情境练习。
	第七节	接纳、感恩与爱	基本功；传递善意；感恩瓶游戏。

续表

模块	课程	主题	活动
对他人及关系的觉察	第八节	三只小猪的真实故事	基本功；听故事讨论问题；反向辩论赛。
	第九节	友善的力量	基本功；画友善树；策划善意活动。
结束课程	第十节	正念超人	丢烦恼；基本功；写下收获；颁发证书。

第一节课的"丢烦恼"活动，教师引导学生拿出一张空白的纸，将自己的压力、焦虑写在纸上。可以写具体的焦虑事件，也可以写自己的烦恼和感受。等待大家都写好之后，教师可以充满仪式感地告诉大家，"我们的烦恼都写在了这张纸上，现在我们深吸一口气，用这样的方式告诉自己，从此以后它们将被远远抛在脑后，不再干扰我们的心情"。"这样的方式"可以是组织大家一起将纸张撕碎；也可以将纸张对折再对折，直到折到无法继续，然后将它放到特定的容器里。

第二节课的正念观察玻璃珠引导学生静下心来，从观察玻璃珠的整体外观开始，之后再观察质地，如是否透明，是否有气泡，是否有花纹，花纹的颜色是什么，是否反射出太阳的光辉等。还可以引导学生感受玻璃珠的温度、硬度，用指甲弹击，听其声音等。过程中可以伴随着舒缓的音乐，目的是让学生充分调动自己的感官，体察自己的感觉，做到关注当下，放松解压。

第三节课的身体扫描活动中，让学生们一起闭上眼睛感受身体的各个部位，头有没有不舒服，眼睛有没有酸涩，从脖子、肩膀、胸脯、肚子、手臂、手腕到大腿、小腿和脚掌。在这个过程中，教师指导学生变成一个扫描仪，开着探照灯进行一次身体扫描。其目的是让大家感受自己的身体有没有不舒服的地方，如果有则需要进行放松，从而加强学生对自己身体器官的感受度和关爱度。

第四节课的控制心跳对应的是"默数60秒"活动。教师指导学生闭上眼睛，根据自己的心跳辨别时间的流逝。统一开始后，大家心中默数"1秒、2秒、3秒……"直到感觉已经到了60秒的时候，举起手并睁开眼睛，核对是不是真的到了60秒。通过这样的形式，大家可以更多地了解自己的身体和节奏。平衡力挑战则可以尝试采用单脚站立或者将笔横放在一根手指上的方式，提升学生对于自己平衡能力的认识。

还可以进行用正念缓解数学焦虑的情境模拟练习。比如，设置遇到难题不会写的情境、数学考试时时间不够用的情境等，鼓励学生用关注呼吸、集中注意力、关注自身情绪的正念方法快速调整状态，避免焦虑情绪恶化。除此之外，传递感恩瓶给学生提供了一个可以匿名说出自己对别人的感谢的机会，而画友善树则可以鼓励学生举出生活中自己感受到友善和支持的经历，这些情感支持可以来自家人、教师、同学，甚至可以来自陌生人。通过这样的方式让学生感受到自己处在充满爱的环境中，从而培养更加和谐的人际关系，这样的社会支持往往会成为学生缓解焦虑的重要支撑。

反向辩论赛则可以培养学生的辩证思维。教师可以举出一些耳熟能详的话语，鼓励学生从另一个角度思考"真的是这样吗""总是这样吗"，从而让学生学会辩证地看待问题。比如，从"一山难容二虎"思考到"一山可容二虎"，从而指导学生学习强者之间如何合作帮助、取得共赢。再比如，从"三个臭皮匠赛过诸葛亮"思考到"三个臭皮匠不如诸葛亮"，从而明白领导者在一个团队里的重要价值。通过培养学生的反向思维，锻炼他们的思维能力，从而使学生在面对数学焦虑，可以做到从更加积极的角度思考问题，辩证地看待焦虑对他们的影响。

（二）考前排练和表达性写作

考前排练指在数学考试或者学习数学前，排练预演焦虑的唤醒状态。乍一眼看上去，这样的方式有"明知山有虎，偏向虎山行"之嫌，不禁让人怀疑这么做会不会让人越发焦虑？心理学家贾米森（Jamieson et al.，2016）的一项研究发现，在数学考试之前，阅读接纳压力的科普文章，从焦虑的觉察到认知，可以达到释放焦虑、提高数学测试成绩的效果。我们可以将这一现象理解为，当学生在数学学习之前就觉察到自己的焦虑时，通过给予学生客观积极的解释，可以减缓他们对焦虑本身的恐惧。并且由于重复练习，学生逐渐熟悉了焦虑带来的负面感受，也会因此降低他们对焦虑的敏感度，达到缓解数学焦虑的目的。

除了考前排练，还可以通过将焦虑写在纸上缓解其带来的负面影响，这种方法称为表达性写作。表达性写作（Expressive Writing）是一种简单的写作技巧，即自由地写下自己对于目前面临的重要压力源的想法和感受。这些关于压力情绪的表达性文字在情绪事件发生 15～20 分钟后，就可以带来生理和心理两方面的益处。比如，帕克等人（Park et al.，2014）的一项研究表明，考前焦虑情绪的表达缓解了考试中的焦虑感，不仅提高了参与者的作答速度，也提高了作答的正确率。研究者在进行正式的数学测验之前，留出 7 分钟的时间让高焦虑组和低焦虑组写下对即将到来的数学测验的想法和感受，并且让其尽可能开放地去表达。如果不想进行写作，也可以选择静坐休息。结果发现，进行表达性写作的高焦虑组在接下来的数学测验中与低焦虑组的表现相当，并且在写作中与焦虑相关的词汇使用越频繁，其数学测验的成绩就越好。

对于表达性写作为什么会有缓解压力的效果，目前的解释主要集中于两点。首先，表达性的文字可以让学生熟悉自己的真实感受，如焦虑和恐惧。当学生熟悉这些情绪后，这些情绪就无法像以前那样过度地吸引学生的注意力了，学生自然会比往常感到轻松，也更容易获得好成绩（Lepore et al.，2002）。其次，对自己情绪状态的不断了解，使学生渐渐完善了自己的情绪调整策略（Boden et al.，2012）。除此之外，还有研究者提到，表达性写作还会促进我们的工作记忆能力（Klein，Boals，2001；Yogo，Fujihara，2008），使我们可以更快地提取出我们想要的知识和信息，这对于处理数学任务无疑是极其有益的。

综上可知，考前排练和表达性写作这两种方法有一个共性，即在感到焦虑的事项发生之前就提前感受负面情绪。通过这样的方式提前适应焦虑感，这将为儿童积极调整自己的心态、发展自己的减压策略创造机会和可能性。

(三)调整非理性信念

对事件的认识而不是事件本身决定了我们的情绪。高数学焦虑的学生常常有一些关于数学的非理性信念，如"我就是不擅长数学""怎么学都学不好""数学真的太难了"。这些非理性信念导致较低的数学自我概念。调整非理性认知就是要调整这些非理性信念。因此，改善数学焦虑，就需要发现、挑战和改变学生的不合理信念，建立积极的数学自我概念。表 6-2 中列出了学生经常会有的一些非理性信念。成人可以陪伴孩子一起发现非理性信念并挑战这些非理性信念，通过成长型思维建立积极的认知框架。

表 6-2　常见的导致过度焦虑的非理性信念

类型	示例
绝对化思维	以非黑即白的方式看待事物，没有中间地带，认为"必须""应该""一定要"，如"我必须每次 100 分，低于 100 分就说明自己不优秀"。
过度概括化	仅从暂时的或片面的消极经验出发对总体进行概括，如"我总考不好，我真的很笨"。
糟糕至极	总是预期最糟的情况会发生，如"我数学学不好，就上不了大学，上不了大学，一辈子都没出息了"。

　　当儿童处于数学情境中时，还可以引导儿童回答几个问题。比如，我从什么时候开始有这种焦虑？我的焦虑让我想起了哪些人和哪些事情？当时发生了什么？再次发生的可能性有多大？如果可能性很低，那么更可能发生什么样的结果呢？我的这些担心有用吗？想要解决问题的话，我可以做些什么而不只是担心呢？如果我的好朋友有我现在的这些焦虑，我会对他们说些什么呢？通过思考这些问题，儿童可以了解自己的焦虑来源，尝试解决问题的策略，从第三方视角尝试找到解决方案。此外，成人可以引导孩子采用成长型思维，如告诉孩子"只是这一次没考好""只是目前还没掌握"。这种思维方式被称为"not yet"策略。

　　调整儿童非理性信念的同时，可提高儿童对数学的学习兴趣。皮亚杰认为，"所有智力方面的工作都要依赖兴趣"，兴趣是帮助学生持续成长和进步的精神养分。2001 年，密西根大学研究者科勒与其同事通过纵向研究发现，数学成绩好的学生相比其他学生具有更浓厚的数学兴趣，且更倾向于选修高级数学课程（Köller，Baumert，Schnabel，2001）。可是，是先有了浓厚的数学兴趣而后有了较好的数学成绩，还是好成绩引发了浓厚的数学兴趣呢？研究者以 5 个月为间隔，两次测量了一组 3～5岁儿童的数学兴趣和数学成绩，发现数学兴趣和数学成绩具有正相关关系；更值得注意的是，控制了第一次测量的数学兴趣和智力后，第一次测量的数学成绩仍然可以预测 5 个月后的数学兴趣。同样，第一次测量的数学兴趣可以预测第二次测量的数学成绩（Fisher et al.，2012）。这代表着数学成就和数学兴趣相辅相成，二者互相促进。有学者指出，兴趣通过更深层次的信息处理（Hidi，Renninger，Krapp，2004）、增加在任务上花费的时间，以及增加努力程度和持续练习促进了技能的发展。因此，家长和教师应积极尝试各种方法提升儿童的数学兴趣。

目前，研究发现，采用基于探索和研究的教学策略对学生的兴趣与能力发展能够产生长远和深刻的影响。探究是一系列发现问题、分析问题、解决问题和解释问题的过程。受"唯分数论"的影响，很多家长和教师认为只要学生背够了公式，刷足够多的题就能提高数学成绩。短期内这种粗暴简单的方法或许可以提升学生的数学成绩，但从长远来看，该方法不仅有损学生对数学的兴趣，还会导致其数学成绩随着数学课程难度的加大而降低，使学生信心大减，进入恶性循环。因此家长和教师应当摒弃"唯分数论"，采用基于探索和研究的教学策略引导学生，帮助他们发现数学的理性之美、逻辑之美。鼓励学生建立相互协作的学习氛围，这是成功实施基于探究的教学方法的必备环境。在该环境中，鼓励学生关注共同推理和沟通的过程（Cobb，McClain，2006），在群体内共同分析问题，相互协作，考虑替代方案，重新评估结论以及解决结构不良问题。同时支持和鼓励学生在小组中发表演讲，交流他们的发现，以使他们学会思考和处理那些相互矛盾的观点。研究表明，该方法可以增加学生对数学的兴趣和投入，而且可以塑造其在 21 世纪的重要能力，比如韧性、应对不确定性的能力、自力更生的能力和创造力（Fielding-Well，2013；Goos，2004）。

除了以上方法，还可以通过视觉化的实时反馈，更清晰、更有计划地调节焦虑。比如，有研究者（Verkijika，DeWet，2015）利用脑机接口（Brain-Computer Interface，BCI）技术来调节数学焦虑。BCI 技术的原理是大脑在进行内部思维活动或受到外界刺激时会产生一系列脑电活动，这些脑电信号经过处理后可以体现当事人的真实意图，并将思维活动转换为指令信号，从而实现对外部物理设备的有效控制。研究者让参与者完成一项数学头脑游戏，游戏中参与者需要进行一系列的加、减、乘、除运算。游戏分为两个阶段，有两个难度水平。每个阶段都包含一级难度题目和五级难度题目，每类题目各完成两次。每完成一次进行一次数学焦虑脑信号收集，并向参与者反馈其数学焦虑水平，同时为参与者后续做题提供控制数学焦虑的方法。结果发现，在第一次对一级难度题目和五级难度题目进行反馈后，第二次做题时参与者的数学焦虑水平均显著下降，而且第二阶段的数学焦虑水平低于第一阶段。

综上，BCI 技术实质上是通过训练增强个体的控制力，让个体更加关注任务本身而不是数学焦虑（谢芳，张丽，2016）。这种方法就好像每日观测自己的体重变化、每日观测血压情况，通过细致的记录和及时的反馈，个体增强了主动调节的意识，强化了自身的焦虑应对效能。在生活中，我们可以通过在量尺上打分来实现实时的记录和反馈。比如，在 1～10 分的量尺上评估目前的焦虑是多少分，调节后的是多少分。通过这样的动态记录，具体化了焦虑感受和情绪调节，有助于更明晰未来的方向和行动。

关于儿童的数学焦虑，父母可以做点什么呢？高质量的亲子互动对于儿童数学能力的提高必不可少。然而，若家长自身体验着数学焦虑，这时由于自己对数学的恐惧和能力的限制，很可能无法保证提供给儿童高质量的数学学习影响。在 21 世纪的今天，科技或许能助家长一臂之力。有研究表明，数学 App 的合理使用能够发挥积极作用。芝加哥大学贝洛克团队（Berkowitz et al.，2015）以 587 名一年级学生为样本，考察了一款以亲子互动为核心的基于心理学理论开发的数学 App——Bedtime learning together（BLT）对学生数学成就的影响。研究者将被试家庭分为数学组和阅读组，数学组将通过 BLT 进行数学文章的阅读，并回答与数学相关的问题。阅读组则阅读不包含数学问题的普通文章。实验数据显示，在数学组，家长和学生共同使用 BLT 的时间越长、次数越多，学生在学年末的成绩提高越显著。此外，研究者还发现父母数学焦虑水平较高的家庭通过此 App 进行高质量的亲子数学互动之后，学生的数学能力进步显著，其与父母数学焦虑水平较低的学生之间的数学差距逐渐变小。这说明数学 App 能明显改善该样本中学生的数学能力。最为关键的是，对于那些因父母有数学焦虑而很少得到数学支持的学生来说，数学 App 给父母创造了一个良性机会，打破了由于父母有数学焦虑而引起学生数学焦虑的代际传递。

综上，儿童的数学焦虑受到家庭、社会和学校的影响，因此全社会都应创设积极的环境改善儿童的数学学习态度，预防数学焦虑的产生。比如，教师积极改变教学策略，采用灵活多变的教学方式引发学生的学习兴趣，改变学生的学习态度，让学生爱上数学；创建积极、友好、公平的班级环境，提升学生的自我效能感；对于不同水平的学生给予不同的评价和鼓励，激励学生，让学生产生积极的学习动机（Beilock，Willingham，2014）。家长应改变刻板印象，鼓励儿童，用成长型思维看待儿童的成绩。这样的支持性的环境，才可以让儿童更为轻松地面对数学。

第七章

家庭资本与数学能力

资本是一种铭写在客体或主体结构中的力量。

——布尔迪厄

2016 年，在会见第一届全国文明家庭代表时，习近平主席提出"广大家庭都要重言传、重身教，教知识、育品德，身体力行、耳濡目染，帮助孩子扣好人生的第一粒扣子，迈好人生的第一个台阶"。可见，作为家庭重要成员和儿童的监护人，父母在家庭教育中负有重要的责任和义务。在学术界，家庭在个体发展过程中的地位同样不言自明。布朗芬布伦纳 (Bronfenbrenner，1992) 曾提出个体发展的生态系统理论。该理论指出，个体的成长和发展是一个复杂的过程，就像俄罗斯套娃一样，以个体为中心辐射出包含微环境、中环境、外环境、大环境等的环环嵌套的生态系统。布朗芬布伦纳认为，家庭是距离个体最近的微环境，直接影响着个体的成长。同时，家庭与儿童的关系亦会影响个体的成长。由此可见，家庭环境对儿童的成长和发展意义深远。

家庭作为社会基本的组织和结构，具有经济、生育、抚养、赡养、教育、文化、满足情感需要等各种功能。本书使用了家庭资本这一术语，是为了突出家庭教育的正向功能，突出家庭教育可以带给儿童发展的可能性、力量和资源。"资本"最初是经济学中的概念，指商品生产和交换过程中所产生的剩余价值，具体表现为物质的资源和经济的资源。到了 20 世纪 60 年代，资本理论的发展进入崭新阶段，研究者提出了各种非物质的资本形式。法国社会学家布尔迪厄 (1997) 对经济资本、文化资本、社会资本三种形式进行了区分。在家庭这一场域中，资本同样有这三种形式。这些资本大致可分为背景性家庭资本和过程性家庭资本两类。本章将介绍背景性家庭资本和过程性家庭资本在儿童数学能力发展中的作用。

一、背景性家庭资本对儿童数学成绩的影响

"文化是资本"的观点相对抽象。布尔迪厄提出，文化不仅可以作为

资本存在，同时也具备资本的特性，能够进行生产和积累。文化资本泛指任何与文化及文化活动有关的有形资产及无形资产，是积累的劳动，是劳动时间的总和。"当这种劳动在私人性，即排他的基础上被行动者或行动者小团体占有时，这种劳动就使得他们能够以具体化的或活的劳动形式占有社会资源"（布尔迪厄，1997）。

文化资本包含以下三种基本形态。其一，是具身化文化资本（Embodied Cultural Capital），是精神与身体的结合物，是内化于个体的部分，以精神和身体的持久"性情"表现出来，包括知识、教养、气质、趣味和感性等方面。具身化文化资本与身体相关，通过劳动者的身体力行获得。因此，具身化文化资本只能体现在特定的个体身上，具有身体性、获得的无意识性、独特性和隐蔽性，不能进行馈赠、买卖和交换。具身化文化资本的内涵与组织行为学家卢森斯（Luthans et al.，2005）提出的"心理资本"的概念内涵相似。心理资本是指个体所拥有的积极的心理资源，如自我效能感、希望、乐观和坚韧性，都是类似于状态的积极心理力量。这样的心理资源在一定程度上反映的是具身化文化资本中的教养、气质或者性情。综上，家庭文化资本是家庭成员通过彼此沟通与共同实践所集聚的特定社会资源。

其二，是客体化文化资本（Objectified Cultural Capital），是以文化产品的物质形式存在的，如图书、词典、古董、工具等。客体化文化资本同时具有物质性和符号性。就其物质性而言，客体化文化资本作为一种商品可以进行买卖、交换。就其符号性而言，客体化文化资本需要个体具备特定的能力对其进行理解和传承。因此，文化产品是文化资本与经济资本的统一。

其三，是制度化文化资本（Institutionalized Cultural Capital），是对行动者的知识与技能以考试的形式予以认可，并通过授予证书、文凭等方式将其制度化的资本形式。制度化文化资本实质上是通过经济层面的教育投资实现的，通常用学历来衡量。文化资本的制度化造成了自学者的文化资本与获得学术认可的文化资本之间的差别。自学者的文化资本会随时受到别人的怀疑，需要不断证明自身的合法性；而获得学术认可的人凭借其学术资格和文化能力证书拥有了一种文化上长期不变且得到合法保障的价值。这一概念与国外经济学家舒尔茨和贝克尔提出的人力资本类似，即劳动者的自身才智、专业知识和技术。在社会学实证研究中，人力资本通常用父母的受教育水平来评估（池丽萍，俞国良，2011）。

　　根据资本是在静态的结构中汇聚，还是在动态的过程中汇聚，家庭资本大致可分为背景性家庭资本和过程性家庭资本。背景性家庭资本强调家庭资本传递过程中个体和家庭的静态结构特征，如父母收入、父母受教育程度、父母职业、父母的教育物质投入、家庭结构、家庭社会经济状况等，涉及家庭中的经济资本、客体化文化资本、制度化文化资本以及社会资本。其中有些是主观的，有些是客观的。过程性家庭资本强调家庭资本传递双方的互动，如亲子沟通、父母监督、父母期望、亲子活动等，多数是具身化文化资本。背景性家庭资本会通过过程性家庭资本对儿童产生作用，影响儿童。以下就家庭社会经济状况和物质教育投入情况对儿童数学能力的影响展开论述。

（一）家庭社会经济状况与数学成绩

　　家庭社会经济状况是指根据个体所占用或获取的社会资源的数量评定的个体社会和经济状况（任春荣，2010）。通常从父母收入、父母受教育程度以及父母职业三方面来评估（Sirin，2005）。科尔曼（Coleman，1988）认为，社会是由物质资本、人力资本和社会资本三者共同构成的，三者相互依存，并相互转换。同样，家庭由物质资本、人力资本和社会资本构成。家庭社会经济状况正是对家庭中三类资本的整体反映。父母收入代表物质资本，是家庭能为儿童发展提供的物质基础。父母受教育程度代表人力资本，是测量指标中最为稳定的因素，并与父母收入密切相关，一般受教育程度较高的收入相应也较高。教育可以带来更好的就业机会和收入，能够扩展家庭的社会资本。父母职业代表社会资本，不仅与父母受教育程度和父母收入密切相关，而且是社会威望的标志（Sirin，2005）。因此父母收入、父母受教育程度以及父母职业三者相互影响。研究者普遍认为，将三个指标结合来评定家庭社会经济状况比单独用一个指标来评定更具代表性（Bradley，Corwyn，2002）。

　　家庭社会经济状况对学业成绩有重要影响的发现最早来自《科尔曼报告》。科尔曼等人（Colman et al.，1966）研究了美国4000多所学校的64万名学生，发表了著名的《科尔曼报告》。该报告指出，在影响学生学业水平的因素中，家庭社会经济状况解释了学业成绩的大部分差异，而且其影响大于学校的影响。之后，越来越多的研究发现，家庭社会经济状况对儿童学业成绩有重要影响（Scarborough，Dobrich，1994；Teachman，1987）。国内也有很多关于家庭社会经济状况影响学生学业成就的研究。例如，沈卓卿(2014)发现，反映家庭社会经济状况的父母受教育程度、财政资源、生活资源、父母教育投入等指标会对儿童的语言发展、阅读能力、学业行为、学习困难和学业成就产生影响。

整体来看，以往研究发现，家庭社会经济状况越好，儿童的学业成绩越好。然而，家庭社会经济状况与学业成绩的相关程度受学科类别、年代等因素的影响(Bornstein，Bradley，2003)。

家庭社会经济状况对数学和语文的影响是不同的。西林(Sirin，2005)发现，不同的学科类型，其学业成就受到家庭社会经济状况的影响程度不同，其中家庭社会经济状况与数学成绩的关系最强。PISA2015的结果表明，阅读、数学和科学成就的变异被家庭社会经济状况解释的百分比分别为：11.9%，13%，12.9%(OECD，2016)。不过另一项研究则发现，相比数学成绩，语文成绩受家庭社会经济状况的影响更深。在刘娟等人(Juan et al.，2020)的研究中，学生的学业成绩分为语文/英语类，科学/数学类和一般成就类。结果发现，与科学/数学类和一般成就类相比，语文/英语类的学业成绩与家庭社会经济状况的关系更密切。家庭社会经济状况较好的儿童可以获得更好的阅读环境、更多的书籍、更长时间的父母伴读，因而阅读成绩会更好(任春荣，辛涛，2013)。同样，家庭社会经济状况较好的家长往往通过家庭启蒙，密切关注儿童的阅读习惯和早期的英语教育(Li，2007)。有研究者(Rowan et al.，2002)发现，在将学生学业成绩的增值作为因变量后，阅读成绩变异的3%～10%和数学成绩变异的6%～13%可以用课堂水平来解释。这说明，数学成绩似乎受学校课堂影响较大，而阅读成绩受学校课堂影响较小。这些结果支持了与阅读成绩相比，数学成绩受家庭社会经济状况的影响可能较弱。不过未来还需要进一步对此问题进行探讨。

家庭社会经济状况解释学业成就的程度还受到年代的影响。现代化理论认为，随着社会的发展，个人的教育成就与家庭社会经济状况的联系越来越少(Blalock et al.，1968)。相反，再生产理论认为，社会经济不平等的代际再生产是稳固不变的，这意味着随着时间的推移，家庭社会经济状况与学业成绩之间的关系可能更强(Breen，Jonsson，2005)。西林(Sirin，2005)发现，在美国，家庭社会经济状况与学业成绩的关系在逐年减弱，1918—1975年的相关系数为0.343，而1990—2000年的相关系数为0.299。国内有研究对1989—2016年的62篇相关研究进行了元分析后得出结论，随着年份的推移，家庭社会经济状况与学业成绩之间的关系逐渐减弱(Peng et al.，2019)。有学者(Juan et al.，2020)进行了一项涉及 215649 名学生的元分析，结果表明，家庭社会经济状况与学业成绩存在中等程度的相关，相关系数为 0.243。而且 1989—2016 年，家庭社会经济状况与学业成绩的关系逐渐减弱。这些研究均支持了现代化理论。

家庭社会经济状况对学业成绩的影响，可能是家庭社会经济状况通过影响学生的心理素质而产生的。心理素质是以生理条件为基础的，可将外在获得的刺激内化的(稳定的、基本的、内隐的)，具有基础延伸发展和自组织功能的，与人适应发展、创造行为密切联系的心理品质(张大钧等，2000)。程刚等人(2018)发现，心理素质在青少年家庭社会经济状况和其学业成绩的关系中发挥着中介作用，即青少年家庭社会经济状况对其学业成绩的影响是通过个体的心理素质产生的。

每个人都无法选择自己的父母与家庭，这是否意味着家庭社会经济状况较差的儿童的人生无法改变呢？其实不然。寒门学子能通过重要他人或者其他途径来弥补家庭文化资本的不足(余秀兰，韩燕，2018)。鲁洁(1990)认为，家庭社会经济状况不会使儿童的学习成绩和品德面貌产生统计学意义上的显著差异；并且在满足其子女正常学习需求后的家庭经济条件，其增长对于子女的学习和教育而言，不再产生有意义的影响和积极作用。过于优裕的家境条件，反而可能养成子女养尊处优的品性，成为影响他们学习的不利因素。决定个人未来经济状况的首要因素还是勤奋和个人的努力程度(蒋亚丽，腾芸，2015)。

抗逆力理论为解释"寒门出贵子"现象提供了核心的理论支持，并且主要是通过家庭抗逆力和个人抗逆力两个维度。研究者认为，家庭抗逆力侧重于在逆境中抵抗和反弹的能力，其核心思想是家庭整体通过运用其行为、情感和关系资源来克服不利的环境，建构具有动力系统的家庭结构(Walsh，2002)。因此具备抗逆力的家庭能够通过构建家庭信念、家庭组织方式和家庭沟通(朱眉华，2013)，积极调动所需要的资源，摆脱家庭可能面临的贫困陷阱。抗逆力理论将影响个体发展的因素分为保护性因素和风险因素。保护性因素能够帮助个体在遭遇逆境时，启动资源，顺利应对危机。那些出生在经济、文化及各类资源匮乏的家庭中的儿童，通过家庭资本中教育优先的非物质资源投资和自我潜能的激发，能具备高抗逆力，取得学业及社会成就上的成功(Richardson，2002)。

作为家长，如何更好地促进儿童数学成绩以及整体学业成绩的提高呢？

首先，增强家庭文化氛围，提升自身文化素质。家庭的制度化文化资本、客体化文化资本在一定程度上受家庭经济水平的限制，无法得到有效或迅速的改善，但是作为过程性资本的父母教育期望、亲子沟通、亲子活动等却是可以通过家长自身的努力而创设或提高的。例如，家长可以树立积极主动的学习态度，并以身示范。现代社会的急剧变化，强调人们要坚持终身学习。家长可以通过在职进修或者其他网络资源，提升自身的文化素质。这不仅对家长自身的职业发展有益，并且不断学习的态度也会成为重要的家庭资本，激励儿童，进而对儿童的学业产生积极影响。

其次，积极利用各种社会资源。例如，家庭可以积极利用隐形的科技力量。随着当代中国科技的发展，信息和科学带来的革命性技术已经渗入社会生活的方方面面。吉登斯(2011)在《现代性的后果》一书中提出，现代性的重要特征是时空分离。它使一些儿童家长摆脱了在空间上被牢牢束缚在土地上或者工业化生产流水线上的状态。"互联网＋"的模式可以让家长更为灵活地安排劳动时间或者兼职工作，让他们有可能留出时间参与儿童的学业过程，或者利用网络上丰富的知识资源给儿童提供支持。

家长还可以寻找家族内榜样。在社会经济状况较差的家庭中，父母通常不具有学业或学历优势，但是在家族范围内，常常有亲属取得过教育上的成功。这些亲属的成功的教育经历，在家族范围内可形成示范效应，可以在一定程度上弥补父母教育不足的现实，构成学生心目中的榜样，从而起到激发学生学习动力的示范效应。有研究指出，在基于血缘与地缘的熟人社会中，邻里更倾向于分享共同的文化与价值，乡邻间的榜样对同龄人的参照作用十分明显。

这些方法的核心是在有限的家庭资本范围内，挖掘、扩大和深化家庭的内部资源，超越家庭社会经济状况的限制，积极寻求各种外部资源和条件，激发儿童的学习动机，创设良好的学习环境，帮助儿童形成和发展面对逆境的自身抗逆力。这不仅有助于儿童取得学业成功，还有助于儿童未来的事业发展和人生价值的自我实现。

(二)家庭的物质教育投入与数学成绩

家庭的物质教育投入属于客体化文化资本(张惠，2013)，指父母在物质层面对儿童的学习投入，如为儿童购买书籍、词典、工具等。以往研究中经常使用家庭藏书量、是否拥有独立书桌等作为指标。

目前研究表明，家庭藏书量与儿童的数学学业成绩和语文学业成绩呈显著的正相关。我们课题组（谢芳，2017）将家长阅读习惯、亲子阅读频率、家庭藏书量等作为衡量客体化文化资本的标准，探究了基因与家庭文化资本对儿童阅读能力和数学能力的影响。结果发现，儿童的数学能力与家中拥有的儿童读物的数量呈显著的正相关。还有研究者（李亚琴，2019）将家庭藏书量、学习空间、外出游历、家庭所在地、就读学校作为客体化文化资本的衡量标准，探究了留守儿童家庭文化资本与其学业成就的关系。结果发现，家庭藏书量对留守儿童的学业成绩有预测作用。

目前研究也发现了家庭藏书量与儿童阅读成绩有密切关系。家庭藏书量与儿童的阅读频率和阅读成绩呈显著的正相关，家庭藏书量会促进儿童阅读兴趣的发展（Scarborough，Dobrich，1994）。有研究将家庭藏书量、儿童读物数量以及电脑的数量作为衡量客体化文化资本的标准，结果发现，客体化文化资本在家庭经济资本和中小学生阅读兴趣之间发挥了完全中介作用（李毅，谭婷，2019）。这说明客体化文化资本与学生阅读兴趣密切相关。

对中学生的研究也发现了家庭藏书量具有积极作用（赵红霞，崔亭亭，2020）。有研究者（赵林青，2019）探究了高中生家庭文化资本与其学习成绩的关系，其中客体化文化资本包括了家庭藏书量。结果发现，客体化文化资本和学习成绩的相关程度虽然显著，但与制度化文化资本和具身化文化资本相比，其相关程度最低。客体化文化资本的不同方面对学习成绩的影响也不同，家庭藏书量对学习成绩的影响最大。还有研究通过"你家里有电脑和网络吗""你有自己的独立书桌吗""你家里的书多吗"等相关问题来考察家庭的客体化文化资本（蔺海风，2020）。数据分析发现，相比于具身化文化资本和制度化文化资本，客体化文化资本对学业成绩的影响显著低于前两者，然而其对青少年认知能力的促进能力更强，认知能力测验主要考察了青少年的智力水平、逻辑思维与问题解决能力。最后，有研究发现，客体化文化资本对中国学生各类学科成绩的贡献最大，而制度化文化资本对英国学生学业成绩的影响最大（何二林，叶晓梅，潘坤坤，2020）。这些也都说明了客体化文化资本对中国学生学业成绩的重要性。

总之，家庭藏书量对儿童和青少年的学业成就均有积极作用。客体化文化资本，如图书、计算机等物质条件是核心素养获得的重要载体，并对学生核心素养的养成起到了潜移默化的促进作用（张凯，2018）。这些影响可能主要通过亲子活动、亲子沟通、父母期望等过程性家庭资本来产生。家庭背景会影响与子女教育获得有关的社会心理过程，如父母对子女教育的态度、鼓励、期望等（余秀兰，韩燕，2018），这些社会心理过程是影响教育获得的重要中介变量。

以上研究启发我们，对于政府而言，应合理配置教育资源，全面提高教学质量，建立良好的家校合作机制。同时加强社区的公共资源建设，提高人们对社区教育重要性的认识，发挥其在儿童教育中的积极辅助作用。对于家长而言，可基于现实情况积极提升家庭文化资本。例如，多为儿童购买课外书籍、给儿童配置独立的书桌等。相比于具身化文化资本和制度化文化资本，客体化文化资本的流动性较强、灵活性较高。最主要的是，父母要培养儿童的成长型思维，以增强其抗逆力。

斯坦福大学德韦克教授提出，人有两种思维模式。其一，是固定型思维模式（fixed mindset），认为智商是天生的，后天的努力不会造成影响。其二，是成长型思维模式（growth mindset），认为智商可以通过努力获得增长。德韦克的研究发现，无论是男性还是女性，具有固定型思维模式的参与者普遍认为数学是一种天赋，不愿意接受有挑战性的数学题，最终显示出较弱的数学能力。反之，如果他们具有成长型思维模式，认可数学能力可以通过后天努力而改变，通常的结果是他们的数学表现比较优异（Dweck，2007）。在一项有 168203 名学生参与的美国国家成就测验中，成绩排名前 20％的学生更多地拥有成长型思维模式，而倒数 20％的学生更多地拥有固定型思维模式（Claro，Paunesku，Dweck，2016）。研究还发现，成长型思维可以抵御贫困对学业成绩的消极影响。尽管来自低收入家庭的学生在标准化考试中的得分通常较低，但具有较好的成长型思维的低收入家庭的学生的考试分数与具有固定型思维的高收入家庭的学生相近。他们（Yeager et al.，2019）还通过对 12390 名美国九年级的学生进行短期集中的思维方式的干预，证明了成长型思维能有效提高学生的学业成绩，尤其是数学成绩和科学成绩。研究者运用的干预分为两个阶段：第一阶段让学生参加介绍成长型思维的在线课程；第二阶段让学生将成长型思维应用于生活中。结果发现，成长型思维的指导正向影响了绩点较低的学生的成绩，这些学生还变得更乐于接受未来的挑战并愿意付出努力去克服前进路上的困难。不仅如此，一项以 1265 名中国学生为被试的研究发现，具有成长型思维的学生心理健康度更高(Zeng，Hou，Peng，2016)。因此，引导学生建立成长型思维，不仅有助于提高他们的数学成绩，还有益于其心理健康，帮助他们将注意力转移到他们已经拥有的积极属性上，增强其自尊，帮助其树立积极的人生观。

父母如何培养学生的成长型思维呢？首先，赞美和鼓励"过程"而不是"结果"。德韦克团队的研究表明(Claro，Paunesku，Dweck，2016)，成人细微的言语反馈会影响孩子的思维模式。赞扬学生"很聪明"会导致他们产生固定型思维，容易使他们陷入以"证明聪明"为目标的人际比较和竞争的旋涡之中。相比之下，称赞学生的"过程"，即他们的努力或策略，会培养学生的成长型思维，并增强他们的适应能力。过程性的赞美，如"哇，你真的付出了很多努力！老师都看在眼里了""孩子，我为你的负责和付出感到自豪！""你在整个过程中都没有轻言放弃，真棒！""你挑战了自己，特别了不起！"。研究发现(Pomerantz，Kempner，2013)，在8~12岁的儿童中，母亲使用"你很聪明"而不是"你很努力"的夸奖方式会在六个月内导致儿童在固定思维方向上有更多的发展，这样的儿童倾向于避免挑战，选择难度低、失败率低的任务。因此，对处于数学困扰中的学生可以说"数学就像锻炼身体，使用正确的策略和不断努力，将能够慢慢提升数学能力"。

其次，相信并告诉儿童大脑具有可塑性。研究人员通过展示图片和播放视频的方式给实验组的学生安排了有关大脑的可塑性和学习技巧的课程，而给对照组的学生仅安排了关于学习技巧的课程。最后测验表明，实验组的学生学习成绩有了明显的提升。研究人员通过视频展示大脑的后天发展过程，教导学生发展智力就像锻炼肌肉，"当你挑战它时，它会变得更强壮"。更重要的是，课程还告诉学生纯粹地努力是不够的，"就像锻炼肌肉一样，制订适合自己的计划、使用科学的方法与练习一样重要"。研究人员通过该课程干预了数千名学生，结果发现接受这些课程的学生获得了更好的成绩(Blackwell，Trzesniewski，Dweck，2007)。有研究者对10篇涉及成长型思维干预的研究(被试的年龄范围为7岁至成年)进行了元分析。结果表明，通过大脑可塑性课程干预成长型思维的发展，对学习动机、学习成就均具有积极影响，而且干预对学习困难学生的数学成绩更有利(Sarrasin et al.，2018)。因此，教育者应当在日常生活中淡化"天赋""智商""才华"等主要强调"先天"属性的概念，多使用"发展""提升""练习"等主要强调"后天"属性的概念，使学生了解到大脑具有可塑性和发展性。这样，他们在面对困难时更倾向于采取行动，而不是自怨自艾。

此外，父母要努力做好成长型思维的榜样。调整自己的思维方式并注意自己的言行，减少说"我不可能做到某事"，而多说"我还可以再试试""过程比结果重要"，并在日常行为和工作中贯彻成长型思维。通过言语和行动传递积极的成长型思维信息给儿童，这样儿童就能在耳濡目染和潜移默化中建立成长型思维。成长型思维体现在生活的各方面，开放地看待可能性、把失败当经验，通过他人的成功激励自己，以未来目标为导向、重视反思，这些都是培养成长型思维的途径。比如，当儿童做错数学题时、在儿童遭遇失败时要采取鼓励而不是责备的态度，鼓励儿童从失败中汲取经验。通过建立数学错题本、写反思日记、请教他人等方式促进儿童找到错误原因并引导儿童将错误视为财富，告诉儿童现在改正了错误，将来就减少了犯同样错误的可能性。这样，儿童的心理韧性就会得到锻炼，并可能在下一次考试中获得进步。儿童在学习中获得的进步，又会进一步强化成长型思维。如此，便会形成成长型思维和良好学习结果的良性循环。

二、过程性家庭资本对儿童数学成绩的影响

过程性家庭资本主要涉及具身化文化资本。具身化文化资本对儿童学业成绩有显著影响。有研究发现（赵林青，2019），在三类文化资本中，具身化文化资本对高中生学业成就的影响最大，制度化文化资本的影响次之，客体化文化资本的影响最小。

然而，文化资本的继承和传递比经济资本和社会资本更加隐蔽，尤其是具身化文化资本，其代际传递最为困难，方式最为隐蔽。积累具身化文化资本需要历史积淀和身体力行。社会学研究中通常将对高雅艺术的鉴赏、家庭文化活动的开展作为衡量标准，如家庭参观博物馆、参观美术馆、欣赏音乐会的频率等（Byun, Schofer, Kim, 2012；仇立平，肖日葵，2011）。另一个常被用来衡量具身化文化资本的指标是父母期望，即父母对学生接受的教育等级的要求，父母对学生成绩的期望等。父母较高的期望对学生有一种"隐蔽的强化作用"，可激励学生投入学习（周序，2007）。

家庭文化活动或者父母期望均反映了家长的亲身参与，反映了父母愿意与儿童联结和互动、愿意参与儿童学业的深度和广度。因此本书使

用"家长参与"一词来反映具身化文化资本，以强调实现具身化文化资本代际再生产功能的主要途径是家长自身的行动。

家长参与亦称"父母参与"或"父母卷入"。目前学术界对家长参与尚无统一的界定和分类。最早，科尔曼（Coleman，1988）将父母参与分为家庭内部参与和家庭外部参与。家庭内部参与主要是亲子谈话、亲子共读、父母监督等方面的家庭教育；家庭外部参与主要涉及家校沟通、家长与社区的沟通和交流等方面的学校教育与社区教育。还有研究（Grolnick，Slowiaczek，1994）强调父母的家庭教育功能，认为家长参与是家长为儿童的教育和发展所进行的物质上与行为上的投入，如父母为儿童提供书籍、参加学校活动等。有些人（Greenwood，Hickman，1991）将家长参与定义为合理利用家庭和学校资源，使得自身、儿童和学校利益达到最大化的过程。还有研究（Epstein，1987）强调了父母在家庭、学校和社区中的多方面参与，提出家长参与应该包括亲子教育、家校沟通、家长志愿者活动、家长辅导子女学习、家长参与学校决策以及学校与社区建立协作关系六个方面。一项元分析（Fan，Chen，2001）指出，能够预测学生学业成绩的家长参与维度主要是亲子交流、家庭监督、家庭期望和家校互动。其中，前三者是家庭态度和行为方面的参与；家校互动涉及家庭和学校的共同参与。

纵观以往研究，家长参与可基本概括为五个方面：家长期望、家长辅导和监督、亲子活动、家校沟通、亲子沟通。以下分别从这五个方面论述其对儿童数学成绩的影响。

（一）家长期望与数学成绩

俗话说，望子成龙，望女成凤。这种父母对自家孩子学业成就的理想发展轨迹的期望就是家长期望（宋保忠，蔡小明，杨珏玲，2003）。家长在数学方面的期望指的就是家长针对儿童的数学成就而设定的理想发展轨迹和目标。

以往研究表明，家长期望能正向预测儿童的学业成就，即家长期望越高，儿童的学业成就越高。比如，有研究（Sibley，Dearing，2014）以美国小学生为被试，发现父母对儿童攀登学业高峰的期望与儿童阅读成就和数学成就呈显著的正相关。其中，教育期望测量的是父母期望儿童去上学的程度。另外一项研究也发现了类似的结果（Froiland，Davison，2014），该研究测量了父母对儿童的成就期望，最低的是高中辍学，最高的是获得博士学位。结果发现，家长期望与儿童的学校表现呈正相关，而且比家庭社会经济状况与儿童的学校表现的相关性更强。

然而，家长期望并不是越高越好。有研究（Murayama et al.，2016）针对家长期望和儿童的数学学业成就展开了大样本的六年纵向追踪。研究对象是 3530 名五年级至十年级的德国学生。研究测量了家长抱负和家长期望。家长抱负（parental aspiration）是家长对自己孩子数学学科表现的愿望，通过"我们希望孩子达到的数学成绩"进行优秀程度的评定。家长期望（parental expectation）是家长对自己孩子数学学科表现的估计，通过"我们相信孩子会达到的数学成绩"进行优秀程度的评定。最后，家长抱负与家长期望的差就是家长过度期望（parental overaspiration）。结果发现，在控制了年龄、性别、智力、学校类型以及家庭社会经济状况等变量的影响后，家长抱负与儿童的数学成就仍旧有显著的正相关关系。然而，家长抱负若高于家长期望，形成了过度期望，并不利于儿童数学成绩的提高。家长过度期望越高，儿童的数学成绩越差。研究者还确认了该结果的跨文化一致性。

家长期望对儿童的影响可能通过主观心理和客观行为两个路径产生。在主观心理层面上，家长的学业期望通过子女的知觉和投射，使子女在自觉意识的水平上，或在自发无意识的水平上受到影响（赵忠心，2001）。当家长期望切合实际时，会对儿童的学习产生精神激励作用，提升儿童的学习自我效能感，最终促使儿童的学业成绩提高。在客观行为层面上，家长期望通过家长投入，如给儿童布置学习任务、陪伴儿童学习、辅导学业等活动，间接地给儿童的学业提供了支持，促进了儿童学业成绩的提高。同时，当所布置任务的量和难度适度时，儿童会对学业产生控制感和胜任感，这会间接促进儿童学业成绩的提高。

然而，若家长期望高于子女的现实能力，通过主观心理层面的知觉和投射传递到子女身上，子女就会对自己的学业成绩也有过高期望。高期望与现实的学业成就形成落差，会导致儿童产生低水平的学习自我效能感。同时，客观行为层面上的家长过度期望会促使家长给儿童布置过量和过难的学习任务，由于儿童无法应对这些任务，随着学习的进行，儿童也会产生低水平的学习自我效能感。这样，在主观、客观两条途径的作用下，儿童均会怀疑自身水平或能力，伴有低水平的学习自我效能感。

自我效能感是人们对自身能否利用所拥有的技能去完成某项工作的

自信程度（Bandura，1977）。学习自我效能感属于自我效能感的一种。高水平的学习自我效能感可通过影响学生的学习动机、认知过程以及学业情绪改善学生的学习兴趣和态度，使学生增加学习投入，最终提高学业成绩（周文霞，郭桂萍，2006）。而低水平的学习自我效能感会使学生缺乏应对挑战的自信心，害怕失败，逃避学习，这进一步带来消极的学习态度和较低的学习投入，最终带来较低的学业成绩。较低的学业成绩反过来又会影响学习自我效能感，形成恶性循环。长此以往，就会出现习得性无助现象（Seligman，1975），即个体在一项任务上总是失败，就会对自身能力产生怀疑，陷入一种无望、放弃的心理状态，陷入怎么努力都学不好的循环里。

要提高儿童的学业成绩，根据儿童的实际水平建立合理的期望是前提。具体而言，家长期望应处于儿童经过努力"跳一跳"能够得着的范围内。因此，家长应充分了解自己的孩子，清楚孩子的现有水平。在此基础上一小步一小步逐渐向更大的目标迈进。当然期望过低或没有期望，同样不可取，不利于激励儿童更上一层楼。

发挥合理期望的积极作用，陪伴儿童逐步提高能力，增强儿童的学习自我效能感是关键。美国语言教育家克拉申曾针对第二语言习得提出输入假说理论，得出了著名的 i+1 公式（Krashen，1977）。其核心理念是，假设语言学习者现有的语言水平是 i，1 代表学习者需要输入的信息难度应该略高于现有的能力，不能过低但也不能过高。这一理论实质上与维果茨基的最近发展区理论相似，都强调了能力提升需要循序渐进。因此，将克拉申的 i+1 公式迁移到数学学习中，家长要鼓励儿童走出舒适圈，迎接比儿童现有数学水平更高一点的挑战，一步一步地提高能力和成绩，让儿童不断积累成功经验。

成功经验的重要性在于帮助儿童树立信心。人们常说"失败是成功之母"，然而浙江大学胡海岚团队（Zhou et al.，2017）引入"钻管测试"研究了小鼠的等级地位，结果发现，成功是成功之母，并将其称为"胜利者效应"（The winner effect）。在研究中，他们让两只小鼠在一段只允许一只小鼠通过的玻璃管道中进行不进则退的较量，优势者会在 30 秒内将对方推出管道。一群小鼠经过两两竞争确立自己的社会地位。在此基础上，他们利用光遗传学的方法操纵了钻管竞争的输赢。结果发现，小鼠越是处于劣势地位，逆袭所需的"神经激活剂量"就越高。更为有趣的是：当劣势小鼠成功逆袭 6 次或更多次时，即使离开科学家的"帮助"，小鼠依然能实现逆袭。而成功经历不足 6 次，劣势小鼠会恢复到劣势地位。这种先前胜负经历影响后续比赛输赢的现象，说明了"胜利者效应"。概括来讲，先前的胜利经历，会让之后的胜利变得更加容易。

"胜利者效应"本是一个生物学术语，指动物在战胜一些较弱的对手之后再与更强的竞争者较量时，胜算将会比直接面对强敌大得多。心理学教授罗伯逊在其著作《权力如何影响我们：胜利者效应》中提到，其实人类的生活中也有"胜利者效应"的例子（罗伯逊，2014）。因此，运用到数学教育领域，我们应该帮助儿童建立学习数学的成功经验。建立的方法，就是帮助儿童每次进步一点点，强化儿童每次的成功感受，进而提升儿童的数学自信和学习自我效能感。这比家长期望更能激励儿童的内在力量。

（二）家长辅导和监督与数学成绩

当今社会，一提到辅导作业，家长们都叫苦不迭。家庭辅导和监督指家长辅助和监督儿童完成学习任务的过程。辅导儿童写作业是最常见的家长参与方式。长久以来，教育界的共识是家长辅导越多越好。2018年世界经济论坛的调查数据显示（图 7-1），29 个国家的家长每周要花2.6～12 小时不等的时间辅导儿童的作业。中国家长平均每周要花 7.2 小时辅导儿童的作业，在 29 个国家中排名第 6。可见辅导儿童写作业对于包括中国家长在内的家长们来说都是一门必修课。

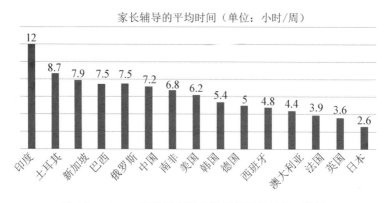

家长辅导的平均时间（单位：小时/周）

图 7-1　2018 年部分国家家长辅导的平均时间一览图

（来源：世界经济论坛）

然而，许多家长只关注辅导的强度和频率，而忽略了辅导风格。就儿童的学业成绩而言，最重要的是家长辅导的风格，而不是家长辅导的强度和频率（Pomerantz，Moorman，Litwack，2007）。辅导风格可从四个角度来界定：控制型与自主型、过程关注与个体关注、积极情感与消极情感、对儿童潜能的积极信念与对儿童潜能的消极信念。首先，自主型辅导对儿童的学业表现有促进作用；而控制型辅导则对儿童的学习无益。其次，过程关注强调学习的过程，强调儿童的努力、学习的重要性和乐趣，这可以提高儿童的学习表现；而个体关注强调儿童具备的能力和结果表现，更多强调的是学习的外在动机，容易让儿童对自己的能力形成负面评价，从而不利于儿童的学习表现。再次，积极情感多于消极情感的家长辅导能通过发展儿童的技能、提升儿童的学习动机促进儿童学业成绩的提高。最后，当辅导儿童完成家庭作业时，拥有积极信念的家长容易将儿童的困难归因于缺乏努力和投入，这有助于儿童成长型思维的培养；而拥有消极信念的家长可能将儿童的困难归因于儿童自身能力的缺乏，这可能会助长儿童的固定型思维，不利于学业成绩的提高。

这四个角度在某种程度上可概括为控制型辅导和支持型辅导两类（Silinskas，2019）。控制型辅导是以控制和压力督促儿童完成作业。有这类辅导风格的家长在辅导儿童写作业时往往有以下表现：即使儿童没有寻求帮助也要主动参与辅导；不断询问儿童是否写完数学作业了；在儿童没有完成作业时会采取惩罚手段。支持型辅导是以儿童的需求为导向的辅导。有这类辅导风格的家长会默默关注儿童做作业的表现，尽量让儿童主动解决问题。同时保持敏感度，一旦儿童请求帮助，家长会立刻回应。

家长的辅导风格和儿童的学习能力的关系如何？有研究者（Vasquez et al.，2015）对 36 篇文献进行了元分析，发现若家长采用支持、民主的辅导方式，他们的孩子会有更强的学习动机和更积极的学习态度，并能提高在校的学业水平。此外，西林斯卡斯（Silinskas，2019）等人通过对512 名小学生进行纵向研究发现，学生对父母辅导方式的感知能显著预测他们的数学学习动机和数学成就。研究者从爱沙尼亚的 28 个学校中选取小学三年级学生作为被试，要求他们在三年级和六年级时分别完成一个量表以测量他们家长在数学作业辅导上的风格。问题包括"我的父母经常干预我写数学作业，即使我不需要帮助"及"只要我不懂，我就能请求父母的帮助"。此外，学生还需要完成与三年级和六年级能力相适应的数学能力测试。结果发现，在控制型家长的辅导下学生会有较低的数学成就，在支持型家长的辅导下学生在数学能力上有明显的优势。背后的原因就在于，一旦学生感知到控制型家长在辅导时过于强势的干预，学生学习的动机和主动性就会降低，进而负向影响他们的数学成绩。

辅导风格对儿童数学成绩的影响可以依据德西和瑞安（Deci，Ryan，2000）的自我决定理论（Self-Determination Theory，SDT）来进行理解。自我决定理论对比了内在动机和外在动机对个人行为的影响。内在动机指的是个体出于自身的兴趣和热爱而投身于行动中。外在动机则相反，指的是个体由于外界的因素而去完成一些行为。外在动机转化为内在动机的关键，是尽可能地满足儿童的三种基本心理需求，即胜任感（competence）、自主感（autonomy）和归属感（relatedness）。胜任感是个体感到有能力完成某事的需要；自主感是个体对自主选择和控制某事的需要；归属感是个体对所属群体爱和关系的需要。基于自我决定理论可以理解不同儿童的学习动机。内在动机较强的儿童受对学科的喜爱、好奇，解开难题时的乐趣和激动驱动，因而心甘情愿地主动学习。外在动机较强的儿童通常受外在的奖励或逃避惩罚的动机驱使。一旦父母的物质奖励、教师的认可和表扬等外界因素消失，儿童对学习的热情就难以为继。因而在外在动机驱使下，儿童的行为不容易持久，不容易坚持。

因此，辅导儿童的初心是好的，然而若把握不好辅导风格，会适得其反。具体来说，如果家长的辅导风格属于强势的控制型，儿童内在的学习动机，如学习的成就感、好奇心等就容易受到伤害，进而转化为诸如家长的督促、外在奖励等外部动机。控制型家长的辅导方式仿佛狂风骤雨，对于儿童来说过于猛烈和直接。支持型家长的辅导方式仿佛春风化雨，在潜移默化中促进儿童数学成绩的提高。

因此，家长辅导和监督儿童学习，应尽可能满足儿童在学习过程中胜任感、自主感和归属感三方面的需求，激发儿童的内在学习动机。具体可从以下三方面展开。

首先，让儿童在合理范围内安全地"挣扎"，逐步建立胜任感，让儿童感到"我愿意"。在儿童遇到难题时，家长应该放手让儿童独立思考，静静地做一个陪伴者，而不是直接给出问题的答案。在儿童发出需要帮忙的信号时，再与儿童一起进行头脑风暴，寻找解决办法。错误和失败都是成长的一部分，儿童是需要独立面对困难和挑战的，家长应该放手让儿童从这样的经验中学习如何应对难题。在这个过程中，儿童的韧性、毅力、自信和解决难题的能力都有机会得到改善。

其次，帮助儿童"收复"学习自主权，让儿童感到"我可以"。家长要相信儿童在学习上有一定的自主性，而不需要靠父母的控制才能完成学习目标。根据自我决定理论，在"虎爸虎妈"的严苛教育下，儿童的内在学习动机极易受到伤害。因此，家长要给予儿童一定的成长空间，不应简单粗暴地控制，而应"和风细雨"地陪伴和鼓励儿童在能力范围内自己制订学习计划和学习节奏。

最后，减少评判，增加共情，满足儿童对归属感的需求，让儿童感到"我被爱"。当儿童不能按时完成作业时，家长尝试站在儿童的角度看问题。简单粗暴的批评只会让儿童在情绪的狂风暴雨中，无法集中注意力，无法认真思考，难以高效地完成作业。家长需要的是共情和接纳儿童的情绪，并和儿童一起解决问题。做到"接纳儿童的情绪，引导儿童的行为"。这需要家长不断提高情绪调节能力，辅导作业时牢记"以问题解决"为中心，而不是以"情绪为中心"。只有这样，儿童才能感知到家长的支持，进而对家长产生信任。

(三)亲子活动与数学成绩

亲子活动指家长带儿童参加文化活动。这里主要阐述数学亲子活动，即家庭数学活动对儿童数学能力的影响。家庭数学活动指在学校之外家长与儿童之间展开的以提高数学技能为目的的亲子互动。

研究发现，亲子活动对幼儿的数学学习具有促进作用。父母在教育活动上的时间投入越多，幼儿在数学方面的学习经验就越丰富，而数学学习经验对幼儿的数学能力和数学学习有重要影响(程祁，2009)。按活动的形式来分，早期家庭数学活动可分为直接的正式数学活动和间接的非正式数学活动。前者通常专门用来训练儿童的数量技能，比如数物品、练习辨识数字、写数字、唱数字歌曲等。间接的非正式数学活动则是以日常活动为导向的活动，比如玩纸牌或棋类游戏，开展烹饪、手工等游戏，在这些活动中，家长可在潜移默化中将数学知识传递给儿童(LeFevre et al.，2009)。

儿童在早期发展过程中能建立起扎实的数学知识(Ginsburg，Lee，Boyd，2008)。父母通常没有专业的数学背景知识，因此早期家庭数学活动是很适合父母的活动(Blevins-Knabe，Musun-Miller，1998；LeFevre et al.，2010；Kleemans et al.，2012)。研究发现(Siegler，Ramani，2009)，美国贫困儿童能通过玩数字棋牌游戏积累数学经验，从而提高他们在比较、计数、数字辨认任务中的成绩。另有研究（Vandermaas-Peeler, Ferretti, Loving, 2012）对 28 对亲子进行了两周的干预。实验组的父母被要求与儿童一起玩一种叫"瓢虫"的棋类游戏，并且在游戏过程中让儿童回答有关的数学问题并解释有关的数学概念。对照组的父母和儿童一起玩普通的游戏。实验组父母提供的引导是对照组的两倍，比如与儿童一起数，出现错误后父母提醒儿童再试一次。结果发现，实验组的儿童与对照组的儿童相比，数学任务中的正确率更高。还有研究（Vandermaas-Peeler et al., 2012）让父母在家与儿童一起进行一项烹饪活动。父母和儿童都会拿到食谱卡片，不过儿童拿到的是简化版的。实验组父母会拿到特殊的食谱卡片，不同的烹饪步骤会含有不同的数学活动。对照组父母拿到的是普通的食谱卡片。结果发现，实验组儿童在数学测试中正确率更高。

国内研究同样发现了家庭数学活动的积极作用。周欣等人（2007）的研究运用结构性观察法对两组 4 岁儿童的亲子互动进行了分析与比较。两组儿童分别为书面数符号测验高分者和低分者。实验中父母、儿童一起参加了 4 个各有 15 分钟的活动——阅读、数学题、纸和积木。结果表明，高分组父母和儿童在家中经常进行阅读与数学练习活动，并且更多地运用了积极互动策略；而低分组父母更多地运用了消极互动策略，并且有更多的儿童对互动表现出消极回应和注意力问题。

一项元分析的研究结果进一步表明，非正式的基础数学活动能有效预测儿童的数学成就（Dunst et al., 2017）。除了数学游戏，数学谈话（math talk）是家庭数学活动的另一个重要方面。研究发现，家长与儿童间经常使用高质量的数学语言展开自然对谈，能正向预测儿童的早期数学能力发展（Ramani et al., 2015）。另外一项研究（Susperreguy, Davis-Kean, 2016）对 41 对母子展开了为期一年的跟踪研究。研究者让母亲记录下亲子间自然的数学谈话。编码后发现，在就餐时间出现的数学用语最多。此外，儿童接受的数学用语越多，一年后的数学能力越高。

早期空间游戏同样是家庭数学活动的重要内容。研究发现，积木游戏能预测 4～6 岁儿童今后的空间能力（Casey et al., 2008）。拼图游戏对儿童未来空间能力的发展有积极的影响，即使是小到 2 岁的儿童也能从拼图游戏中受益（Verdine et al., 2014；Wolfgang, Stannard, Jones, 2003）。

综上，家庭数学活动会影响儿童的计数能力、逻辑能力和空间能力等诸多能力。不过研究指出，家长的数学焦虑可能在亲子互动中传递，不利于儿童的学业成绩（Maloney et al.，2015）。拥有数学焦虑的家长有可能对儿童的数学成就产生负面影响（Maloney，Ramirez，Gunderson，2015；Casad，Patricia，Wachs，2015）。例如，马洛尼等人（Maloney et al.，2015）探讨了家长数学焦虑、儿童数学焦虑和儿童数学成就的关系。结果发现，当父母对数学更为焦虑时，儿童在学年内学习数学的行为明显较少，到学年结束时儿童的数学焦虑程度更高。不过前提是有数学焦虑的父母报告说，他们经常在数学作业上提供帮助。换句话说，当父母报告他们较少帮助儿童完成数学作业时，儿童的数学成绩和态度与父母的数学焦虑不相关。该研究还发现，父母的数学焦虑对儿童的阅读成绩没有影响，说明父母的数学焦虑只对儿童的数学成绩有影响。这些发现表明了父母的数学焦虑可能存在代际传递，亲子活动对儿童的积极影响可能是以父母的积极情绪为条件的。只有父母积极地、耐心地参与到亲子活动中，亲子活动才会对儿童的学业成就产生促进作用。

亲子活动还可能通过影响儿童的自我控制、适应力等非认知能力来影响其学业成就。比如，李波（2018）的研究发现，亲子活动和亲子交流完全通过影响学生的自我控制和学校适应能力来提高学生的学业成绩，体现为完全中介效应。结果还发现，家长参与对成绩较差的学生群体和低年级学生群体的学业表现的影响更大，因此家长的早期参与对改善学生学业成绩的作用更大。

综上，亲子活动与儿童数学能力息息相关，这启发我们，家庭活动可以寓教于乐。家庭活动分为两种（Kotsopoulos，Lee，2014）：自由玩耍（free play）和玩中学习（play-based learning）。与自由玩耍相比，玩中学习强调家长要有意识地将学习内容融入家庭活动中，以提高儿童技能为目的展开娱乐活动。因此，家长在展开家庭数学活动时可以有意识、有计划地引导儿童。

首先，在家庭数学活动中融入数学语言。数学语言不限于计数，还可以包含其他数学概念。例如，"4 在 3 的后面""小明排在第五位"这样的话语涉及对数字的排序和对物体顺序的安排；"更多""更少""相等"这样的词语涉及对事物数量的比较。还有与计算相关的数学用语，如"总计""之和""余下"（Kotsopoulos，Lee，2014）。最后，还有"在……之间""在……上面""在……下面"这类涉及物体的定位及摆放的空间用语（Zippert，Rittle-Johnson，2020）。总之，家长可将数学用语贯穿于家庭数学活动中。

其次，利用各种生活场景展开日常数学活动。家长可在烹饪的时候请儿童帮忙取材料，比如请儿童取二分之一勺的糖或三分之二杯的面粉。这样一来，儿童就会更加熟悉数学中分数的概念。在购物时，与儿童一起观察打折商品的现价和原价，让儿童更了解数学里百分比的概念。家长还可以鼓励儿童储蓄和理财，由此让儿童了解利息和复利的计算方法。在旅行时，告诉儿童出发地和目的地的距离、旅行的时间和旅行的花费，让儿童对数字更加敏感，也能了解数学在日常生活中的应用价值。

最后，利用各种现有的教育类玩具开展家庭数学活动。例如，积木就可以作为家长开展数学活动的教学器材。一方面，它的颜色和形状多样，对年幼的儿童而言是很好的视觉刺激物；另一方面，通过动手玩积木，儿童能够在游戏中培养空间思维能力和想象能力，进而提高对数学的兴趣并收获数学技能。除此之外，珠心算能够帮助儿童集中注意力，提高数学运算能力。骰子能作为家长帮助儿童学会比较大小和加减的工具。拼图能提高儿童在心理空间进行形状变换的能力，而这与数学空间思维息息相关。当然各种各样的纸牌游戏也是家长不错的选择。比如，著名的大富翁游戏作为资源管理类游戏能帮助儿童了解金钱分配和游戏资产配置，并在游戏过程中运用计算和计数能力。

(四)家校沟通与数学成绩

家校沟通指的是家长和学校的沟通，它是儿童成长过程中的重要组成部分，这一点在美国教育政策上得到了良好的体现。2002年，美国政府通过了《有教无类法案》(No Child Left Behind Act)。该法案又称"不让一个孩子掉队"法案，它强调了家校沟通对儿童学业的正向促进作用，并鼓励学校通过各种活动展开双向有效的沟通。

良好的家校沟通能够正向促进儿童的数学成绩。有研究(Galindo, Sheldon, 2012)对16430名幼儿园儿童的成就进行了分析，结果发现，良好的家校沟通与更多的家庭参与、幼儿园结业时幼儿的阅读成就和数学成就相关。其中，家校沟通涉及家长在学校参与的活动，如参加开放日或返校日活动、家长会、家长教师学生联合组织的会议、家长咨询小组或政策委员会的会议、定期的家长教师会议或会面、学校或班级活动等。当学校采用有计划的活动来增加学校和教师与学生家庭的沟通和联系时，家庭和学校环境的重叠会更大，家庭参与就会更多。因此，对于家长来说，促进儿童学业成就的一个重要方法就是建立良好的家校沟通（El No-kali et al.，2010）。

非洲有一句谚语，"教育一个儿童，需要一个村庄"。紧密有效的家校沟通会影响教师、家长和儿童，让三者清楚地了解学校的目标、儿童的学习需求和强项，进而促进儿童学业成绩的提高。约翰斯·霍普金斯大学社会学研究教授爱普斯坦（Epstei，1995）提出的重叠影响阈理论（The Theory of Overlapping Spheres of Influence）认为，学校对儿童的关心体现在学校对儿童家庭的关心上。如果教育家仅仅把儿童看作学生，他们很可能会把家庭和学校分开。也就是说，人们期望家庭做好自己的工作，把儿童的教育留给学校。如果教育工作者把学生看作儿童，他们很可能会认识到他们对儿童的共同兴趣和责任，把家庭和社区视为学校在儿童教育和发展方面的合作伙伴，一起为儿童创造更好的发展机会。

关于家校关系，重叠影响阈理论强调两点。首先，家庭、学校和社区都是有利于儿童成长的社会资本。家庭、学校、其他社会组织对于儿童的发展与教育的影响力是交叠且不断累积的，这会成为儿童个体新的社会资本，从而降低儿童家庭背景的重要性。其次，儿童成长发展所依托的家庭、学校与社区都抱有相同的目标，承担着共同的任务。随着家庭、学校和社区之间高质量的、频繁的交流和互动，儿童更有可能从不同的人那里得到关于学校、努力学习、创造性思维以及互助的重要性的一致认知，进而增强儿童自我发展的内驱力。这样，家庭、学校和社区三个环境对儿童以及儿童与环境的关系就发生了叠加的积极影响，儿童将更容易在发展中获得成功。具体表现在以下三个方面。

首先，从儿童的角度来看，家校沟通能提高家长对儿童学业的参与度。家庭和学校的伙伴关系有助于引导、激励儿童获得自己的成功。当儿童感知到这一点时，会对学校有更积极的态度，在校的表现也会更好，对学习的责任感和动机会因此提高，进而有更好的学习效果（Oostdam，Hooge，2012）。

其次，从家长的角度来看，良好的家校沟通让家长更了解儿童的课程设置，有利于家长针对儿童的在校表现进行家庭辅导（Hill，Taylor，2004），让家长更放心儿童在学校的学习和生活。若能通过家校互动，创设出"家庭式的学校"和"学校式的家庭"，儿童将能更稳定地感受到自己被支持和被关爱。家庭式学校认可每个儿童的个性，能让每个儿童感到自己是特殊的，是被包容的。这样的学校欢迎所有家庭，而不仅仅是那些容易接触到的家庭。父母创设的学校式的家庭可认识到每个儿童也是学生，因而强化学校、家庭作业和活动的重要性，这些活动可以培养儿童的技能，帮助其拥有成功的感觉。

最后，从教师的角度来看，良好的家校沟通能增强家长和教师双方的互信和尊重程度，有利于教师感受到家长对教育的重视和家长对自己的支持（Epstein，2001）。另外，高频率的家校沟通有利于教师从家长那里更好地理解儿童的学习需求，从而更有针对性地帮助儿童提高在校成绩。

良好的沟通包括沟通的持续性、双向性和有效性。其中，核心的一点是沟通的双向性。然而，日常生活中的家校沟通往往是单向沟通（Baker et al.，1999）。教师经常向家长传达关于学校活动的信息、儿童在学校的表现等。家长在家校沟通中的角色更像是一个信息接收者而不是一个活跃的互动者。这便导致家长和教师无法携起手来为提高儿童的学习成绩而共同努力。在教育实践中我们可从三方面加强家校沟通。

首先，善于利用科技提高沟通频率和质量。研究发现，当教师利用科技传达最新的学校事件时，家校沟通能得到明显增强（Patrikakou，2016）。其原因在于，科技能够更便捷、更有效地传递信息，一旦家长知悉儿童学习上的最新动态，家长就能立即给予反馈（Palts，Kalmus，2015）。对于重度残疾儿童的家长来说，视像技术的使用也被证明是有效的沟通工具（Graham-Clay，2005）。目前，越来越多的学校网站和微信公众号会分享家庭作业、考试日程、公共资源等与学生相关的学校信息，成为家校沟通的重要媒介。有些网络平台还能作为个性化家庭作业和支持家长参与的家庭作业的互动工具（Salend et al.，2004）。因此，家长利用各种社交平台与教师保持密切联系将成为家校沟通的重要便捷手段。

其次，丰富沟通方式。按现实生活中沟通发生的情境，家校沟通可大致分为正式家校沟通和非正式家校沟通。其中，正式家校沟通包括家长会、家长参与学校开放日等活动、教师要求儿童家长签署特定文件、学校向家长发送简报等；非正式家校沟通包括教师家访、家长到学校探望儿童、家长和教师私下的会谈和信息往来等。因此，家长要尽可能地丰富沟通方式，除了正式家校沟通，还要加强与教师和学校的非正式联系，携手共同陪伴儿童进步。

最后，表达积极意愿，共同承担责任。家长要抛弃"在校老师管，在家家长管"的错误观念，要明白儿童的学习成绩是儿童、家长、教师三方合力的结果，并不仅仅是教师一方的责任。因此，家长要在与教师沟通时表达自己积极参与子女学业生活的意愿，与教师建立合作伙伴关系，共同为儿童的学习制订计划、进行监督，促进儿童的学业持续进步。

(五)亲子沟通与数学成绩

"沟通是一门艺术"，家庭间的沟通是构建良好亲子关系的重要渠道，是心理学、传播学和教育学等多学科关注的对象。亲子沟通指父母与子女通过信息观点、情感或态度的交流，达到增强情感联系或解决问题等目的的过程(池丽萍，俞国良，2010)。目前研究表明，亲子沟通会影响儿童和青少年的学业成绩。例如，有研究(李波，2018)将学生在两个学期期末考试的百分制成绩作为衡量学业成绩的标准，将父母是否与子女讨论学校发生的事情、与同学的关系、与教师的关系、心事或烦恼作为亲子沟通的衡量标准，探讨了亲子沟通对子女发展的影响。结果发现，亲子沟通不仅可直接预测子女的学业成绩，而且还通过影响子女的自我控制和学校适应能力间接影响子女的学业成绩。另一项研究(李蓉，2019)表明，不管是留守儿童还是非留守儿童，亲子沟通均可显著预测其学业成绩。

以往研究主要是从沟通内容、沟通过程和沟通结果三方面展开。此外，以往研究通常不区分亲子沟通在不同学科中的作用，而是将学业成绩整体作为儿童的发展指标，这说明了亲子沟通影响的普遍性。

在沟通内容方面，研究者关注哪些沟通内容会影响儿童的学业成绩，以及父子和母子的沟通差异。例如，有研究发现，母子沟通较多涉及生活和情感问题，而父子沟通更多涉及学业、工作等与理性问题解决相关的主题(Wyckoff et al.，2008)。池丽萍(2011)对小学生亲子沟通的现状展开了调查，结果发现，母子沟通质量优于父子沟通质量，母亲的沟通地位比父亲高。而且父母的倾听能力能有效预测亲子沟通质量，而提高父子沟通质量则是让父子和母子两种沟通更协调的主要途径。李亚琴(2019)探究了留守儿童家庭文化资本与学业成就的关系，将子女与父亲的谈心次数、与母亲的谈心次数、父母在生活上的关爱、父母对学习的关注作为亲子沟通的测量指标，将儿童语文、数学、英语三门科目的考试成绩作为学业成就的测量指标。结果发现，与父亲或母亲的谈心次数、父母在生活上的关爱程度并未对留守儿童的学业成就产生显著影响，但是父母对学习不同程度的关注水平会造成儿童的学业成就出现显著差异。

形成对比的是，与母亲的谈心次数会影响非留守儿童的学业成就，这说明了母子沟通在学业方面的影响大于父子沟通。

在沟通过程方面，研究者关注亲子沟通过程中沟通双方所表现出的稳定、抽象的沟通行为特征及亲子沟通的基本模式。这是目前研究的主流。例如，有研究（Desforges，Abouchaar，2003）发现积极的、支持性的亲子沟通模式能促进儿童对环境的积极探索，有助于其认知发展；而高控制性的亲子沟通会削弱儿童的探索活动。为探讨亲子沟通过程对儿童的影响，池丽萍（2011）提出了亲子沟通的三层次系统模型。该模型认为，家庭就是一个系统，父亲、母亲和子女都是系统中的元素，亲子沟通发生在元素之间，即父子之间、母子之间，形成了家庭系统中亲子沟通的三个元素和两类关系。家庭中各种关系会相互影响，如父子沟通和母子沟通一致或冲突，二者互相增强或削弱，这就出现了关系的关系即系统问题。因此，该模型从元素、关系、系统三方面考察了亲子沟通。在元素层面，关注家庭各个成员的沟通能力；在关系层面，关注不同沟通关系中的亲子沟通质量；在系统层面，关注父子沟通和母子沟通的协调或一致性。三个层面上的良好表现，即三个层面之间的较好匹配是有效亲子沟通的保证。基于该模型，池丽萍和俞国良（2012）对比了学业成绩优秀、中等和较差的儿童的亲子沟通状况。结果发现，学业成绩优秀儿童的表达主动性、清晰性、敏感性得分显著高于学业成绩较差儿童，学业成绩较差儿童的父亲的表达清晰性和开放性显著低于学业成绩优秀儿童的父亲。学业成绩较差儿童的父子沟通和母子沟通在关系指向和问题指向两种沟通上的质量均显著低于学业成绩优秀儿童。学业成绩较差儿童的母子沟通的地位显著高于父子沟通，且两种沟通不一致；而学业成绩优秀儿童的父子沟通和母子沟通作用相对均衡，且两种沟通较一致。

在沟通结果方面，研究者主要关注亲子沟通的数量和质量，沟通结果是沟通内容和沟通过程共同作用的结果。例如，一项对美国青少年的研究表明（Zhang，2020），亲子沟通的质量与其学习成绩呈显著的正相关，亲子沟通质量主要通过自我概念影响其学习成绩。然而亲子沟通的数量与青少年的学习成绩没有直接或间接的关系。其中，沟通质量主要反映了父母对儿童的积极支持。比如，让儿童决定自己的生活、与儿童融洽相处、理解儿童、真正信任儿童。

亲子沟通如何对儿童的学业成绩产生影响？基于自我系统过程模型（Connell，Wellborn，1991），外部环境可以通过作用于个体内部的自我系统影响其社会适应。外部环境、内部自我系统和社会适应是构成自我系统过程模型的三部分。其中，外部环境主要是指个体生活的环境，包括家庭、学校等。内部自我系统包括自我概念、自我体验和自我控制。自我系统与外部环境是否能满足儿童的归属感、胜任感和自主感三大需要有关。学校或家庭环境通过支持或破坏儿童自己在学校或家庭中的相关经历、成功的能力以及自主学习的经历来影响儿童的参与。从这些经历中，儿童不断地构建自己的观点，这就是自我系统过程。

具体到家庭环境，这意味着家庭如果能满足儿童的归属感、胜任感和自主感需要，儿童将会有积极的自我系统，产生学习的内部动机，积极投入学习，进而带来良好的学业成绩。李丽（2004）的研究发现，亲子沟通对学生学习的内部动机有显著的预测作用，亲子沟通的程度越高，儿童学习的内部动机越强。还有研究表明，沟通质量影响了儿童的自我概念或自我效能感，进而影响其学业成绩（Zhang，2020）。这与班杜拉的社会认知理论是一致的，即自我效能感对个体的发展结果有很大影响（Bandura，1995）。在高质量的亲子沟通中，父母尊重儿童的观点，邀请他们参与决策过程，了解他们的情绪，并为他们提供有益的反馈。当儿童面临与学校有关的重要选择时，如选择课程和学习计划，儿童更有可能积极参与家庭对话并表达自己的观点。通过这种亲子沟通，儿童变得自主，对自己的决定充满信心，并能容忍他人的观点。通过这种合作互动支持儿童自主感、归属感和胜任感的需要，有助于儿童建立积极的自我认知。当儿童对自己有信心时，他们往往在所做的事情上表现得更好，而且他们更有可能在学校取得较高的学业成绩。

综上，亲子沟通的内容、过程和结果会对儿童的学业成绩产生影响，因此在教育实践中可以从这三个角度来促进亲子沟通。

第一，从沟通内容的角度看，家长应从儿童感兴趣的话题谈起，唤起儿童的积极情绪，同时充分关心儿童在学校的师生关系以及同学关系，和儿童沟通其对同学和教师的看法，在沟通中引导儿童更好地应对人际关系中的困扰。沟通中需注意内容的多样性，不要只沟通学习。否则儿童会觉得父母只关注学习，而不关注自己。长此以往，儿童会回避与父母的沟通。

第二，从沟通过程的角度看，应进行积极的、支持性的和以问题解决为导向的沟通。积极的、支持性的沟通意味着沟通语言和行为要正面和积极。具体而言，首先增加儿童话语的比例。研究发现，父母沟通行为与儿童沟通行为的次数比例学业不良儿童中是 2∶1，而在学优生中比例约为 1∶1（池丽萍，辛自强，2010）。因此，沟通中需要给儿童更多的表达空间，这样儿童才会有更多的自主感和归属感。其次，父母沟通行为中积极言语与消极言语的比例要增大。消极言语的负面影响远大于积极言语。美国心理学家鲍梅斯特与其同事（Baumeister et al.，2001）综述了"坏比好强大"的各种证据。比如，坏事比好事对人的影响要大；坏言行比好言行更影响亲密关系；大脑对坏刺激的反应比对好刺激的反应更强烈，而且留下的痕迹更深等。这与人类先天进化的"负面偏向"有很大关系，负面消极的坏事对我们的生存和繁衍的影响更大。因此，加大积极言语的比例才能抵消消极言语的负面作用。以往研究还发现（Fredrickson，Losada，2005），积极情绪与消极情绪的比值在 2.9 以上时，人们的健康水平更高，自我接纳、生活目标、环境掌握、与他人的积极关系、个人成长和自主性水平较高。高特曼（Gottman，1994）在对 73 对夫妇的讨论进行观察后，发现了类似的结论。他使用两种编码方案测量积极性和消极性：一种侧重于积极和消极的言语；另一种侧重于客观观察到的积极情绪和消极情绪。结果表明，持续且双方都感到满意的婚姻中积极和消极的言语比值为 5.1，积极情绪和消极情绪的比例为 4.7。这就是说，五句好话配一句批评建议的话。与成人的自我认知相对稳定不同，儿童处于自我认知的形成期，受成人的评价影响较大，因此对于儿童来讲，积极与消极的言语比例要大于 5∶1，才能更有助于儿童的成长。

　　亲子之间的积极沟通还应是以问题解决为导向的沟通。现实中出现亲子沟通出现冲突的很大原因是，谈话是指向过去的"问题为什么会发生"的指责，而不是指向未来的"如何解决问题"的沟通。比如，通过客观陈述事实、表达情绪、说出行为意图、找到解决方法四个步骤来引导儿童或者与儿童共同解决问题，这样将能够提升儿童的胜任感和自主感。

　　第三，从沟通结果的角度看，应重视沟通质量，而不是数量。通过对沟通内容和沟通过程进行关注，亲子沟通的质量将能得到极大提升。这里要提的是，亲子沟通应充分发挥父亲和母亲在儿童教养过程中的不同作用。父子沟通和母子沟通在内容和方式上都存在差异，对青少年心理行为的发展起着不同的作用（雷雳等，2002）。父亲参与儿童的教育还对母亲的消极教养行为具有很好的缓冲作用（刘丽莎等，2013）。美国心理学家弗洛姆（2018）认为，"妈妈代表大自然、大地与海洋，是故乡；爸爸代表法律、秩序和纪律，是思想的世界"。母亲在给儿童提供爱和安全感方面作用更大，而父亲在给儿童建立规则方面作用更大。家庭教育中需同时重视爱的教育和规则的教育。

　　根据亲子关系沟通三层次模型（池丽萍，2011），提升沟通质量还要注意儿童的个体差异以及父子沟通和母子沟通之间的一致性。作为一个系统，儿童的特点会影响亲子沟通的过程。每个儿童的先天气质不同，对环境的敏感性不同。有些儿童对环境要求很高，像兰花一样，只有精心呵护，才能开出惊艳的花朵，散发出独特的幽香；有些儿童对环境要求不高，像蒲公英一样，在恶劣的环境中都能落地生根、蓬勃发展。因此对于不同儿童，需要采取不同的沟通方式。比如，对于胆汁质、多血质、黏液质和抑郁质四种不同气质的儿童，采取不同的沟通方式才能产生理想的沟通效果。相比多血质和胆汁质的儿童，黏液质和抑郁质的儿童需要父母有更多的耐心，进行更多的积极沟通。此外，父子沟通和母子沟通之间的一致性也非常重要。沟通中的不一致，容易让儿童产生矛盾和冲突，无所适从，还容易损伤父亲或母亲的权威，减弱沟通的效果。

参考文献

A·卡米洛夫-史密斯. (2001). 超越模块性——认知科学的发展观. 华东师范大学出版社.

艾里希·弗洛姆. (2018). 爱的艺术. 刘福堂译. 上海译文出版社.

安东尼·吉登斯. (2011). 现代性的后果. 田禾译. 译林出版社.

白璐. (2014). 5—6 岁儿童数字估计能力的干预研究. 首都师范大学硕士论文.

白学军, 臧传丽. (2006). 发展性计算障碍的类型及成因研究进展. 天津工程师范学院学报, 16(1), 55-58, 73.

鲍建生. (1997). 估计——数学教育面临的新课题. 教育研究, 18(10), 69-73.

毕鸿燕, 方格. (2001). 4—6 岁幼儿空间方位传递性推理能力的发展. 心理学报, 33(3), 238-243.

毕鸿燕, 方格, 翁旭初. (2004). 小学儿童两维空间方位传递性推理能力的发展. 心理学报, 36(2), 174-178.

布尔迪厄. (1997). 文化资本与社会炼金术——布尔迪厄访谈录. 包亚明译. 上海人民出版社.

蔡丹, 李其维, 邓赐平. (2011). 数学学习困难初中生的 N-back 任务表现特征. 心理学探新, 31(4), 321-325.

陈爱国, 殷恒婵, 王君, 李鑫楠, 宋争. (2011). 短时中等强度有氧运动改善儿童执行功能的磁共振成像研究. 体育科学, 31(10), 35-40.

陈安涛. (2008). 归纳推理合理性的心理学分析与回答. 自然辩证法通讯, 30(4), 29-35, 110-111.

陈德枝. (2009). 基于认知诊断的小学儿童图形推理能力的动态评估研究. 江西师范大学博士论文.

陈杰, 陈洁佳, 伍可, 陈璟, 李雪妍, 李红. (2020). 音乐训练对大学生执行功能的影响. 心理科学, 43(3), 629-636.

陈洁佳, 周翊, 陈杰. (2020). 音乐训练与抑制控制的关系：来自 ERPs 的证据. 心理学报, 52(12), 1365-1376.

陈庆飞, 雷怡, 欧阳寒璐, 李红. (2009). 归纳推理多样性效应的发展及其争论. 心理科学进展, 17(5), 901-908.

陈仁泽, 陈孟达. (1997). 数学学习能力的因素分析. 心理学报, 29(2), 172-177.

陈英和, 耿柳娜. (2002). 数学焦虑研究的认知取向. 心理科学, 25(6), 653-655, 648, 764.

陈英和，赵笑梅．(2007)．小学三～五年级儿童类比问题解决及策略运用发展．心理发展与教育，(2)，18-22，62.

陈英和，仲宁宁，赵延芹．(2003)．数学应用题规则性研究的新进展．心理发展与教育，(4)，82-85.

陈瑜．(1994)．比较的逻辑方法在科学发现中的作用．沈阳师范学院学报(社会科学版)，(1)，34-37.

程刚，唐昕怡，牛娟，李佳佳，张大均．(2018)．中学生家庭社会经济地位与学业成绩的关系：心理素质各维度的多重中介作用分析．心理发展与教育，34(6)，700-706.

程祁．(2009)．家庭文化资本及其对幼儿数学学习的影响研究．华东师范大学硕士论文.

池丽萍．(2011)．亲子沟通的三层次模型：理论、工具及在小学生中的应用．心理发展与教育，27(02)，140-150.

池丽萍，辛自强．(2010)．优差生亲子沟通与认知和情绪压力的关系．心理与行为研究，(8)(2)，133-140.

池丽萍，俞国良．(2012)．不同学业成绩儿童的亲子沟通比较．心理科学，35(5)，1091-1095.

池丽萍，俞国良．(2010)．测量和观察法在亲子沟通研究中的应用．心理科学进展，18(6)，932-939.

池丽萍，俞国良．(2011)．教育成就代际传递的机制：资本和沟通的视角．教育研究，32(9)，22-28.

仇立平，肖日葵．(2011)．文化资本与社会地位获得——基于上海市的实证研究．中国社会科学，(6)，121-135.

戴朝．(2020)．足球锻炼及停练对10～11岁儿童执行功能的影响．成都体育学院学报，46(5)，109-113.

戴风明，姚林．(2001)．农村初中数学学困生情意特征的调查分析．数学教育学报，10(4)，96-99.

单盛楠．(2020)．数学学习困难儿童认知灵活性特点及干预研究．济南大学硕士论文.

董奇，林崇德．(2011)．中国儿童青少年心理发育标准化测验简介．科学出版社.

董奇，张红川．(2002)．估算能力与精算能力：脑与认知科学的研究成果及其对数学教育的启示．教育研究，23(5)，46-51.

方富熹．(1986)．关于儿童因果关系认知发展研究述评．心理学动态，(3)，21-26.

方富熹，唐洪，刘彭芝．(2000)．12岁儿童充分条件假言推理能力发展的个体差异研究．心理学报，(3)，269-275.

费广洪，谷晴晴，张梅香．(2019)．学前儿童执行功能与数学认知能力的关系研究．幼儿教育(教育科学)，(10)，48-52.

费广洪，王淑娟．(2014)．3～11岁儿童类比推理发展的研究．心理学探新，34(6)，493-498.

冯爱明．(2019)．培养小学生估算能力三策略．福建基础教育研究，(3)，82-83.

冯廷勇，李红．(2002)．类比推理发展理论述评．西南大学学报(人文社会科学版)，28(4)，44-47.

冯廷勇，李宇，李红，苏缇，龙长权．（2006）．3～5岁儿童表面与结构相似性类比推理的实验研究．心理科学，29(5)，1091-1095．

高海燕．（2011）．6～12岁儿童对概率概念的理解．杭州师范大学硕士论文．

高燕．（2009）．小班幼儿模式认知能力及其培养研究．南京师范大学硕士论文．

龚婧，卢正天，孟静怡．（2018）．父母期望越高，子女成绩越好吗——基于CFPS(2016)数据的实证分析．上海教育科研，(11)，11-16．

郭淑斌．（2002）．文本阅读中因果性预期推理构建过程的实验研究．华南师范大学博士论文．

郭小敏．（2020）．认知灵活性对数困生解决结构不良代数应用题的影响．河南大学硕士论文．

韩晓琳，张康莉，张晓明．（2016）．农村初中生数学焦虑及与数学成绩之间关系．中国健康心理学杂志，24(4)，596-599．

何二林，叶晓梅，潘坤坤．（2020）．中英两国家庭文化资本对学生学业成绩的影响差异——基于PISA2015数据的实证研究．教育学术月刊，(3)，25-32．

何声清，巩子坤．（2017）．6—14岁儿童概率概念学习进阶．课程·教材·教法，37(11)，61-67．

何听雨，丁一，李昊堃，程晓荣，范炤，定险峰．（2020）．时间的多维度空间表征：分离的起源与激活机制．心理科学进展，28(6)，935-944．

胡艳蓉，张丽，陈敏．（2014）．手指的感知、运动以及数量表征对数字认知的促进作用．心理发展与教育，30(3)，329-336．

黄燕苹，李秉彝，林指夷．（2012）．数学折纸活动的类型及水平划分．数学通报，51(10)，8-12．

季燕．（2006）．亲子阅读在国内外．山东教育(幼教刊)，(9)，12-14．

贾砚璞，张丽，徐展．（2019）．自适应的数感训练对低年级儿童数学能力的影响．数学教育学报，28(2)，34-38．

贾砚璞．（2019）．自适应数感训练和阅读训练对低年级儿童数学能力的影响．西南大学硕士论文．

蒋惠娟．（2018）．幼儿园开展创意手指游戏活动的策略．学前教育研究，(5)，61-63．

蒋慧．（2019）．6—8岁儿童空间能力与数学成就的关系．西南大学硕士论文．

蒋亚丽，腾芸．（2015）．教育的文化再生产与社会阶层的向上流动．广州大学学报(社会科学版)，14(2)，45-51．

克鲁捷茨基．（1983）．中小学生数学能力心理学．李伯黍、洪宝林、艾国英等译．上海教育出版社．

雷雳，王争艳，刘红云，张雷．（2002）．初中生的亲子沟通及其与家庭环境系统和社会适应关系的研究．应用心理学，8(1)，14-20．

黎亚军．（2016）．初中生数学学习策略、数学焦虑对数学成绩的影响研究．教育与教学研究，30(5)，118-122．

李波．（2018）．父母参与对子女发展的影响——基于学业成绩和非认知能力的视角．教育与经济，(3)，54-64．

李丹．（2017）．动作视频游戏对空间导航能力的影响研究．南京师范大学硕士论文．

李丹，张福娟，金瑜．（1985）．儿童演绎推理特点再探——假言推理．心理科学通讯，（1），6-12，65．

李富洪，李红，陈安涛，冯廷勇，高雪梅，张仲明，龙长权．（2005）．物体颜色与质地相似度对幼儿归纳推理的影响．心理学报，37(2)，199-209．

李浩．（2013）．学优生学困生工作记忆中注意焦点转换的比较研究．河北师范大学硕士论文．

李洪玉，林崇德．（2005）．中学生空间认知能力结构的研究．心理科学，28(2)，269-271．

李俊．（2003）．中小学概率的教与学．华东师范大学出版社．

李俊．（2018）．中小学概率统计教学研究．华东师范大学出版社．

李莉，周欣，郭力平．（2016）．儿童早期工作记忆与数学学习的关系．心理科学进展，24(10)，1556-1567．

李丽．（2004）．家长参与及其与学生学习动机、学业成绩的关系研究．山东师范大学硕士论文．

李其维．（2004）．评发生认识论的"反省抽象"范畴．心理科学，27(3)，514-518．

李泉，宋亚男，廉彬，冯廷勇．（2019）．正念训练提升3～4岁幼儿注意力和执行功能．心理学报，51(3)，324-336．

李蓉．（2019）．学校联结、积极情绪、亲子沟通与中学生学业成绩的关系：留守与非留守的比较．湖南师范大学硕士论文．

李晓芹．（2008）．小学儿童数字线估计的发展研究．曲阜师范大学硕士论文．

李亚琴．（2019）．留守儿童家庭文化资本与学业成就的关系研究．东北师范大学硕士论文．

李毅，谭婷．（2019）．家庭经济资本和中小学生阅读兴趣的关系：家庭文化资本的中介作用．心理与行为研究，17(4)，520-528．

梁宁．（2018）．估算和精算能力的脑机制差异．浙江大学硕士论文．

列夫·维果茨基．（2010）．思维与语言．李维译．北京大学出版社．

林崇德，沃建中，陈浩莺．（2003）．小学生图形推理策略发展特点的研究．心理科学，26(1)，2-8．

林崇德．（1980）．学龄前儿童数概念与运算能力发展．北京师范大学学报（人文社会科学版），（2），67-77．

林崇德．（2011）．智力发展与数学学习．中国轻工业出版社．

林丹．（2006）．背景知识和相似性在专家归纳推理中的作用．华南师范大学硕士论文．

蔺海风．（2020）．青少年认知能力在家庭文化资本与学业成就关系中的中介作用研究．河北大学硕士论文．

刘昌．（2004）．数学学习困难儿童的认知加工机制研究．南京师范大学报（社会科学版），（3），81-88，103．

刘凡．（1994）．数字记忆广度对策略应用模式的影响——中美儿童计算能力差异的比较研究．心理科学，17(1)，21-27，63-64．

刘丽莎，李燕芳，吕莹，李艳玮．（2013）．父亲参与教养状况对学前儿童社会技能的作用．心理发展与教育，29(1)，38-45．

刘琳慧，涂丽莉，宁亚飞．（2013）．初中生认知风格与数学焦虑、数学成绩的相关研究．教育测量与评价(理论版)，(3)，40-44.

　　刘希平，唐卫海. (1996). 幼儿对几何形体认知能力发展的研究. 天津师范大学学报(社会科学版)，(2)，33-38.

　　柳延延. (1996). 概率统计观念的现代命运. 科学技术与辩证法，13(2)，16-23.

　　鲁洁. (1990). 教育社会学. 人民教育出版社.

　　鲁忠义，彭建国，李强. (2003). 中文故事阅读中预期与前后向推理的关系. 心理学报，35(2)，183-189.

　　吕雪姣. (2012). 中班儿童数字估计能力发展特点及干预研究. 首都师范大学硕士论文.

　　罗比·凯斯. (1999). 智能的阶梯——儿童发展的新皮亚杰理论. 屠美如等译. 南京师范大学出版社.

　　罗伯逊. (2014). 权力如何影响我们：胜利者效应. 董理译. 译林出版社.

　　莫雷，韩迎春. (2002). 拥有关系信息情境模型建构的影响因素. 心理学报，34(6)，580-588.

　　莫雷. (1992). 中小学生语文阅读能力结构的发展特点. 心理学报，(4)，346-354.

　　牛玉柏，张丽芬，肖帅，曹贤才. (2018). 小学生近似数量系统敏锐度的发展趋势及其与数学能力的关系：抑制控制的中介作用. 心理科学，41(2)，344-350.

　　诺姆·乔姆斯基. (2015). 语言的科学：詹姆斯·麦克吉尔弗雷访谈录. 曹道根，胡朋志译. 商务印书馆.

　　庞茗萱. (2020). 家长数学态度对学生数学成就的影响：数学动机和数学焦虑的链式中介作用. 青少年学刊，1，22-27.

　　皮雪. (2020). 幼儿空间能力的性别差异及其生物与家庭社会成因. 西南大学硕士论文.

　　齐建林，刘旭峰，皇甫恩，苗丹民，邵永聪，王伟，刘练红，陈静. (2003). 五项空间能力测验的结构效度分析. 第四军医大学学报，24(21)，1993-1995.

　　让·皮亚杰. (2018). 教育科学与儿童心理学. 杜一雄，钱心婷译. 教育科学出版社.

　　任春荣，辛涛. (2013). 家庭社会经济地位对小学生成绩预测效应的追踪研究. 教育研究，34(3)，79-87.

　　任春荣. (2010). 学生家庭社会经济地位(SES)的测量技术. 教育学报，6(5)，77-82.

　　任俊，陆春雷，吕沛泓. (2019). 正念训练提升幼儿努力控制能力的干预研究. 中国特殊教育，(5)，85-90.

　　申婉丽，张舒涵，黄小璐，魏雷，何清华. (2019). 线上认知训练的研究现状与训练效果. 心理技术与应用，7(11)，671-682.

　　沈卓卿. (2014). 论社会经济地位对儿童学业发展的影响. 教育研究，35(4)，70-76.

　　史宁中. (2016). 数学基本思想18讲. 北京师范大学出版社.

　　史亚娟，华国栋. (2008). 中小学生数学能力的结构及其培养. 教育学报，(3)，36-40.

　　史亚娟. (2003). 论模式能力及其对儿童数学认知能力发展的影响. 学前教育研究，(7)，13-15.

　　司继伟，张庆林，胡冬梅. (2008). 小学儿童算术估算能力的发展. 心理与行为研究，6(1)，50-57.

　　宋保忠，蔡小明，杨珏玲. (2003). 家长期望教育价值的思考与探索. 唐都学刊，19(3)，

153-157.

孙晓利. (2015). 基于机制的儿童早期因果推理的实验研究. 江西师范大学硕士论文.

孙怡. (2015). 策略训练对小学生估算能力的影响研究. 南京师范大学硕士论文.

孙志凤, 林敏. (2006). 态射的建构与发展: 发生认识论的一种动态形式化. 心理科学, 29 (2), 499-501.

谭乔元. (2016). 七巧板游戏、瑞文推理测验与中小学生数学成绩关系的研究. 南京师范大学硕士论文.

唐海波, 邝春霞. (2009). 焦虑理论研究综述. 中国临床心理学杂志, 17(2), 176-177, 199.

唐顺玲. (2020). 4—6 岁儿童词汇、数学语言与数学能力的关系研究. 湖南师范大学硕士论文.

涂冬波, 戴海琦, 蔡艳, 丁树良. (2010). 小学儿童数学问题解决认知诊断. 心理科学, 33 (6), 1461-1466.

汪芬, 黄宇霞. (2011). 正念的心理和脑机制. 心理科学进展, 19(11), 1635-1644.

汪光珩. (2010). 3—6 岁儿童数学单位概念与非标准空间测量能力的发展及关系研究. 华东师范大学博士论文.

王恩国. (2007). 工作记忆与学习能力的关系. 中国特殊教育, (3), 78-84.

王澜. (2013). 5—6 岁儿童数字线估计能力及其与早期数学能力发展关系的追踪研究. 首都师范大学硕士论文.

王梦媛. (2018). 小学生数学焦虑对数学成绩的影响及其正念干预研究. 西南大学硕士论文.

王明怡, 陈英和. (2005). 工作记忆成分与儿童算术认知. 心理科学, 28(3), 611-613.

王瑞明, 莫雷, 冷英. (2009). 我国文本阅读研究的回顾与展望. 内蒙古师范大学学报(教育科学版), 22(2), 72-76.

王淞, 李荆广, 刘嘉. (2011). 阅读能力个体差异的遗传基础——双生子研究的元分析. 心理科学进展, 19(9), 1267-1280.

王欣瑜. (2017). 基于认知诊断的儿童数学学力结构及测评研究. 内蒙古师范大学博士论文.

文萍, 张莉, 李红, 刘莉湘君, 张雪怡. (2007). 儿童执行功能对数学能力的预测模型. 心理发展与教育, 23(3), 13-18.

沃建中, 李峰, 陈尚宝. (2002). 5—7 岁儿童加法策略的发展特点. 心理发展与教育, 18 (4), 26-30.

席居哲, 周文颖, 左志宏. (2018). 融合游戏与绘本 发展情绪社会性——游戏式绘本指导阅读促进幼儿情绪社会性发展的实证研究. 首都师范大学学报(社会科学版), (4), 167-174.

谢芳. (2017). 基因与家庭文化资本对儿童阅读能力和数学能力的影响研究. 西南大学硕士论文.

谢芳. (2020). 空间能力对数学能力的影响及其认知神经机制. 西南大学博士论文.

谢芳, 张丽. (2016). 数学焦虑的形成、影响机制与干预. 心理技术与应用, 4(10), 630-636.

辛自强，池丽萍，张丽．（2006）．建构主义视野下的教学评估．教育研究，（4），55-60．

辛自强．（2003）．关系-表征复杂性模型的检验．心理学报，35(4)，504-513．

辛自强．（2007）．关系-表征复杂性模型．心理发展与教育，23(3)，122-128．

辛自强．（2004）．问题解决研究的一个世纪：回顾与前瞻．首都师范大学学报（社会科学版），（6），101-107．

辛自强，张丽．（2005）．解决现实性问题与建构现实的数学．中国教育学刊，（1），38-41．

辛自强，张丽，林崇德，池丽萍．（2006）．练习背景下表征水平的变化．心理学报，38(2)，189-196．

许唯唯．（2009）．数学焦虑的成因及对策．中学教学参考，（2），15-16．

杨宗义，刘中华，黄希庭．（1983）．3—9岁儿童对几何图形分类的实验研究．西南师范学院学报（自然科学版），（2），47-57．

幼儿数概念研究协作小组．（1979）．国内九个地区3—7岁儿童数概念和运算能力发展的初步研究综合报告．心理学报，（1），108-117．

余秀兰，韩燕．（2018）．寒门如何出"贵子"——基于文化资本视角的阶层突破．高等教育研究，39(2)，8-16．

余瑶．（2018）．数学焦虑：原因、危害及应对策略．中小学教师培训，（6），44-47．

张大均，冯正直，郭成，陈旭．（2000）．关于学生心理素质研究的几个问题．西南师范大学学报：人文社会科学版，26(3)，56-62．

张宏，沃建中．（2005）．图形推理任务中儿童策略获得的发展机制．心理科学，28(2)，314-317．

张华，庞丽娟，韩小雨，陶沙，董奇．（2006）．儿童早期测量能力的发展．心理发展与教育，（4），8-11．

张会丽．（2009）．空间术语对小学高年级学生空间场景记忆的影响及其语言编码方式．河南大学硕士论文．

张惠．（2013）．家庭文化资本与幼儿语言发展水平的关系研究．首都师范大学硕士论文．

张积家，陈月琴，谢晓兰．（2005）．3～6岁儿童对11种基本颜色命名和分类研究．应用心理学，11(3)，227-232．

张凯．（2018）．基于家庭文化教育资本视阈下核心素养的获得途径探析．河北工程大学学报（社会科学版），35(3)，105-107．

张李斌．（2020）．成人空间亚能力影响数学能力的认知机制及神经基础．西南大学硕士论文．

张李斌，张丽，冯廷勇．（2019）．发展性计算障碍儿童的数感缺陷．心理与行为研究，17(4)，512-519．

张丽，蒋慧，赵立．（2018）．发展性计算障碍儿童的数量转换缺陷．心理科学，41(2)，337-343．

张丽锦，张臻峰．（2014）．动态测验对"数学学习困难"儿童的进一步甄别．心理学报，46(8)，1112-1123．

张丽，辛自强．（2006）．问题解决成功后知识的微观建构．上海教育科研，（4），50-53．

张美娟．（2005）．教师、家长的数学信念和学习观与学生的数学焦虑的相关研究．华东师范大学硕士论文.

张奇, 滕国鹏, 李庆安, 林洪新, 张黎, 朱会明. (2006). 儿童的几何图形预期表象. 心理学报, 38(2), 223-231.

张树东, 董奇. (2007). 一～四年级小学生发展性计算障碍的亚类型研究. 心理发展与教育, (2), 76-81.

张夏雨. (2010). 基于关系-表征复杂性模型的有背景问题难度研究. 数学教育学报, 19(3), 46-49.

张夏雨, 喻平. (2009). 基于关系-表征复杂性模型的问题图式等级性研究. 数学教育学报, 18(4), 46-49.

张晓霞. (2013). 4—5 岁幼儿积木建构水平的提升及其对几何空间能力发展的影响. 首都师范大学硕士论文.

张缨斌, 王烨晖. (2016). 父母教育期望与数学成绩的关系: 自我教育期望、学习动机和数学焦虑的中介作用. 第十九届全国心理学学术会议摘要集.

张影侠. (2007). 初中生的数学估计表现及其与元认知能力的关系. 山东师范大学硕士论文.

张增慧, 林仲贤. (1983). 3—6 岁儿童颜色及图形视觉辨认实验研究. 心理学报, 4, 461-468.

张增杰, 刘中华, 邱曼君. (1983). 5—11 岁儿童概率概念认知结构的萌芽及其发展. 西南师范学院学报(自然科学版), 2, 29-43.

赵红霞, 崔亭亭. (2020). 家庭文化资本对初中生学业成就的影响研究. 教育研究与实验, (3), 64-70.

赵惠红. (2015). 3—5 岁汉语儿童数数原则与基数概念研究. 浙江大学硕士论文.

赵林青. (2019). 高中生家庭文化资本与学习成绩的关系研究——基于江苏省 BY 县的调查研究. 华中科技大学硕士论文.

赵晓萌, 李红霞, 黄碧娟, 司继伟. (2019). 父母教育卷入与儿童数学焦虑的关系: 数学态度的中介作用. 第二十二届全国心理学学术会议摘要集.

赵鑫, 周仁来. (2014). 基于中央执行功能的儿童工作记忆可塑性机制. 心理科学进展, 22(2), 220-226.

赵振国. (2008). 3—6 岁儿童数量估算能力发展的研究. 心理科学, 31(5), 1215-1217.

赵忠心. (2001). 家庭教育学——教育子女的科学与艺术. 人民教育出版社.

郑持军. (2001). 儿童早期因果推理的实验研究. 西南师范大学硕士论文.

郑金芳. (2019). 基于锚定效应的估算和数感培养. 小学教学参考, 26, 42-44.

周军. (2008). 武汉市小学生数学能力现状调查分析. 华中科技大学硕士论文.

周文霞, 郭桂萍. (2006). 自我效能感: 概念、理论和应用. 中国人民大学学报, 1, 91-97.

周欣, 黄瑾, 王正可, 王滨, 赵振国, 杨蕾, 杨峥峥. (2007). 父母-儿童共同活动中的互动与儿童的数学学习. 心理科学, 30(3), 579-583.

周新林, 董奇. (2003). 加法和乘法算式的表征方式. 心理学报, 35(3), 345-351.

周新林. (2016). 教育神经科学视野中的数学教育创新. 教育科学出版社.

周序. (2007). 文化资本与学业成绩——农民工家庭文化资本对子女学业成绩的影响. 国家

教育行政学院学报，2，73-77.

周正，辛自强. (2012). 数学能力与决策的关系：个体差异的视角. 心理科学进展，20(4)，542-551.

朱丹. (2019). 管弦乐器训练经验对工作记忆的影响及手指动作的作用. 西南大学硕士论文.

朱蕾. (2018). 小学第二学段学生估计能力的发展水平和估计策略研究. 南京师范大学硕士论文.

朱眉华. (2013). 困境与调适：乡城流动家庭的抗逆力研究. 上海大学博士论文.

Adelson, J. L., Dickinson, E. R., & Cunningham, B. C. (2015). Differences in the reading-mathematics relationship: a multi-grade, multi-year statewide examination. *Learning and Individual Differences*, *43*, 118-123.

Ahmed, W., Minnaert, A., Kuyper, H., & van der Werf, G. (2012). Reciprocal relationships between math self-concept and math anxiety. *Learning and Individual Differences*, *22* (3), 385-389.

Alexander, P. A., Dumas, D., Grossnickle, E. M., List, A., & Firetto, C. M. (2016). Measuring relational reasoning. *Journal of Experimental Education*, *84*(1), 119-151.

Anderson, U., & Östergren, R. (2012). Number magnitude processing and basic cognitive functions in children with mathematical learning disabilities. *Learning & Individual Differences*, *22*(6), 701-714.

Anderson, B., & Harvey, T. (1996). Alterations in cortical thickness and neuronal density in the frontal cortex of albert einstein. *Neuroscience Letters*, *210*(3), 161.

Andersson, U., & Lyxell, B. (2007). Working memory deficits in children with mathematical difficulties: A general or specific deficit?. *Journal of Experimental Child Psychology*, *96* (3), 97-228.

Anobile, G., Stievano, P., & Burr, D. C. (2013). Visual sustained attention and numerosity sensitivity correlate with math achievement in children. *Journal of Experimental Child Psychology*, *116*(2), 380-391.

Arsalidou, M., Pawliw-Levac, M., Sadeghi, M., & Pascual-Leone, J. (2017). Brain areas associated with numbers and calculations in children: Meta-analyses of fMRI studies. *Developmental Cognitive Neuroscience*, *29*, 1-12.

Arsic, S., Eminovic, F., Stankovic, I., Jankovic, S., & Despotovic, M. (2012). The role of executive functions at dyscalculia. *Healthmed*, *6*(1), 314-318.

Ashcraft, M. H., & Kirk, E. P. (2001). The relationships among working memory, math anxiety, and performance. *Journal of Experimental Psychology: General*, *130*(2), 224-237.

Ashcraft, M. H., & Krause, J. A. (2007). Working memory, math performance, and math anxiety. *Psychonomic Bulletin & Review*, *14*(2), 243-248.

Ashkenazi, S., Rubinsten, O., & Henik, A. (2009). Attention, automaticity, and developmental dyscalculia. *Neuropsychology*, *23*(4), 535-540.

Avirbach, N., Perlman, B., & Mor, N. (2019). Cognitive bias modification for inferential style. *Cognition & Emotion*, *33*(4), 816-824.

Baddeley, A. (1986). Working memory, reading and dyslexia. *Advances in Psychology*, *34*, 141-152.

Baddeley, A. (2003). Working memory: Looking back and looking forward. *Nature Reviews Neuroscience*, *4*(10), 829-839.

Baddeley, A., & Andrade, J. (2000). Working memory and the vividness of imagery. *Journal of Experimental Psychology*, *129*(1), 126-145.

Baddeley, A., & Sala, S. (1996). Working memory and executive control. philosophical transactions of the royal society of London. *Series B*, *Biological sciences*, *351*, 1397-1403.

Baker, D. W., Williams, M. V., Parker, R. M., Gazmararian, J. A., & Nurss, J. (1999). Development of a brief test to measure functional health literacy. *Patient Education and Counseling*, 38(1), 33-42.

Bander, R. S., & Betz, N. E. (1981). The relationship of sex and sex role to trait and situationally specific anxiety types. *Journal of Research in Personality*, *15*(3), 312-322.

Bandura, A. (1977). Self-efficacy: Toward a unifying theory of behavioral change. *Psychological Review*, *84*(2), 191-215.

Bandura, A. (1995). *Self-Efficacy in changing society*. Cambridge University Press.

Bartelet, D., Ansari, D., Vaessen, A., & Blomert, L. (2014). Cognitive subtypes of mathematics learning difficulties in primary education. *Research in Developmental Disabilities*, *35*(3), 657-670.

Baumeister, R. F., Bratslavsky, E., Finkenauer, C., & Vohs, K. D. (2001). Bad is stronger than good. *Review of General Psychology*, *5*(4), 10.

Bechara, A., Damasio, A., Damasio, H., & Anderson, S. (1994). Insensitivity to future consequences following damage to human prefrontal cortex. *Cognition*, *50*, 7-15.

Beilock, S. L. (2008). Math performance in stressful situations. *Current Directions in Psychological Science*, *17*(5), 339-343.

Beilock, S. L., & Willingham, D. T. (2014). Math anxiety: Can teachers help students reduce it? Ask the cognitive scientists. *American Eolucator*, *38*(2), 28-43.

Bender. A., & Beller, S. (2011). Fingers as a tool for counting-naturally fixed or culturally flexible? *Frontiers in Psychology*, *2*, 256.

Berkowitz, T., Schaeffer, M. W., Maloney, E. A., Peterson, L., Gregor, C., Levine, S. C., & Beilock, S. L. (2015). Math at home adds up to achievement in school. *Science*, *350*(6257), 196.

Bi, C., Liu, P., Yuan, X., & Huang, X. (2014). Working memory modulates the association between time and number representation. *Perception*, *43*(5), 417-426.

Bierman, K. L., Welsh, J. A., Heinrichs, B. S., Nix, R. L., & Mathis, E. T. (2015). Helping head start parents promote their children's kindergarten adjustment: The research-based developmentally informed parent program. *Child development*, *86*(6), 1877-1891.

Biggs, J. B. (1992). Modes of learning, forms of knowing, and ways of schooling. In:

A. Demetriou，M. Shayer，A. Efklides. （Eds.），*Neo-Piagetian theories of cognitive develop-ment*（pp. 31-51）. London：Routledge.

Björn，P. M.，Aunola，K.，& Nurmi，J. E.（2016）. Primary school text comprehension predicts mathematical word problem-solving skills in secondary school. *Educational Psychology*，*36*（2），362-377.

Blackwell，L. A.，Trzesniewski，K. H.，& Dweck，C. S.（2007）. Implicit Theories of in-telligence and achievement across the junior high school transition：A longitudinal study and an in-tervention. *Child Development*，*78*，246-263.

Blair，C.，& Razza，R. P.（2007）. Relating effortful control，executive function，and false belief understanding toemerging math and literacy ability in kindergarten. *Child development*，*78*（2），647-663.

Blalock，H. M.，Blau，P. M.，Duncan，O. D.，& Tyree，A.（1968）. The american occu-pational structure. *American Sociological Review*，*33*（*2*），296-267.

Blank，M.，& Solomon，F. E.（1976）. The childlike question：Itsvalue in teaching. *Jour-nal of Learning Disabilities*，*9*（10），625-632.

Blevins-Knabe，B.，& Musun-Miller，L.（1998）. Number use at home by children and their parents and its relationship to early mathematical performance. *Early Development & Paren-ting*，*5*（1），35-45.

Boden，M. T.，Bonn-Miller，M. O.，Kashdan，T. B.，Alvarez，J.，& Gross，J. J.（2012）. The interactive effects of emotional clarity and cognitive reappraisal in posttraumatic stress disorder. *Journal of Anxiety Disorders*，*26*，233-238.

Bodrova，E.，& Leong，D. J.（2012）. Tools of the Mind：Vygotskian approach to early childhood education. Merrill/Prentice Hall.

Bonato，M.，Zorzi，M.，& Carlo Umiltà.（2012）. When time is space：Evidence for a mental time line. *Neuroence & Biobehavioral Reviews*，*36*（10），2257-2273.

Booth，J. L.，& Siegler，R. S.（2006）. Developmental and individual differences in pure nu-merical estimation. *Developmental Psychology*，*42*（1），189-201.

Bornstein，B. M. H.，& Bradley，R. H.（2003）. *Socioeconomic status，parenting，and child development*. Mahwah，NJ：Lawrence Erlbaum Associates，Inc.

Bradley，R. H.，& Corwyn，R. F.（2002）. Socioeconomic status and child development. *Annual Review of Psychology*，*21*（3），371-399.

Breen，R.，& Jonsson，J. O.（2005）. Inequality of opportunity in comparative perspective：Recent research on educational attainment and social mobility. *Annual Review of Sociology*，*31*（1），223-243.

Bronfenbrenner，U.（1992）. Ecological systems theory. In R. Vasta（Eds.），*Six theories of child development：Revised formulations and current issues*（pp. 187-249）. Jessica Kingsley Pub-lishers.

Brune，J.（1986）. *Actual minds，possible worlds*. Cambridge，MA：Harvard University Press.

Buckley, J., Seery, N., Canty, D., & Gumaelius, L. (2018). Visualization, inductive reasoning, and memory span as components of fluid intelligence: Implications for technology education. *International Journal of Educational Research*, *90*(1), 64-77.

Bull, R., & Scerif, G. (2001). Executive functioning as a predictor of children's mathematics ability: Inhibition, switching, and working memory. *Developmental Neuropsychology*, *19*(3), 273-293.

Burte, H., Gardony, A. L., Hutton, A., & Taylor, H. A. (2019). Make-a-dice test: Assessing the intersection of mathematical and spatial thinking. *Behavior Research Methods*, *51*, 602-638.

Butterworth, B. (2005). The development of arithmetical abilities. *Journal of Child Psychology & Psychiatry*, *46*(1), 3-18.

Butterworth, B. (2010). Foundational numerical capacities and the origins of dyscalculia. *Trends in Cognitive Sciences*, *14*(12), 534-541.

Butterworth, B., & Kovas, Y. (2013). Understanding neurocognitive developmental disorders can improve education for all. *Science*, *340*(6130), 300-305.

Butterworth, B., Grana, A., Piazza, M., Girelli, L., Price, C., & Skuse, D. (1999). Language and the origins of number skills: Karyotypic differences in turner's syndrome. *Brain & Language*, *69*(1999), 486-488.

Byun, S. Y., Schofer, E., & Kim, K. K. (2012). Revisiting the role of cultural capital in east asian educational systems: The case of south korea. *Sociology of Education*, *85*(3), 219-239.

Campbell, J. I. D. (2004). *Handbook of mathematical cognition*. New York: Psychology Press.

Carey, E., Hill, F., Devine, A., & Szücs, D. (2016). The Chicken or the Egg? The direction of the relationship between mathematics anxiety and mathematics performance. *Frontiers in Psychology*, *6*, 1987.

Carlson, S. M., Moses, L. J., & Hix, H. R. (1998). The role of inhibitory processes in young children's difficultieswith deception and false belief. *Child development*, *69*(3), 672-691.

Carroll, J. B. (1993). *Human cognitive abilities: A survey of factor-analytic studies*. Cambridge: Cambridge University Press.

Casad, B. J., Patricia, H., & Wachs, F. L. (2015). Parent-child math anxiety and math-gender stereotypes predict adolescents' math education outcomes. *Frontiers in Psychology*, *6*, 1597.

Casey, B. M., Andrews, N., Schindler, H., Kersh, J. E., Samper, A., & Copley, J. (2008). The development of spatial skills through interventions involving block building activities. *Cognition and Instruction*, *26*, 269-309.

Casasola, M., Wei, W. S., Suh, D. D., Donskoy, P., & Ransom, A. (2020). Children's exposure to spatial language promotes their spatial thinking. *Journal of Experimental Psychology: General*, *149*(6), 1116-1136.

Chan，W. W. L. ，& Wong，T. Y. （2020）. Subtypes of mathematical difficulties and their stability. *Journal of Educational Psychology*，*112*（3），649-666.

Chatterjee，A. （2008）. The neural organization of spatial thought and language. *Seminars in Speech & Language*，*29*（3），226-238.

Checa，P. ，& Rueda，M. R. （2011）. Behavioral and brain measures of executive attention and school competence inlate childhood. *Developmental Neuropsychology*，*36*（8），1018-1032.

Cheng，D. ，Xiao，Q. ，Cui，J. ，Chen，C. ，Zeng，J. ，& Chen，Q. ，Zhou，X. （2020）. Short-term numerosity training promotes symbolic arithmetic in children with developmental dyscalculia：The mediating role of visual form perception. *Developmental Science*，*23*，e12910.

Cheng，Y. L. ，& Mix，K. S. （2013）. Spatial training improves children's mathematics ability. *Journal of Cognition and Development*，*15*（1），2-11.

Chiesa，A. ，& Serretti，A. （2010）. A systematic review of neurobiological and clinical features of mindfulnessmeditations. *Psychological Medicine London*，*40*（8），1239.

Chinn，S. （2009）. Mathematics anxiety in secondary students in England. *Dyslexia*，*15*（1），61-68.

Chu，M. ，& Kita，S. （2011）. The nature of gestures' beneficial role in spatial problem solving. *Journal of Experimental Psychology：General*，*140*（1），102-116.

Claessens，A. ，& Engel，M. （2005）. How important is where you start? Early mathematics knowledge and later school success. *Teachers College Record*，*115*（6），189-210.

Clark，C. ，Pritchard，V. ，& Woodward，L. （2010）. Preschool executive functioning abilities predict early mathematics achievement. *Developmental Psychology*，*46*（5），1176-1191.

Claro，S. ，Paunesku，D. ，& Dweck，C. S. （2016）. Growth mindset tempers the effects of poverty on academic achievement. *Proceedings of the National Academy of Sciences*，*113*（31），8664-8668.

Cobb，P. ，& McClain，K. （2006）. Guiding inquiry-based math learning. In R. K. Sawyer （Ed. ），*The Cambridge handbook of the learning sciences*（pp. 171-185）. New York：Cambridge University Press.

Coleman，J. S. （1988）. Social capital in the creation of uuman capital. *American Journal of Sociology*，*94*（*Supplement*），95-120.

Coleman，J. S. ，Campbell，E. Q. ，Hobson，C. J. ，McPartland，J. ，Mood，A. M. ，Weinfeld，F. D. ，& York，R. L. （1966）. *Equality of educational opportunity*（pp. 325）. Washington，DC：National Center for Educational Statistics，Office of Education，U. S. Department of Health，Education，and Welfare.

Connell，J. P. & Wellborn，J. G. （1991）. Competence，autonomy，and relatedness：A motivational analysis of self-system processes. *Journal of Personality & Social Psychology*，*65*，43-77.

Cornu，V. ，Schiltz，C. ，Martin，R. ，Hornung，C. （2018）. Visuo-spatial abilities are key for young children's verbal number skills. *Journal of Experimental Child Psychology*，*166*，604-620.

Cragg，L. ，& Nation，K. （2008）. Go or no-go? Developmental improvements in the efficiency of responseinhibition in mid-childhood. *Developmental Science*，*11*（6），819-827.

Cromley, J. G. , Booth, J. L. , Wills, T. W. , Chang, B. L. , Tran, N. , Madeja, M. , Shipley, T. F. , & Zahner, W. (2017). Relation of spatial skills to calculus proficiency: A brief report. *Mathematical Thinking & Learning: An International Journal*, *19*(1), 55-68.

D'Amico, A. , & Guarnera, M. (2005). Exploring working memory in children with low arithmetical achievement. *Learning and Individual Differences*, *15*(3), 189-202.

Dark, V. J. , & Benbow, Camilla P. (1991). Differential enhancement of working memory with mathematical versusverbal precocity. *Journal of Educational Psychology*, *83*(1), 48-60.

Davidse, N. J. , de Jong, M. T. , & Bus, A. G. (2015). Causal relations among executive functions and academic skills from preschool to end of first grade. *English. Linguistics Research*, *4*(1), 49-60.

Davis, O. S. P. , Kovas, Y. , Harlaar, N. , Busfield, P. , McMillan, A. , Frances, J. , et al. (2008). Generalist genes and the Internet generation: Etiology of learning abilities by web testing at age 10. *Genes, Brain and Behavior*, *7*, 455-462.

De Araujo, Z. , Roberts, S. A. , Willey, C. , & Zahner, W. (2018). English learners in K-12 mathematics education: A review of the literature. *Review of Educational Research*, *88*(6), 879-919.

De Smedt, B. , & Gilmore, C. K. (2011). Defective number module or impaired access? Numerical magnitude processing in first graders with mathematical difficulties. *Journal of Experimental Child Psychology*, *108*(2), 278-292.

Deci, E. L. , & Ryan, R. M. (2000). The "what" and "why" of goal pursuits: Human needs and the self-determination of behavior. *Psychological Inquiry*, *11*(4), 227-268.

Dehaene, S. (1992). Varieties of numerical abilities. *Cognition*, *44*(1-2), 1-42.

Dehaene, S. (1997). *The number sense: How the mind creates mathematics*. New York: Oxford University Press.

Dehaene, S. , & Brannon, E. M. (2011). *Space, time and number in the brain: Searching for the foundations of mathematical thought*. London: Academic Press.

Dehaene, S. , Bossini, S. , & Giraux, P. (1993). The mental representation of parity and number magnitude. *Journal of Experimental Psychology General*, *122*(3), 371-396.

Dehaene, S. , Piazza, M. , Pinel, P. , & Cohen, L. (2003). Three parietal circuits for number processing. *Cognitive Neuropsychology*, *20*(3-6), 487-506.

Dehaene, S. , Spelke, E. , Pinel, P. , Stanescu, R. , & Tsivkin, S. (1999). Sources of mathematical thinking: Behavioral and brain-imaging evidence. *Science*, *284*(5416), 970-974.

Der Sluis, S. V. , De Jong, P. F. , & Der Leij, A. V. (2004). Inhibition and shifting in children with learning deficits in arithmetic and reading. *Journal of Experimental Child Psychology*, *87*(3), 239-266.

Desforges, C. , & Abouchaar, A. (2003). *The impact of parental involvement, parental support and family education on pupil achievement and adjustment: A literature review*. Report Number 433. Department of Education and Skills.

De Sutter, D. , & Stieff, M. (2017). Teaching students to think spatially through embodied actions: Design principles for learning environments in science, technology, engineering, and mathematics. *Cognitive Research：Principles and Implications*, *2*, 22.

Devine, A., Fawcett, K., Szücs, D., & Dowker, A. (2012). Gender differences in mathematics anxiety and the relation to mathematics performance while controlling for test anxiety. *Behavioral & Brain Functions*, *8*(1), 33.

Di Filippo, G., & Zoccolotti, P. (2018). Analyzing global components in developmental dyscalculia and dyslexia. *Frontiers in Psychology*, *9*, 171.

Diamond, A. (2013). Executive functions. *Annual Review of Psychology*, *64*(1), 135-168.

Diamond, A. (2016). Why improving and assessing executive functions early in life is critical difference. *Child Development*, *58*(3), 725-740.

Diamond, A., & Ling, D. S. (2016). Conclusions about interventions, programs, and approaches for improving executive functions that appear justified and those that, despite much hype, do not. *Developmental Cognitive Neuroscience*, *18*, 34-48.

Dowker, A. (2013). Individual differences in arithmetic：Implications for psychology, neuroscience and education. *Psychology Press Taylor & Francis Group*, *17*(3), 303-305.

Dowker, A., Sarkar, A., & Looi, C. Y. (2016). Mathematics anxiety：What have we learned in 60 years? *Frontiers in Psychology*, *7*(508), 1-16.

Doyle, R. A., Voyer, D., & Cherney, I. D. (2012). The relation between childhood spatial activities and spatial abilities in adulthood. *Journal of Applied Developmental Psycholo-gy*, *33*(2), 112-120.

Dreger, R. M., & Aiken, L. R. (1957). The identification of number anxiety in a college population. *Journal of Educational Psychology*, *48*(48), 344-351.

Dreyfus, T., Hershkowitz, R., & Schwarz, B. B. (2015). The nested epistemic actions model for abstraction in context：Theory as methodological tool and methodological tool as theory. In A. Bikner-Ahsbahs, Christine Knipping, Norma Presmeg(Eds.), *Approaches to qualitative research in mathematics education, advances in mathematics education*(pp. 185-217). Dordrecht：Springer.

Duncan, G. J., Dowsett, C. J., Claessens, A., Magnuson, K., Huston, A. C., Klebanovd, P., Paganie, L., Feinsteinf, L., Engela, M., Gunng, J. B., Sextonh, H., Duckworthf, K., & Japel, C. (2007). School readiness and later achievement. *Developmental Psychology*, *43*(6), 1428-1446.

Dunst, C. J., Hamby, D. W., Wilkie, H., & Dunst, K. S. (2017). Meta-analysis of the relationship between home and family experiences and young children's early numeracy learning. In Sivanes Phillipson, Ann Gervasoni, Peter Sullivan(Eds.), *Engaging families as children's first mathematics educators*(pp. 105-125). Singapore：Springer.

Dweck, C. S. (2007). Is math a gift? Beliefs that put females at risk. In S. J. Ceci & W. M. Williams(Eds.), *Why aren't more women in science? Top researchers debate the evidence* (pp. 47-55). Washington, DC：American Psychological Association.

Ebisch, S. J., Perrucci, M. G., Mercuri, P., Romanelli, R., Mantini, D., Romani,

G. L. , Roberto, C. , & Saggino, A. (2012). Common and unique neuro-functional basis of induction, visualization, and spatial relationships as cognitive components of fluid intelligence. *NeuroImage*, *62*(1), 331-342.

Eerland, A. , Guadalupe, T. M. , & Zwaan, R. A. (2011). Leaning to the left makes the Eiffel Tower seem smaller: Posturemodulated estimation. *Psychological Science*, 22, 1511-1514.

Eisenberg, N. , Guthrie, I. K. , Fabes, R. A. , Reiser, M. , Murphy, B. C. , & Holgren, R. , et al. (1997). The relations of regulation and emotionality to resiliency and competent social functioning in elementary school children. *Child Development*, *68*(2), 295-311.

El Nokali, N. E. , Bachman, H. J. , & Votruba-Drzal, E. (2010). Parent involvement and children's academic and social development in elementary school. *Child Development*, *81*(*3*), 988-1005.

Epstei, J. L. (1995). School/family/community partnerships: Caring for the children we share. *Phi Delta Kappan*, *76*(9), 701-712.

Epstein, J. L. (1987). Toward a theory of family-school connections. *Social intervention: Potential and constraints*, 121-136.

Epstein, J. L. (2001). School, family, and community partnerships: Preparing educators and Improving schools. *NASSP Bulletin*, *85*(*627*), 85-87.

Espy, K. , McDiarmid, M. , Cwik, M. , Stalets, M. , Hamby, A. , & Senn, T. (2004). The contribution of executive functions to emergent mathematic skills in preschool children. *Developmental Neuropsychology*, *26*(1), 465-486.

Evans, J. S. B. , & Stanovich, K. E. (2013). Dual-process theories of higher cognition: Advancing the debate. *Perspectives on Psychological Science*, *8*(13), 223-241.

Eysenck, M. W. , Derakshan, N. , Santos, R. , & Calvo, M. G. (2007). Anxiety and cognitive performance: Attentional control theory. *Emotion*, *7*(2), 336-353.

Fagan, D. (1997). Reading in advanced level physics. *Physics Education*, *32*(6), 383.

Fan, X. , & Chen, M. (2001). Parental involvement and students' academic achievement: A meta-analysis. *Educational psychology review*, *13*(*1*), 1-22.

Fast, L. A. , Lewis, J. L. , Bryant, M. J. , Bocian, K. A. , Cardullo, R. A. , Rettig, M. , & Hammond, K. A. (2010). Does math self-efficacy mediate the effect of the perceived classroom environment on standardized math test performance? *Journal of Educational Psychology*, *102*(3), 729-740.

Fedorenko, E. (2014). The role of domain-general cognitive control in language comprehension. *Frontiers in Psychology*, *5*, 335.

Feng, J. , Spence, I. , & Prat, J. (2007). Playing an action video game reduces gender differences in spatial cognition. *Psychological Science*, *18*, 850-855.

Fetzer, M. , & Tiedemann, K. (2018). *The interplay of language and objects in the process of abstracting*. In J. Moschkovich, D. Wagner, A. Bose, J. Rodrigues, & M. Schütte (Eds.), *Language and communication in mathematics education*, *international perspectives*(pp.

91-103). Cham：Springer.

Fias，W.，& Bonato，M.（2018）. Which space for numbers? In A. Henik & W. Fias (Eds.)，*Heterogeneity of function in numerical cognition*(pp. 233-242). London：Academic.

Fielding-Wells，J.（2013）. Inquiry-based argumentation in primary mathematics：Reflecting on evidence. In MERGA 36：*36th Annual conference of the mathematics education research group of Australasia*(Vol. 1，pp. 290-297). Mathematics Education Research Group of Australasia.

Fischer，M. H.，Kqufmann，L.，& Domahs，F.（2012）. Finger counting and numerical cognition. *Frontiers in Psychology*，*3*，108.

Fisher，P. H.，Dobbs-Oates，J.，Doctoroff，G. L.，& Arnold，D. H.（2012）. Early math interest and the development of math skills. *Journal of Educational Psychology*，*104*（3），673-681.

Fitzpatrick，C.，& Pagani，L. S.（2012）. Toddler working memory skills predict kindergarten school readiness. *Intelligence*，*40*(2)，205-212.

Foley，A. E.，Herts，J. B.，Borgonovi，F.，Guerriero，S.，Levine，S. C.，& Beilock，S. L.（2017）. The math anxiety-performance link：A global phenomenon. *Current Directions in Psychological Science*，*26*(1)，52-58.

Folsom，J. S.（2017）. *Dialogic reading：Having a conversation about books.* https：//iowareadingresearch. org/blog/dialogic-reading-having-a-conversation-about-books. 2017-1-3.

Franceschini，S.，Gori，S.，Tait，M.，Casagrande，E.，& Facoetti，A.（2016）. Action video games improve math abilities in children with developmental dyscalculia. *Journal of Vision*，*16*(12)，1278.

Fredrickson，B. L.，& Losada，M. F.（2005）. Positive affect and the complex dynamics of human flourishing. *American Psychologist*，*60*(7)，678-686.

Frick，A.，Möhring，W.，& Newcombe，N. S.（2014）. Picturing perspectives：development of perspective-taking abilities in 4-to 8-year-olds. *Frontiers in Psychology*，*5*，1-7.

Friso-van Den Bos，I.，van der Ven，S. H. G.，Kroesbergen，E. H.，& Van Luit，J. E. H.（2013）. Working memory and mathematics in primary school children：A meta-analysis. *Edu-cational research review*，*10*，29-44.

Froiland，J. M.，& Davison，M. L.（2014）. Parental expectations and school relationships as contributors to adolescents' positive outcomes. *Social Psychology of Education*，*17*(1)，1-17.

Fuchs，L. S.，Compton，D. L.，Fuchs，D.，Hollenbeck，K. N.，Craddock，C. F.，& Hamlett，C. L.（2008）. Dynamic assessment of algebraic learning in predicting third graders' development of mathematical problem solving. *Journal of Educational Psychology*，*100*（4），829-850.

Fuchs，L. S.，Fuchs，D.，Hamlet，C. L.，Powell，S. R.，Capizzi，A. M.，& Seethaler，P. M.（2006）. The effects of computer-assisted instruction on number combination skill in at-risk first graders. *Journal of learning disabilities*，*39*(5)，467-475.

Furner，J. M.，& Duffy，M. L.（2002）. Equity for all students in the new millennium：Disabling math anxiety. *Intervention in School & Clinic*，*38*(2)，67-74.

Gaber, D. , & Schlimm, D. (2015). Basic mathematical cognition. *Wiley Interdisciplinary Reviews Cognitive Science*, 6(4), 355.

Galindo, C. , & Sheldon, S. B. (2012). School and home connections and children's kindergarten achievement gains: The mediating role of family involvement. *Early Childhood Research Quarterly*, 27(1), 90-103.

Galton, F. (1879). The geometric mean, in vital and social statistics. *Proceedings of the Royal Society*, 29, 365-367.

Galton, F. (1880). Visualized numerals. *Nature*, 21, 252-256.

Geary, D. C. (2004). Mathematics and learning disabilities. *Journal of Learning Disability*, 37(1), 4-15.

Geary, D. C. , Bailey, D. H. , Littlefield, A. , Wood, P. , Hoard, M. K. , & Nugent, L. (2009). First-grade predictors of mathematical learning disability: A latent class trajectory analysis. *Cognitive Development*, 24(4), 411-429.

Geary, D. C. , Hamson, C. O. , & Hoard, M. K. (2000). Numerical and arithmetical cognition: A longitudinal study of process and concept deficits in children with learning disability. *Journal of Experimental Child Psychology*, 77(3), 236-263.

Geist, E. (2010). The anti-anxiety curriculum: combating math anxiety in the classroom. *Journal of Instructional Psychology*, 37(1), 24-31.

Gelman, R. , & Gallistel, C. R. (1978). *The children's understanding of number*. Cambridge, MA: Harvard University Press.

Gelman, S. A. , & Markman, E. M. (1986). Categories and induction in young children. *Cognition*, 23(3), 183-209.

Gerstadt, C. , Hong, Y. , & Diamond, A. (1994). The relationship between cognition and action: Performance ofchildren 2-7 years old on a Stroop-like day-night test. *Cognition*, 53, 129-153.

Gilligan, K. A. , Hodgkiss, A. , Thomas, M. S. C. , & Farran, E. K. (2019). The developmental relations between spatial cognition and mathematics in primary school children. *Developmental Science*, 22(4), e12786.

Ginsburg, H. P. , Lee, J. S. , & Boyd, J. S. (2008). Mathematics education for young children: What it is and how to promote it. *Social Policy Report of the Society for Research in Child Development*, 22(1), 3-22.

Glenberg, A. , Willford, J. , Gibson, B. , Goldberg, A. , & Zhu, X. (2012). Improving reading to improve math. *Scientific Studies of Reading*, 16(4), 316-340.

Göbel, S. M. , & Snowling, M. J. (2010). Number-processing skills in adults with dyslexia. *The Quarterly Journal of Experimental Psychology*, 63(7), 1361-1373.

Göbel, S. , Walsh, V. & Rushworth, M. F. S. (2001). The mental number line and the human angular gyrus. *Neuroimage*, 14(6), 1278-1289.

Goos, M. (2004). Learning mathematics in a classroom community of inquiry. *Journal for research in mathematics education*, 35(4), 258-291.

Gottman, J. M. (1994). *What predicts divorce?* Hillsdale, NJ: Erlbaum.

Graham-Clay, S. (2005). Communicating with parents: Strategies for teachers. *The School Community Journal*, 15(1), 117-129.

Grant, D. A. , & Berg, E. (1948). A behavioral analysis of degree of reinforcement and ease of shifting to newresponses in a Weigl-type card-sorting problem. *Journal of experimental psychology*, 38(4), 404.

Greenwood, G. E. , & Hickman, C. W. (1991). Research and practice in parent involvement: Implications for teacher education. *The Elementary School Journal*, 9(3), 279-288.

Grolnick, W. S. & Slowiaczek, M. L. (1994). Parents' involvement in children's schooling: A multidimensional conceptualization and motivational model. *Child Development*, 65 (1), 237-252.

Gunderson, E. A. , Ramirez, G. , Levine, S. C. , & Beilock, S. L. (2012). The role of parents and teachers in the development of gender-related math attitudes. *Sex Roles*, 66, 153-166.

Halberda, J. , Mazzocco, M. M. , & Feigenson, L. (2008). Individual differences in nonverbal number acuity correlate with maths achievement. *Nature*, 455(7213), 665-669.

Halberda, J. , Taing, L. , & Lidz, J. (2008). The age of onset of "most" comprehension and its potential dependence on counting-ability in preschoolers. *Language Learning & Development*, 4(2), 99-121.

Halpern, P. A. (1996). Communicating the mathematics in children's trade books using mathematical annotations. In P. C. Elliot & M. J. Kennedy(Eds.), *Communication in mathematics, k-12 and beyond*(pp. 54-59). NCTM.

Hanushek, E. A. , Jamison, D. T. , Jamison, E. A. , & Wmann, L. (2008). Education and economic growth: It's not just going to school, but learning something while there that matters. *Munich Reprints in Economics*, 8(2), 62-70.

Harari, R. R. , Vukovic, R. K. , & Bailey, S. P. (2013). Mathematics anxiety in young children: an exploratory study. *Journal of Experimental Education*, 81(4), 538-555.

Harvey, P. O. , Bastard, G. , Pochon, J. B. , Levy, R. , Allilaire, J. F. , Dubois, B. , & Fossati, P. (2004). Executivefunctions and updating of the contents of working memory in unipolar depression. *Journal of psychiatric research*, 38(6), 567-576.

Hauser, M. D. , MacNeilage, P. , & Ware, M. (1996). Numerical representations in primates. *Proceedings of the National Academy of Sciences of the United States of America*, 93 (4), 1514-1521.

Hebb, D. O. (1995). Drivers and the C. N. S. (Conceptual nervous system). *Psychological Review*, 62, 243-254.

Hecht, S. A. , Torgesen, J. K. , Wagner, R. K. , & Rashotte, C. A. (2001). The relations between phonological processing abilities and emerging individual differences in mathematical computation skills: A longitudinal study from second to fifth grades. *Journal of Experimental Child Psychology*, 79(2), 192-227.

Heit, E. , & Rotello, C. M. (2010). Relations between inductive reasoning and deductive reasoning. *Journal of Experimental Psychology: Learning Memory & Cognition*, *36*(3), 805-812.

Hembree, R. (1990). The nature, effects, and relief of mathematics anxiety. *Journal for Research in Mathematics Education*, *21*(1), 33-46.

Henry, L. (2001). How does the severity of a learning disability affect working memory performance? *Memory(Hove, England)*, *9*(4-6), 233-247.

Hidi, S. , Renninger, K. A. , & Krapp, A. (2004). Interest, a motivational variable that combines affective and cognitive functioning. In D. Y. Dai & R. J. Stemberg(Eds.), *Motivation, emotion and cognition: Integrative perspectives on intellectual functioning and development*(pp. 89-115). Mahwah, NJ: Erlbaum.

Hilbert, S. , Nakagawa, T. T. , Puci, P. , Zech, A. , & Bühner, M. (2014). The digit span backwards task. *European Journal of Psychological Assessment*, *1*(1), 1-7.

Hill, N. E. , & Taylor, L. C. (2004). Parental school involvement and children's academic achievement. *Current Directions in Psychological Science*, *13*(4), 161-164.

Hodgkiss, A. , Gilligan, K. A. , Tolmie, A. K. , Msc, T. , & Farran, E. K. (2018). Spatial cognition and science achievement: The contribution of intrinsic and extrinsic spatial skills from 7 to 11 years. *British Journal of Educational Psychology*, *88*(4), 675-697.

Holdaway, D. (1979). *The foundations of literacy*. Portsmouth: Heinemann Educational Books Inc.

Hong, H. (1996). Effects of mathematics learning through children's literature on math achievement and dispositional outcomes. *Early Childhood Research Quarterly*, *11*(4), 477-494.

Hoppe, C. , Fliessbach, K. , Stausberg, S. , Stojanovic, J. , Trautner, P. , Elger, C. E. , Weber, B. (2012). A key role for experimental task performance: Effects of math talent, gender and performance on the neural correlates of mental rotation. *Brain and Cognition*, *78*(1), 14-27.

Hooper, S. , Roberts, J. , Sideris, J. , Burchinal, M. , & Zeisel, S. (2010). Longitudinal predictors of reading and math trajectories through middle school for African American versus Caucasian students across two samples. *Developmental psychology*, *46*(5), 1018-1029.

Jameson, M. M. (2014). Contextual factors related to math anxiety in second-grade children. *Journal of Experimental*, *82*(4), 518-536.

Jamieson, J. P. , Peters, B. J. , Greenwood, E. J. , & Altose, A. J. (2016). Reappraising stress arousal improves performance and reduces evaluation anxiety in classroom exam situations. *Grantee Submission*, *7*(6). 579-587.

Jansen, P. , Ellinger, J. , & Lehmann, J. (2018). Increased physical education at school improves the visual-spatial cognition during adolescence. *Educational Psychology*, *38*(7), 1-13.

Jirout, J. J. , & Newcombe, N. S. (2015). Building blocks for developing spatial skills: Evidence from a large, representative U. S. sample. *Psychological Science*, *26*(3), 302-310.

Jones, G. A, Langrall, C. W, & Mogill, C. A. T. T. (1997). A framework for assessing and nurturing young children's thinking in probability. *Educational Studies in Mathematics*, *32*(2), 101-125.

Jones, M. G. , Taylor, A. , & Broadwell, B. (2009). Estimating linear size and scale: Body rulers. *International Journal of Science Education*, *31*(11), 1495-1509.

Joormann, J, & Gotlib, I. H. (2008). Updating the contents of working memory in depression: Interference from irrelevant negative material. *Journal of Abnormal Psychology*, *117*(1), 182-192.

Jordan, N. C. , Kaplan, D. , Ramineni, C. , & Locuniak, M. N. (2009). Early math matters: Kindergarten number competence and later mathematics outcomes. *Developmental Psychology*, *45*(3), 850-867.

Juan, L. , Peng, P. , & Liang, L. (2020). The relation between family socioeconomic status and academic achievement in china: a meta-analysis. *Educational Psychology Review*, *32* (2), 49-76.

Kabat-Zinn, J. (2003). Mindfulness-based interventions in context: Past, present, and future. *Clinical Psychology: Science and Practice*, *10*(2), 144-156.

Karin, L. (2013). Development of numerical processing in children with typical and dyscalculic arithmetic skills-a longitudinal study. *Frontiers in Psychology*, *4*(2), 459.

Karsenty, R. (2014). Mathematical ability. Springer Netherlands. In S. Lerman(Eds.), *Encyclopedia of mathematics education*(pp. 372-375). Springer.

Kaufmann, G. (1990). Imagery effects on problem solving. In P. J. Hampson, D. E. Marks, & J. T. E. Richardson(Eds.), *Imagery: Current developments*(pp. 169-197). Routledge.

Kazelskis, R. , Reeves, C. , Kersh, M. E. , Bailey, G. , Cole, K. , Larmon, M. , Hall, L. , & Holliday, D. C. (2001). Mathematics anxiety and test anxiety: Separate constructs? *Journal of Experimental Education*, *68*(2), 137-146.

Kennedy, L. M. , & Tipps, S. (1988). Guiding children's learning of mathematics. Fifth Edition. *Calculators*, *583*.

Kirchner, W. K. (1958). Age differences in short-term retention of rapidly changing information. *Journal of experimental psychology*, *55*(4), 352.

Kleemans, T. , Peeters, M. , Segers, E. , & Verhoeven, L. (2012). Child and home predictors of early numeracy skills in kindergarten. *Early Childhood Research Quarterly*, *27*(3), 471-477.

Klein, K. , & Boals, A. (2001). Expressive writing can increase working memory capacity. *Journal of Experimental Psychology: General*, *130*(3), 520-533.

Knops, A. , Viarouge, A. , & Dehaene, S. (2009). Dynamic representations underlying symbolic and nonsymbolic calculation: Evidence from the operational momentum effect. *Attention, Perception, & Psychophysics*, *71*(4), 803-821.

Kolkman, M. , Hoijtink, H. , Kroesbergen, E. , & Leseman, P. (2013). The role of executive functions in numerical skills. *Learning and Individual Differences*, *24*, 145-151.

Köller, O. , Baumert, J. , & Schnabel, K. (2001). Does interest matter? The relationship between academic interest and achievement in mathematics. *Journal for Research in Mathematics Education*, *32*(5), 448-470.

Koponen, T., Georgiou, G., Salmi, P., Leskinen, M., & Aro, M. (2017). A meta-analysis of the relation between RAN and mathematics. *Journal of Educational Psychology*, *109*(7), 977-992.

Korpershoek, H., Kuyper, H., & van der Werf, G. (2015). The relation between students' math and reading ability and their Mathematics, Physics, and Chemistry examination grades in secondary education. *International Journal of Science and Mathematics Education*, *13*(5), 1013-1037.

Kotsopoulos, D., & Lee, J. (2014). What are the development enhancing features of mathematical play? *The OMEP Ireland Journal of Early Childhood Studies*, *7*, 47-68.

Kovas, Y., & Plomin, R. (2006). Generalist genes: Implications for the cognitive sciences. *Trends in Cognitive Sciences*, *10*(5), 198-203.

Kovas, Y., Haworth, C. M. A., Harlaar, N., Petrill, S. A., Dale, P. S., & Plomin, R. (2007). Overlap and specificity of genetic and environmental influences on mathematics and reading disability in 10-year-old twins. *Journal of Child Psychology and Psychiatry*, *48*, 914-922.

Kozey, M., & Siegel, L. S. (2008). Definitions of learning disabilities in Canadian provinces and territories. *Canadian Psychology Canadienne*, *49*(2), 162-171.

Kozhevnikov, M., & Hegarty, M. (2001). A dissociation between object manipulation spatial ability and spatial orientation ability. *Memory & Cognition*, *29*(5), 745-756.

Kozhevnikov, M., Hegarty, M., & Mayer, R. E. (2002). Revising the visualizer-verbalizer dimension: Evidence for two types of visualizers. *Cognition & Instruction*, *20*(1), 47-77.

Kozhevnikov, M., Motes, M. A., Rasch, B., & Blajenkova, O. (2006). Perspective-taking vs. mental rotation transformations and how they predict spatial navigation performance. *Applied Cognitive Psychology*, *20*(3), 397-417.

Krashen, S. (1977). Some issues relating to the monitor model. In Brown, H., Yorio, Carlos, Crymes, Ruth(Eds.), *Teaching and learning english as a second language: Trends in Research and Practice: On TESOL '77: Selected papers from the eleventh annual convention of teachers of english to speakers of other languages, Miami, Florida, April 26-May 1, 1977* (pp. 144-158). Teachers of English to Speakers of Other Languages.

Krutetskii, V. A. (1976). *The psychology of mathematical abilities in school children*. Chicago: The University of Chicago Press.

Kucian, K., Grond, U., Rotzer, S., Henzi, B., Schönmann, C., Plangger, F., Gälli, M., Martin, E., & von Aster, M. (2011). Mental number line training in children with developmental dyscalculia. *Neurolmage*, *57*(3), 782-795.

Landerl, K., Bevan, A., & Butterworth, B. (2004). Developmental dyscalculia and basic numerical capacities: A study of 8-9-year-old students. *Cognition*, *93*(2), 99-125.

Layes, S., Lalonde, R., Bouakkaz, Y., & Rebai, M. (2018). Effectiveness of working memory training among children with dyscalculia: Evidence for transfer effects on mathematical achievement-a pilot study. *Cognitive Processing*, 19, 375-385.

Lee, J. (2009). Universals and specifics of math self-concept, math self-efficacy, and math anxiety across 41 PISA 2003 participating countries. *Learning & Individual Differences*, 19(3), 0-365.

Lee, K., & Bull, R. (2016). Developmental changes in working memory, updating, and math achievement. *Journal of Educational Psychology*, 108(6), 869-882.

LeFevre, J. A., Fast, L., Skwarchuk, S. L., Chant, S. B. L., Bisanz, J., Kamawar, D., & Wilger, M. P. (2010). Pathways to mathematics: Longitudinal predictors of performance. *Child Development*, 81(6), 1753-1767.

LeFevre, J. A., Jimenez, L. C., Sowinski, C., Cankaya, O., Kamawar, D., & Skwarchuk, S. L. (2013). Charting the role of the number line in mathematical development. *Frontiers in Psychology*, 4(641), 641.

LeFevre, J. A., Skwarchuk, S. L., Smith-Chant, B. L., Fast, L., Kamawar, D., & Bisanz, J. (2009). Home numeracy experiences and children's math performance in the early school years. *Canadian Journal of Behavioural Science*, 41(2), 55-66.

LeFevre, J. A., Polyzoi, E., Skwarchuk, S. -L., Fast, L., & Sowinski, C. (2010). Do home numeracy and literacy practices of Greek and Canadian parents predict the numeracy skills of kindergarten children? *International Journal of Early Years Education*, 18(1), 55-70.

Legg, A. M., & Locker, L. (2009). Math performance and its relationship to math anxiety and metacognition. *North American Journal of Psychology*, 11(3), 471-485.

Lepore, S. J., Greenberg, M. A., Bruno, M., & Smyth, J. M. (2002). Expressive writing and health: Self-regulation of emotion-related experience, physiology, and behavior. In S. J. Lepore & J. M. Smyth(Eds.), *The writing cure: How expressive writing promotes health and emotional well-being* (pp. 99-117). Washington, DC: American Psychological Association.

Lesh, R., & Zawojewski, J. (2007). Promblem solving and modeling. In F. Lester(Ed.), *Second handbook of research on mathematics teaching and learning*. Charlotte: National Council of Teachers of Mathematics and Information Age Publishing.

Lester, F. K., & Schroeder, T. L. (1983). Cognitive characteristics of mathematically gifted children. *Roeper Review*, 5(4), 26-28.

Li, G. (2007). Home environment and second-language acquisition: the importance of family capital. *British Journal of Sociology of Education*, 28(3), 285-299.

Li, Y., & Geary, D. C. (2013). Developmental gains in visuospatial memory predict gains in mathematics achievement. *PLOS ONE*, 8(7), e70160.

Lindskog, M., Winman, A., & Poom, L. (2017). Individual differences in nonverbal number skills predict math anxiety. *Cognition*, 159, 156-162.

Linn, M. C., & Petersen, A. C. (1986). Gender differences in spatial ability: Implications for mathematics and science performance. In J. S. Hyde & M. C. Linn(Eds.), *The psychology of gender: Advance through meta-analysis*(pp. 67-101). Baltimore: John Hopkins Press.

Logie, R. H. , Gilhooly, K. J. , &. Wynn, V. (1994). Counting on working memory in a-rithmetic problem solving. *Memory &. cognition*, 22(4), 395-410.

Lombrozo, T. (2006). The structure and function of explanations. *Trends in Cognitive Sciences*, 10(10), 464-470.

Lubinski, D. , Benbow, C. P. , &. Kell, H. J. (2014). Life paths and accomplishments of mathematically precocious males and females four decades later. *Psychological Science*, 25(12), 2217-2232.

Luck, S. , &. Vogel, E. (1997). The capacity of visual working memory for features and conjunctions. *Nature*, 390(6657), 279-281.

Luria, A. R. (1966). *Higher cortical functions in man*. New York: Basic Books.

Luthans, F. , Avolio, B. , Walumbwa, F. , Li, W. (2005). The psychological capital of chinese workers: Exploring the relationship with performance. *Management and Organization Review*, 1(2), 249-271.

Lyons, I. M. , Beilock, S. L. (2012). When math hurts: Math anxiety predicts pain network activation in anticipation of doing math. *PLoS ONE*, 7(10), e48076.

Ma, X. , &. Kishor, N. (1997). Attitude toward self, social factors, and achievement in mathematics: A meta-analytic review. *Educational Psychology Review*, 9(2), 89-120.

Macleod, C. Grafton, B. &. Notebaert, L. (2019). Anxiety-linked attentional bias: Is it reliable? *Annual Review of Clinical Psychology*, 15(1), 529-554.

Maloney, E. A. , &. Beilock, S. L. (2012). Math anxiety: who has it, why it develops, and how to guard against it. *Trends in cognitive sciences*, 16(8), 404-406.

Maloney, E. A. , Ramirez, G. , Gunderson, E. A. , Levine, S. C. , &. Beilock, S. L. (2015). Intergenerational effects of parents' math anxiety on children's math achievement and anxiety. *Psychological Science*, 26(9), 1480-1488.

Mammarella, I. C. , Hill, F. , Devine, A. , Caviola, S. , &. Szücs, D. (2015). Math anxiety and developmental dyscalculia: A study on working memory processes. *Journal of Clinical &. Experimental Neuropsychology*, 37(8), 878-887.

Mazzocco, M. M. M. , Feigenson, L. , &. Halberda, J. (2011). Impaired acuity of the approximate number system underlies mathematical learning disability(dyscalculia). *Child Development*, 82(4), 1224-1237.

Mcandrew, E. M. , Morris, W. L. , &. Fennell, F. S. (2017). Geometry-related children's literature improves the geometry achievement and attitudes of second-grade students. *School Science and Mathematics*, 117(1-2), 34-51.

McClelland, M. M. , Acock, A. C. , Piccinin, A. , Rhea, S. A. , &. Stallings, M. C. (2013). Relations betweenpreschool attention span-persistence and age 25 educational outcomes. *Early Child Research Quarterly*, 28(2), 314-324.

McCormack, T. , Butterfill, S. , Hoerl, C. , &. Burns, P. (2009). Cue competition effects and young children's causal and counterfactual inferences. *Developmental Psychology*, 45(6), 1563-1575.

Mccrink, K. , Dehaene, S. , & Dehaene-Lambertz, G. (2007). Moving along the number line: Operational momentum in nonsymbolic arithmetic. *Perception & Psychophysics*, *69*(8), 1324-1333.

McDonald, P. A. , & Berg, D. H. (2018). Identifying the nature of impairments in executive functioning and working memory of children with severe difficulties in arithmetic. *Child Neuropsychology*, *24*(8), 1047-1062.

Mcgee, L. M. , & Schickedanz, J. A. (2011). Repeated interactive read-alouds in preschool and kindergarten. *Reading Teacher*, *60*(8), 742-751.

Mcgee, M. G. (1979). Human spatial abilities: psychometric studies and environmental, genetic, hormonal, and neurological influences. *Psychological Bulletin*, *86*(5), 889-918.

Meece, J. L. , Wigfield, A. , Eccles, J. S. (1990). Predictors of math anxiety and its influence on young adolescents' course enrollment intentions and performance in mathematics. *Journal of Educational Psychology*, *82*(1), 60-70.

Meintjes, E. M. , Jacobson, S. W. , Molteno, C. D. , et al. (2010). An fMRI study of magnitude comparison and exact addition in children. *Magnetic Resonance Imaging*, *28*(3), 351-362.

Meyer, M. L. , Salimpoor, V. N. , Wu, S. S. , Geary, D. C. , & Menon, V. (2010). Differential contribution of specific working memory components to mathematical achievement in 2nd and 3rd graders. *Learn Individual Difference*, *20*(2), 101-109.

Miller, G. (1994). The magical number seven, plus or minus two: some limits on out capacity for processinginformation. *Psychological review*, *101*(2), 343-352.

Miller, J. J. , Fletcher, K. , & Kabat-Zinn, J. (1995). Three-year follow-up and clinical implications of a mindfulness meditation-based stress reduction intervention in the treatment of anxiety disorders. *General hospital psychiatry*, *17*(3), 192-200.

Mischel, W. , Ebbesen, E. B. , & Raskoff Zeiss, A. (1972). Cognitive and attentional mechanisms in delay of gratification. *Journal of Personality Social Psychology*, *21*(2), 204.

Mix, K. S. , Hambrick, D. Z. , Rani, S. V. , Burgoyne, A. P. , & Levine, S. C. (2018). The latent structure of spatial skill: A test of the 2×2 typology. *Cognition*, *180*, 268-278.

Mix, K. S. , & Cheng, Y. L. (2012). Chapter 6-the relation between space and math: developmental and educational implications. *Advances in child development and behavior*, *42*, 197-243.

Mix, K. S. , Levine, S. C. , Cheng, Y. L. , Young, C. , Hambrick, D. Z. , & Ping, R. , & Konstantopoulos, S. (2016). Separate but correlated: The latent structure of space and mathematical across development. *Journal of Experimental Psychology: General*, *145*(9), 1206-1227.

Miyake, A. , Friedman, N. P. , Emerson, M. J. , Witzki, A. H. , Howerter, A. , & Wager, T. D. (2000). The unity and diversity of executive functions and their contributions to complex "frontal lobe" tasks: A latent variable analysis. *Cognitive Psychology*, *41*, 49-100.

Miyake, A. , Friedman, N. , Rettinger, D. , Shah, P. , & Hegarty, M. (2002). How are visuospatial working memory, executive functioning, and spatial abilities related? A latent-variable analysis. *Journal of experimental psychology: General*, *130*(4), 621-640.

Mizala, A., Martínez, F., & Martínez, S. (2015). Pre-service elementary school teachers' expectations about student performance: How their beliefs are affected by their mathematics anxiety and student's gender. *Teaching & Teacher Education*, *50*, 70-78.

Moeller, K., Martignon, L., Wessolowski, S., Engel, J., & Nuerk, H. C. (2011). Effects of finger counting on numerical development-the opposing views of neurocognition and mathematics education. *Frontiers in psychology*, *2*, 328.

Mohr-Schroeder, M. J., Jackson, C., Cavalcanti, M., Jong, C., Schroeder, D. C., & Speler, L. G. (2017). Parents' attitudes toward mathematics and the influence on their students' attitudes toward mathematics: A quantitative study. *School Science and Mathematics*. *117*(5), 214-222.

Mol, S. E., Bus, A. G., De Jong, M. T., & Smeets, D. J. (2008). Added value of dialogic parent-child book readings: A meta-analysis. *Early education and development*, *19*(1), 7-26.

Moreau, D., Morrison, A. B., & Conway, A. R. A. (2015). An ecological approach to cognitive enhancement: Complex motor training. *Acta Psychologica*, *157*, 44-55.

Morony, S., & Stankov, L. (2010). Confidence, metacognition, and the non-cognitive realm: Differences between East Asians and Europeans.

Morsanyi, K., Devine, A., Nobes, A., & Szücs, D. (2013). The link between logic, mathematics and imagination: Evidence from children with developmental dyscalculia and mathematically gifted children. *Developmental Science*, *16*(4), 542-553.

Murayama, K., Pekrun, R., Lichtenfelds, S., & vom Hofe, R. (2013). Predicting long-term growth in students' mathematics achievement: The unique contribution of motivation and cognitive strategies. *Child Development*, *84*(4), 1475-1490.

Murphy, P. K., Wilkinson, I. A., Soter, A. O., Hennessey, M. N., & Alexander, J. F. (2009). Examining the effects of classroom discussion on students' comprehension of text: A meta-analysis. *Journal of Educational psychology*, *101*(3), 740.

Nath, S., & Szücs, D. (2014). Construction play and cognitive skills associated with the development of mathematical abilities in 7-year-old children. *Learning & Instruction*, *32*(3), 73-80.

Nation, I. S. P. (1990). *Teaching and learning vocabulary*. New York: Newbury House.

Negen, J., & Sarnecka, B. W. (2012). Number-concept acquisition and general vocabulary development. *Child development*, *83*(6), 2019-2027.

Newcombe, N. S., Möhring, W., & Frick, A. (2018). How big is many? Development of spatial and numerical magnitude understanding. In A. Henik & W. Fias(Eds.), *Heterogeneity of Function in Numerical Cognition*(pp. 157-176). London: Academic Press.

Newman, S. D., Hansen, M. T., & Arianna, G. (2016). An fmri study of the impact of block building and board games on spatial ability. *Frontiers in Psychology*, *7*, 1278.

Newman, S. D. , Klatzky, R. L. , Lederman, S. J. , & Just, M. A. (2005). Imagining material versus geometric properties of objects: an fMRI study. *Cognitive Brain Research*, 23 (2), 235-246.

Newton, J. H. , & McGrew, K. S. (2010). Introduction to the special issue: Current research in Cattell-Horn-Carroll-based assessment. *Psychology in the Schools*, 47(7), 621-634.

Nisbett, R. E. , Peng, K. , Choi, I. , & Norenzayan, A. (2001). Culture and systems of thought: Holistic versus analytic cognition. *Psychological Review*, 108(2), 291-310.

Norman, D. A. , & Shallice, T. (1986). Attention to action: Willed and automatic control of behavior. In R. J. Davidson, G. E. Schwartz, & D. Shapiro (Eds.), *Consciousness and self-regulation: Advances in research* (pp. 1-18). New York: Plenum Press.

Nortvedt, G. A. , Gustafsson, J. E. , & Lehre, A. C. W. (2016). The Importance of instructional quality for the relation between achievement in reading and mathematics. In Trude Nilsen & Jan-Eric Gustafsson(Eds), *Teacher quality, instructional quality and student outcomes: Relationships across countries, cohorts and time* (pp. 97-113). Cham: Springer.

Núñez-Peña, M. I. , Bono, R. , & Suárez-Pellicioni, M. (2015). Feedback on students' performance: A possible way of reducing the negative effect of math anxiety in higher education. *International Journal of Educational Research*, 70, 80-87.

OECD. (2016). PISA 2015 results (volume I): Excellence and equity in education, PISA. OECD Publishing.

Ojose, B. (2008). Applying Piaget's theory of cognitive development to mathematics instruction. *The Math Education*, 18(1), 26-30.

Oostdam, R. , & Hooge, E. (2012). Making the difference with active parenting; forming educational partnerships between parents and schools. *European Journal of Psychology of Education*, 28(2), 337-351.

Owen, A. , McMillan, K. , Laird, A. , & Bullmore, E. (2005). N-back working memory paradigm: Ameta-analysis of normative functional neuroimaging studies. *Human brain mapping*, 25(1), 46-59.

Palts, K. , Kalmus, V. (2015). Digital channels in teacher-parent communication: The case of Estonia. *International Journal of Education and Development Using Information and Communication Technology*, 11, 65-81.

Panhuizen, M. V. H. , Elia, I. , & Robitzsch, A. (2016). Effects of reading picture books on kindergartners' mathematics performance. *Educational Psychology*, 36(2), 323.

Parameswaran, G. , & de Lisi, R. (1996). Improvements in horizontality performance as a function of type of training. *Perceptual and Motor Skills*, 82(2), 595-603.

Park, D. , Ramirez, G. , & Beilock, S. L. (2014). The role of expressive writing in math anxiety. *Journal of Experimental Psychology Applied*, 20(2), 103.

Passolunghi, M. C. , & Siegel, L. (2001). Short-term memory, working memory, and inhibitory control inchildren with difficulties in arithmetic problem solving. *Journal of Experimental Child Psychology*, 80(1), 44-57.

Patkin, D. , & Dayan, E. (2013). The intelligence of observation: Improving high school students' spatial ability by means of intervention unit. *International Journal of Mathematical Education in Science & Technology*, *44*(2), 179-195.

Patrikakou, E. N. (2016). Parent involvement, technology, and media: Now what? *School Community Journal*, *26*, 9-24.

Pekrun, R. , Elliot, A. J. , & Maier, M. A. (2009). Achievement goals and achievement emotions: Testing a model of their joint relations with academic performance. *Journal of Educational Psychology*, *101*(1), 115-135.

Peng, P. , Fei, W. T. , Cui, W. C. , & Lin, X. (2019). A meta-analysis on the relation between fluid intelligence and reading/mathematics: Effects of tasks, age, and social economics status. *Psychological Bulletin*, *145*(2), 189-263.

Peng, P. , Namkung, J. M. , Fuchs, D. , Fuchs, L. S. , Patton, S. , Yen, L. , Hamlett, C. , et al. (2016). A longitudinal study on predictors of early calculation development among young children at risk for learning difficulties. *Journal of Experimental Child Psychology*, *152*, 221-241.

Peng, P. , Namkung, J. , Barnes, M. , & Sun, C. (2015). A meta-analysis of mathematics and working memory: Moderating effects of working memory domain, type of mathematics skill, and sample characteritics. *Journal of Educational Psychology*, *108*(4), 455-473.

Peng, P. , Wang, C. , & Namkung, J. (2018). Understanding the cognition related to mathematics difficulties: A meta-analysis on the cognitive deficit profiles and the bottleneck theory. *Review of Educational Research*, *88*(3), 434-476.

Pennington, B. , & Ozonoff, S. (1996). Executive functions and development psychology. *Journal of child psychology and psychiatry*, *37*(1), 51-87.

Piaget, J, & Inhelder, B. (1975). Origin of the idea of chance in children. *British journal of educational studies*, *24*(3), 46-58.

Piaget, J. , & Inhelder, B. (1958). The growth of logical thinking from childhood to adolescence. Basic Books.

Piazza, C. C. , Fisher, W. W. , Brown, K. A. , Shore, B. A. , Patel, M. R. , Katz, R. M. , Sevin, B. M. , Gulotta, C. S. , & Blakely-Smith, A. (2003). Functional analysis of inappropriate mealtime behaviors. *Journal of Applied Behavior Analysis*, *36*(2), 187-204.

Piazza, M. , Facoetti, A. , Trussardi, A. N. , Berteletti, I. , Conte, S. , Lucangeli, D. , Dehaene, S. , Zorzi, M. (2010). Developmental trajectory of number acuity reveals a severe impairment in developmental dyscalculia. *Cognition*, *116*(1), 33-41.

Pliszka, S. R. , Liotti, M. , & Woldorff, M. G. (2000). Inhibitory control in children with attention-deficit/hyperactivity disorder: event-related potentials identify the processing component and timing of an impaired right-frontal response-inhibition mechanism. *Biological psychiatry*, *48*(3), 238-246.

Pomerantz, E. M. , & Kempner, S. G. (2013). Mothers' daily person and process praise: Implications for children's theory of intelligence and motivation. *Developmental Psychology*, *49*

(11)，2040-2046.

Pomerantz, E. M. , Moorman, E. A. , & Litwack, S. D. (2007). The how, whom, and why of parents' involvement in children's academic lives: More is not always better. *Review of Educational Research*, *77*, 373-410.

Praet, M. , Titeca, D. , Ceulemans, A. , & Desoete, A. (2013). Language in the prediction of arithmetics in kindergarten and grade 1. *Learning and Individual Differences*, *27*, 90-96.

Press, C. , Catmur, C. , Cook, R. , et al. (2012). FMRI evidence of "mirror" responses to geometric shapes. *PLoS ONE*, *7*(12), e51934.

Purpura, D. J. , Hume, L. E. , Sims, D. M. , & Lonigan, C. J. (2011). Early literacy and early numeracy: The value of including early literacy skills in the prediction of numeracy development. *Journal of Experimental Child Psychology*, *110*(4), 0-658.

Purpura, D. J. , Logan, J. A. R. , Hassinger-Das, B. , & Napoli, A. R. (2017). Why do early mathematics skills predict later reading? The role of mathematical language. *Developmental Psychology*, *53*(9), 1633.

Purpura, D. J. , & Reid, E. E. (2016). Mathematics and language: Individual and group differences in mathematical language skills in young children. *Early Childhood Research Quarterly*, *36*, 259-268.

Rahayuningsih, S. , Sirajuddin, S. , & Nasrun, N. (2020). Cognitive flexibility: exploring students' problem-solving in elementary school mathematics learning. *Journal of Research and Advances in Mathematics Education*, *6*(1), 59-70.

Ramani, G. B. , Rowe, M. L. , Eason, S. H. , & Leech, K. A. (2015). Math talk during informal learning activities in Head Start families. *Cognitive Development*, *35*, 15-33.

Ramirez, G. , Hooper, S. Y. , Kersting, N. B. , Ferguson, R. , & Yeager, D. (2018). Teacher math anxiety relates to adolescent students' math achievement. *AERA Open*, *4*(1), 1-13.

Reikerås, E. K. L. (2006). Performance in solving arithmetic problems: A comparison of children with different levels of achievement in mathematics and reading. *European Journal of Special Needs Education*, *21*(3), 233-250.

Restle, F. (1970). Speed of adding and comparing numbers. *Journal of Experimental Psychology*, *83*(2), 274-278.

Reys, R. E. , & Yang, R. D. C. (1998). Relationship between computational performance and number sense among sixth-and eighth-grade students in Taiwan. *Journal for Research in Mathematics Education*, *29*(2), 225-237.

Ribeiro, F. S. , & Santos, F. H. (2017). Enhancement of numeric cognition in children with low achievement in mathematic after a non-instrumental musical training. *Research in Developmental Disabilities*, *62*, 26-39.

Ribeiro, F. S. , & Santos, F. H. (2020). Persistent effects of musical training on mathematical skills of children with developmental dyscalculia. *Frontiers in psychology*, *10*, 2888.

Richardson, F. C., & Suinn, R. M. (1972). The mathematics anxiety rating scale: Psychometric data. *Journal of Counseling Psychology*, *19*(6), 551-554.

Richardson. G. E. (2002). The metatheory of resilience and resiliency. *Journal of Clinical Psychology*, *58*(3), 307-321.

Ritchie, S. J., & Bates, T. C. (2013). Enduring links from childhood mathematics and reading achievement to adult socioeconomic status. *Psychological Science*, *24*(7), 1301-1308.

Roberts, S. O. (2013). From parental involvement to children's mathematical performance: The role of mathematics anxiety. *Early Education & Development*, *24*(4), 446-467.

Rodriguez, I. A., Nascimento, J. M. D., Voigt, M. F., & Santos, F. H. D. (2019). Numeracy musical training for school children with low achievement in mathematics. *Anales de Psicología*, *35*(3), 405-416.

Rousselle, L., & Noël, M, P. (2007). Basic numerical skills in children with mathematics learning disabilities: A comparison of symbolic vs. non-symbolic number magnitude processing. *Cognition*, *102*(3), 361-395.

Roux, F. E., Boetto, S., Sacko, O., Chollet, F., & Trémoulet, M. (2003). Writing, calculating, and finger recognition in the region of the angular gyrus: A cortical stimulation study of gerstmann syndrome. *Journal of Neurosurgery*, *99*(4), 716-727.

Rowan, B., Correnti, R., & Miller, R. J. (2002). What large-scale survey research tells us about teacher effects on student achievement: Insights from the prospects study of elementary schools? *Teachers College Record*, *104*(8), 1525-1567.

Rubinsten, O., Eidlin, H., Wohl, H., & Akibli, O. (2015). Attentional bias in math anxiety. *Frontiers in Psychology*, *6*, 1539.

Rubinsten, O., Marciano, H., Levy, H. E., & Cohen, L. D. (2018). A framework for studying the heterogeneity of risk factors in math anxiety. *Frontiers in Behavior Neuroscience*, *12*, 291.

Rueda, M. R., Checa, P., & Cómbita, L. M. (2012). Enhanced efficiency of the executive attention network after training in preschool children: Immediate changes and effects after two months. *Developmental Cognitive Neuroence*, *2*(4), S192-S204.

Salend, S. J., Duhaney, D., Anderson, D. J., & Gottschalk, C. (2004). Using the internet to improve homework communication and completion. *Teaching Exceptional Children*, *36*(3), 64-73.

Sarrasin, J. B., Nenciovici, L., Foisy, L.-M. B., Allaire-Duquette, G., Riopel, M., & Masson, S. (2018). Effects of teaching the concept of neuroplasticity to induce a growth mindset on motivation, achievement, and brain activity: A meta-analysis. *Trends in Neuroscience and Education*, *12*, 22-31.

Scarborough, H. S., & Dobrich, W. (1994). On the efficacy of reading to preschoolers. *Developmental Review*, *14*(3), 245-302.

Schaefer, B. A., & McDermott, P. A. (1999). Learning behavior and intelligence as explanations for children's scholastic achievement. *Journal of School Psychology*, *37*(3), 299-313.

Schmeichel, B. J. , & Demaree, H. A. (2010). Working memory capacity and spontaneous emotion regulation: High capacity predicts self-enhancement in response to negative feedback. *E-motion*, *10*(5), 739-744.

Schneider, M. , Rittle-Johnson, B. , & Star, J. R. (2011). Relations among conceptual knowledge, procedural knowledge, and procedural flexibility in two samples differing in prior knowledge. *Developmental Psychology*, *47*(6), 1525-1538.

Seligman, M. E. P. (1975). *Helplessness: On depression, development, and death*. San Francisco: W. H. Freeman and Company.

Shalev, R. S. (2004). Developmental dyscalculia. *Journal of Child Neurology*, *19*(10), 765-771.

Sherman, J. A. (1982). Mathematics the critical filter: A look at some residues. *Psychology of Women Quarterly*, *6*(4), 428-444.

Shibata, D. K. , Kwok, E. , Zhong, J. , Shrier, D. , & Numaguchi, Y. (2001). Functional mr imaging of vision in the deaf. *Academic Radiology*, *8*(7), 598-604.

Sibley, E. , & Dearing, E. (2014). Family educational involvement and child achievement in early elementary school for American-born and immigrant families. *Psychology in the Schools*, *51*(8), 814-831.

Sidney, P. G. , Hattikudur, S. , & Alibali, M. W. (2015). How do contrasting cases and self-explanation promote learning? evidence from fraction division. *Learning and Instruction*, *40*, 29-38.

Siegler, R. S. , & Ramani, G. B. (2009). Playing linear number board games-but not circular ones-improves low-income preschoolers' numerical understanding. *Journal of Educational Psychology*, *101*(3), 545-560.

Silinskas, G. , & Kikas, E. (2019). Parental involvement in math homework: Links to children's performance and motivation. *Scandinavian Journal of Educational Research*, *63*(1), 17-37.

Silke, L. , Sigrid, W. , & Manucla, P. (2018). Spotlight on math anxiety. *Psychology Research and Behavior Management*, *2*, 311-322.

Simms, V. , Clayton, S. , Cragg, L. , Gilmore, C. , & Johnson, S. (2016). Explaining the relationship between number line estimation and mathematical achievement: The role of visuo-motor integration and visuospatial skills. *Journal of Experimental Child Psychology*, *145*(1), 22-33.

Sirin, S. R. (2005). Socioeconomic status and academic achievement: A meta-analytic review of research. *Review of Educational Research*, *75*(3), 417-453.

Sorvo, R. , Koponen, T. , Viholainen, H. , Aro, T. , Raikkonen, E. , Peura, P. , Tolvanen, A. , Aro, M. (2019). Development of math anxiety and its longitudinal relationships with arithmetic achievement among primary school children. *Learning and Individual Difference*, *69*, 173-181.

Spelke, E. S. (2017). Core knowledge, language, and number. *Language Learning and*

Development，*13*(2)，147-170.

Spelke，E. S.，& Tsivkin，S. (2001). Language and number：A bilingual training study. *Cognition*，*78*(1)，45-88.

Spielberger，C. D. (1966). Theory and research on anxiety. *Anxiety and behavior*. New York：Academic Press.

Stanley，J. C.，Keating，D. P.，Fox，L. H. (1974). *Mathematical talent：Discovery description and development*. Baltimore：The Johns Hopkins University Press.

Storch，G. A. (2002). Oral language and code-related precursors to reading：Evidence from a longitudinal structural model. *Developmental Psychology*，*38*(6)，934-947.

Sternberg，R. J. (1977). Component processes in analogical reasoning. *Psychological Review*，*84*(4)，353-378.

Sternberg，R. J.，& Nigro，G. (1980). Developmental patterns in the solution of verbal analogies. *Child development*，*51*(1)，27-38.

Stroop，J. (1992). Studies of interference in serial verbal reactions. *Journal of Experimental Psychology：General*，*121*(1)，15-23.

Suárez-Pellicioni，M.，Núñez-Peña，M. I.，& Colomé，À. (2016). Math anxiety：A review of its cognitive consequences，psychophysiological correlates，and brain bases. *Cognitive，affective & behavioral neuroscience*，*16*(1)，3-22.

Suri，R.，Monroe，K.，& Koç，U. (2013). Math anxiety and its effects on consumers' preference for price promotion formats. *Journal of the Academy of Marketing Science*，*41*(3)，271-282.

Susperreguy，M. I.，& Davis-Kean，P. E. (2016). Maternal math talk in the home and math skills in preschool children. *Early Education and Development*，*27*(6)，841-857.

Swanson，H. L.，& Sachse-Lee，C. (2001). Mathematical problem solving and working memory in children with learning disabilities：Both executive and phonological processes are important. *Journal of Experimental Child Psychology*，*79*(3)，294-321.

Swanson，E.，Vaughn，S.，Wanzek，J.，Petscher，Y.，Heckert，J.，Cavanaugh，C.，Kraft，G.，& Tackett，K. (2011). A synthesis of read-aloud interventions on early reading outcomes among preschool through third graders at risk for reading difficulties. *Journal of learning disabilities*，*44*(3)，258-275.

Szücs，D.，Devine，A.，Soltesz，F.，Nobes，A.，& Gabriel，F. (2013). Developmental dyscalculia is related to visuo-spatial memory and inhibition impairment. *Cortex*，*49*(10)，2674-2688.

Szücs，D.，Devine，A.，Soltesz，F.，Nobes，A.，& Gabriel，F. (2014) Gognitve Component of a mathematical processing network in 9-year-old children. *Developmental Science*，*17*(4)，506-524.

Rao，S. (2009). From isolation to combination：A multilevel，multicomponent approach to developing literacy skills of students with cognitive impairment. *Reading Improvement*，*46*(2)，63-78.

Taylor, H. A., & Hutton, A. (2013). Think3d!：Training spatial thinking fundamental to STEM education. *Cognition & Instruction*, *31*(4), 434-455.

Teachman, J. D. (1987). Family background, educational resources, and educational attainment. *American Sociological Review*, *52*(4), 548.

Thorell, L. B., Lindqvist, S., Bergman Nutley, S., Bohlin, G., & Klingberg, T. (2009). Training and transfer effectsof executive functions in preschool children. *Developmental Science*, *12*(1), 106-113.

Tosto, M. G., Hanscombe, K. B., Haworth, C. M. A., Davis, O. S. P., Petrill, S. A., & Dale, P. S., et al. (2014). Why do spatial abilities predict mathematical performance? *Developmental Science*, *17*(3), 462-470.

Truckenmiller, A. J., Petscher, Y., Gaughan, L., & Dwyer, T. (2016). *Predicting math outcomes from a reading screening assessment in grades 3-8*. rel 2016-180. Regional Educational Laboratory Southeast.

Tversky, A., & Kahneman, D. (1982). Judgments of and by representativeness. In D. Kahneman, P. Slovic, & A. Tversky(Eds.), *Judgment under uncertainty：Heuristics and biases*(pp. 84-98). New York：Cambridge University Press.

Uttal, D. H., Meadow, N. G., Tipton, E., Hand, L. L., Alden, A. R., Warren, C., Newcombe, N. S., et al. (2013). The malleability of spatial skills：A meta-analysis of training studies. *Psychological bulletin*, *139*(2), 352-402.

Van der Ven, S., Kroesbergen, E., Boom, J., & Leseman, P. (2012). The development of executive functions andearly mathematics：A dynamic relationship. *The British journal of educational psychology*, *82*(1), 100-119.

Vandermaas-Peeler, M., Boomgarden, E., Finn, L., & Pittard, C. (2012). Parental support of numeracy during a cooking activity with four-year-olds. *International Journal of Early Years Education*, *20*(1), 78-93.

Vandermaas-Peeler, M., Ferretti, L., & Loving, S. (2012). Playing The Ladybug Game：Parent guidance of young children's numeracy activities. *Early Child Development and Care*, *182*(10), 1289-1307.

Vasquez, A. C., Patall, E. A., Fong, C. J., Corrigan, A. S., & Pine, L. (2015). Parent autonomy support, academic achievement, and psychosocial functioning：A Meta-analysis of Research. *Educational Psychology Review*, *28*(3), 605-644.

Verdine, B. N., Golinkoff, R. M., Hirsh, K., & Newcombe, N. S. (2017). Is Spatial skills, their development, and their links to mathematics. *Monogrqghs of Society Research in Child Development*, *82*(1), 7-30.

Verdine, B. N., Golinkoff, R. M., Hirsh-Pasek, K., & Newcombe, N. S. (2014). Finding the missing piece：Blocks, puzzles, and shapes fuel school readiness. *Trends in Neuroscience and Education*, *3*(1), 7-13.

Verkijika, S. F., & De Wet, L. (2015). Using a brain-computer interface(BCI)in reducing math anxiety：Evidence from South Africa. *Computers & Education*, *81*, 113-122.

Vilenius-Tuohimaa, P. M. , Aunola, K. , & Nurmi, J. E. (2008). The association between mathematical word problems and reading comprehension. *Educational Psychology*, *28*(4), 409-426.

Von Aster, M. V. (2000). Developmental cognitive neuropsychology of number processing and calculation: Varieties of developmental dyscalculia. *European Child & Adolescent Psychiatry*, *9*(2), S41-S57.

Von Sobbe, L. , Scheifele, E. , Maienborn, C. , & Ulrich, R. (2019). The space-time congruency effect: A meta-analysis. *Cognitive science*, *43*(1), 1-27.

Vukovic, R. K. , & Lesaux, N. K. (2013). The language of mathematics: Investigating the ways language counts for children's mathematical development. *Journal of Experimental Child Psychology*, *115*(2), 227-244.

Wai, J. , Lubinski, D. , & Benbow, C. P. (2009). Spatial ability for stem domains: Aligning over 50 years of cumulative psychological knowledge solidifies its importance. *Journal of Educational Psychology*, *101*(4), 817-835.

Walsh, F. (2002). A family resilience framework: Innovative practice applications. *Family Relations*, *51*(2), 130-137.

Walsh, V. (2003). A theory of magnitude: common cortical metrics of time, space and quantity. *Trends in Cognitive Sciences*, *7*(11), 483-488.

Wang, Z. , Hart, S. A. , Kovas, Y. , Lukowski, S. , Soden, B. , Thompson, L. A. , Robert, P. , Grainne, M. , et al. (2014). Who's afraid of math? Two sources of genetic variance for mathematical anxiety. *The Journal of Child Psychology and Psychiatry*, *55*(9), 1056-1064.

Waschl, N. A. , Nettelbeck, T. , & Burns, N. R. (2017). The role of visuospatial ability in the raven's progressive matrices. *Journal of Individual Differences*, *38*(4), 241-255.

Watts, T. , W. , Duncan, G. , J. Chen, M. , Claessens, A. , Davis-Kean, P. , Duckworth, K. , Engel, M. , Siegler, R. , Susperreguy, M. I. (2015). The role of mediators in the development of longitudinal mathematics achievement associations. *Child Development*, *86*(6), 1892-1907.

Weiner, B. (1972). Attribution theory, achievement motivation, and the educational process. *Review of Educational Research*, *42*(2), 203-215.

Welsh, J. A. , Nix, R. L. , Blair, C. , Bierman, K. L. , Nelson, K. E. (2010). The development of cognitive skills and gains in academic school readiness for children from low-income families. *Journal of Educational Psychology*, *102*(1), 43-53.

Whitehurst, G. J, Falco, F. L. , Lonigan, C. J. , Fischel, J. E. , DeBaryshe B. D. , Valdez Menchaca, M. C. , & Caulfield, M. (1988). Acclerating language development through picture book reading. *Development Psychology*, *24*(4), 552-559.

Wilkey, E. D. , & Price, G. R. (2019). Attention to number: The convergence of numerical magnitude processing, attention, and mathematics in the inferior frontal gyrus. *Human Brain Mapping*, *40*(3), 928-943.

Wilkey, E. D. , Pollack, C. , & Price, G. R. (2020). Dyscalculia and typical math achievement are associated with individual differences in number-specific executive function. *Child Development*, *91*(2), 596-619.

Willoughby, M. T., Blair, C. B., Wirth, R., & Greenberg, M. (2012). The measurement of executive function at age5: psychometric properties and relationship to academic achievement. *Psychological assessment*, *24*(1), 226.

Wilson, R. C., Shenhav, A., Straccia, M., & Cohen, J. D. (2019). The eighty five percent rule for optimal learning. *Nature Communications*, *10*(1), 4646.

Witelson, S. F., Kigar, D. L., & Harvey, T. (1999). The exceptional brain of albert einstein. *Lancet*, *353*(9170), 2149-2153.

Wolfgang, C. H., Stannard, L. L., & Jones, I. (2003). Advanced constructional play with LEGOs among preschoolers as a predictor of later school achievement in mathematics. *Early Child Development and Care*, *173*(5), 467-475.

Wright, R., Thompson, W. L., Ganis, G., Newcombe, N. S., & Kosslyn, S. M. (2008). Training generalized spatial skills. *Psychonomic Bulletin & Review*, *15*(4), 763-771.

Wyckoff, S. C., Miller, K. S., Forehand, R., Bau, J. J., Fasula, A., & Long, N. (2008). Patterns of sexuality communication between preadolescents and their mothers and fathers. *Journal of Child & Family Studies*, *17*(5), 649-662.

Wynn, K. (1998). Psychological foundations of number: numerical competence in human infants. *Trends in Cognitive Sciences*, *2*(8), 0-303.

Xie, F., Zhang, L., Chen, X., & Xin, Z. Q. (2019). Is spatial ability related to mathematical ability: A Meta-analysis. *Education Psychology Review*, *32*(1364), 1-43.

Yeager, D. S., Hanselman, P., Walton, G. M., Murray, J. S., Crosnoe, R., Muller, C., et al. (2019). A national experiment reveals where a growth mindset improves achievement. *Nature*, *573*(7774), 364-369.

Yntema, D. (1963). Keeping track of several things at Once1. *Human Factors*, *5*(1), 7-17.

Yogo, M., & Fujihara, S. (2008). Working memory capacity can be improved by expressive writing: A randomized experiment in a Japanese sample. *British Journal of Health Psychology*, *13*(Pt1), 77-80.

Young, C. B., Wu, S. S., & Menon, V. (2012). The neurodevelopmental basis of math anxiety. *Psychological Science*, *23*(5), 492.

Young-Loveridge, J. M. (2004). Effects on early numeracy of a program using number books and games. *Early Childhood Research Quarterly*, *19*(1), 82-98.

Zelazo, P., D. & Mueller, U. (2002). Executive function in typical and atypical development. In U. Goswami(Eds.), *Blackwell handbook of childhood cognitive Development*(pp. 445-469). Malden, MA: Blackwell Publishers Ltd.

Zeng, G., Hou, H., & Peng, K. (2016). Effect of growth mindset on school engagement and psychological well-being of Chinese primary and middle school students: The mediating role of resilience. *Frontiers in Psychology*, *7*, 1873.

Zhang, Y. (2020). Quality matters more than quantity: parent-child communication and adolescents' academic performance. *Frontiers in Psychology*, *11*, 1203.

Zhou, T., Zhu, H., Fan, Z., Wang, F., Chen, Y., Liang, H., et al. (2017). History of winning remodels thalamo-PFC circuit to reinforce social dominance. *Science*, *357*(6347), 162-168.

Zhou, X., Booth, J. R., Lu, J., Zhao, H., Butterworth, B., Chen, C., & Dong, Q. (2011). Age-independent and age-dependent neural substrate for single-digit multiplication and addition arithmetic problems. *Developmental Neuropsychology*, *36*(3), 338-352.

Zhou, X., Chen, C., Zhang, H., Chen, C., Zhou, R., & Dong, Q. (2007). The operand-order effect in single-digit multiplication: An ERP study of Chinese adults. *Neuroscience letters*, *414*(1), 41-44.

Zippert, E. & Rittle-Johnson, B. (2020). The home math environment: More than numeracy. *Early Childhood Research Quarterly*, *50*(3), 4-15.

Zorzi, M., & Butterworth, B. A. (1999). A computational model of number comparison. *Proceedings of the Twenty-First Annual Meeting of the Cognitive Science Society*(pp. 778-783). Mahwah, NJ: Lawrence Erlbaum Associates.